无刷双馈感应电机高性能控制技术

徐 伟 刘 毅 著

机 械 工 业 出 版 社

无刷双馈感应电机是近年发展起来的一种新型电机，与有刷双馈电机相比，它取消了电刷和集电环，具有结构简单且可靠性高的优点。本书深入介绍了无刷双馈感应电机在发电应用中的高性能控制技术，从应用层面来分，本书内容可分为常规负载和特殊负载下的运行控制；从控制方法来分，本书包括独立发电中的解耦控制、电压畸变补偿控制、无速度传感器控制和模型预测控制等。本书不仅包括理论分析，还给出了详细的仿真建模和实验结果，对完善无刷双馈感应电机运行控制基础理论与关键技术研究都将起到一定的作用。

本书适合许多类型的读者，特别是工作在电气工程领域并对无刷双馈电机有一定了解的读者群，包括电力电子与电力传动领域的研究人员、工程技术人员，也可供高等院校相关专业的教师和研究生作为教科书或教学参考书。

图书在版编目（CIP）数据

无刷双馈感应电机高性能控制技术/徐伟，刘毅著. —北京：机械工业出版社，2020.4

ISBN 978-7-111-64809-3

Ⅰ.①无… Ⅱ.①徐…②刘… Ⅲ.①无刷双馈电机 Ⅳ.①TM345

中国版本图书馆 CIP 数据核字（2020）第 030293 号

机械工业出版社（北京市百万庄大街 22 号 邮政编码 100037）
策划编辑：张俊红 责任编辑：张俊红 李小平
责任校对：樊钟英 封面设计：马精明
责任印制：郜 敏
北京圣夫亚美印刷有限公司印刷
2020 年 5 月第 1 版第 1 次印刷
184mm × 260mm · 12.5 印张 · 307 千字
标准书号：ISBN 978-7-111-64809-3
定价：55.00 元

电话服务	网络服务
客服电话：010-88361066	机 工 官 网：www.cmpbook.com
010-88379833	机 工 官 博：weibo.com/cmp1952
010-68326294	金 书 网：www.golden-book.com
封底无防伪标均为盗版	机工教育服务网：www.cmpedu.com

序　言

与传统单端口电机相比，多端口电机具有更高效、更紧凑和运行方式更灵活等优点，近几十年来受到了学术界和工业界的广泛关注。这类电机已能广泛用于多种工业领域，例如风力涡轮发电机系统、船舶轴带发电、电力推进和电动汽车等。由于工业界对高可靠性和高性价比能量转换的持续需求，高性能电机及其驱动系统在很长一段时间内都会成为研究热点。

无刷双馈电机是近年发展起来的一种新型双电气端口电机，它去掉了传统双馈感应电机所固有的电刷和集电环装置，从而提高了可靠性并降低了维护成本，因此越来越受到学术界和工业界关注。然而，这种电机模型复杂，这使得其控制方法有独特之处。虽然目前国内外相关文献较多，但是一直没有专著对其进行系统性的梳理。

为了促进无刷双馈电机控制技术的发展，本书作者从其多年技术成果中精选出最有价值的部分，进行归纳和整理，并系统地呈现给广大读者。两位作者在无刷双馈电机领域耕耘多年，而且还参与了多个实际工程项目，因此对无刷双馈电机控制技术有着独到的见解，书中的相关内容应该能对本领域的研究人员和工程技术人员起到有益的参考作用。

最后，我对两位作者的辛勤工作表示由衷的感谢，相信本书能够成为无刷双馈电机领域极具价值的研究成果，也希望在本书出版的带动下能涌现出更多的无刷双馈电机专著。

朱建国　教授、院长
悉尼大学电气与信息工程学院
2020 年春

前　言

经过长期的研究和实践积累，传统电机的理论和技术已日趋成熟，但其性能越来越无法满足日益增长的工业应用需求，为此人们不断进行着新型电机的研究和探索。无刷双馈电机就是近年发展起来的一种新型双电气端口电机，它由两套不同极对数的定子绕组（分别称为功率绕组和控制绕组）和一个经特殊设计的转子构成，通过转子的调制可以使得定子绕组产生的两个旋转磁场实现间接耦合。这种电机取消了传统双馈感应电机所固有的电刷和集电环装置，运行转速范围宽，具有使用寿命长、可靠性高和维护成本低等特点，既能用于并网发电也能用于独立发电。无刷双馈发电系统是电机、电力电子技术以及自动控制技术相结合的高端发电装备，因此在风力发电和船舶轴带发电等新能源领域有广阔的应用前景。本书以无刷双馈感应电机独立发电系统为研究对象，重点研究常规负载和特殊负载下的控制、无速度传感器控制，以及预测控制等。

全书共有 7 章：第 1 章概述了无刷双馈电机及其控制技术发展现状；第 2 章介绍了无刷双馈感应电机工作原理、数学模型以及在独立发电系统中的运行特性；第 3 章介绍了无刷双馈感应电机控制系统中的变流器，包括常用的背靠背变流器拓扑结构、四种经典的 PWM 技术，并详细介绍了无刷双馈感应电机独立发电系统的基本控制方法；第 4 章介绍了常规负载下无刷双馈感应电机独立发电系统运行控制，包括控制绕组电流控制和功率绕组电压控制方案，并对控制绕组侧 LC 滤波器的设计方法进行了详细介绍；第 5 章是特殊负载下无刷双馈感应电机独立发电系统运行控制，分别介绍了不对称负载下的负序电压补偿方法以及四种典型的非线性负载下低次谐波的抑制方法；第 6 章介绍了无刷双馈感应电机无速度传感器控制，主要内容包括转速观测器设计、无速度传感器直接电压控制以及不对称负载下无速度传感器控制策略；第 7 章是无刷双馈感应电机预测控制，主要介绍了三种无刷双馈感应电机预测电流控制方法，包括单矢量模型预测控制、双矢量模型预测控制和无差拍预测控制等。

本书由徐伟和刘毅合著。编写过程中，作者的研究生余开亮、董定昊、高建平、张松杨和陈俊杰等做了大量的编辑和校对工作，在此一并表示感谢。另外，还要感谢华中科技大学机械科学与工程学院艾武教授和陈冰副教授、中国长江航运集团电机厂和武汉扬华电气股份有限公司对于本书研究工作的帮助和支持。最后，感谢国家自然科学基金（项目编号 51707079 和 51877093）对本书研究工作的资助。

本书可供新能源发电、电力电子与电力传动等领域研究人员和工程技术人员参考，也可供高等院校相关专业的教师和研究生作为教科书或教学参考书。由于作者水平有限，且无刷双馈电机控制技术正处于快速发展中，书中难免存在疏漏或错误，敬请读者批评指正。

徐伟　刘毅

2020 年春

目　录

第5章 特殊负载下无刷双馈感应电机独立发电系统运行控制 ………… 74

第6章 无刷双馈感应电机无速度传感器控制 …………………… 119

第7章 无刷双馈感应电机预测控制 ……………………………… 157

附录 ……………………………………………… 187

第1章　无刷双馈电机及其控制概述

1.1　无刷双馈电机本体研究概述

无刷双馈电机（Brushless Doubly-Fed Machine，BDFM）本体研究起源于自级联双馈感应电机。自级联双馈感应电机是由两台传统双馈感应电机级联而成，级联的形式有多种，但最典型的联结形式是将两台双馈感应电机的转轴机械硬连接，转子绕组反相序连接，两台双馈感应电机的定子绕组分别称为功率绕组（Power Winding，PW）和控制绕组（Control Winding，CW）[1]。自级联双馈感应电机中每台双馈感应电机的转子绕组均带有电刷和集电环。BDFM 发展的一个重要转折点是 Hunt 设计出了单定子级联双馈感应电机，去除了转子上的电刷和集电环，并将两套转子绕组合并为一套转子绕组，这一套转子绕组可以对两个不同极对数的定子气隙磁场进行耦合[2,3]，图 1.1 为单定子级联双馈感应电机结构示意图。而后，Creedy 对 Hunt 所提出的极对数配置规则进行了改进[4]。在 1966 年，Smith 提出了一种与 Hunt 不同的 BDFM 设计方法，该方法依靠空间隔离来避免两套定子绕组之间的直接耦合，而且 Smith 首次注意到了 BDFM 的同步运行模式，也称双馈运行模式，这是 BDFM 的最优运行模式[5]。BDFM 发展的第二个重要转折点是 Broadway 和 Burbridge 于 1970 年提出了一种同心环式的特殊笼型转子[6]，在降低电机功率损耗的同时增强了结构的可靠性。随后，Broadway 于 1971 年又提出了无刷双馈磁阻电机设计方法[7]，并在参考文献［8］中讨论了两个不同极对数的磁场共享铁心磁路的问题以及磁饱和问题。

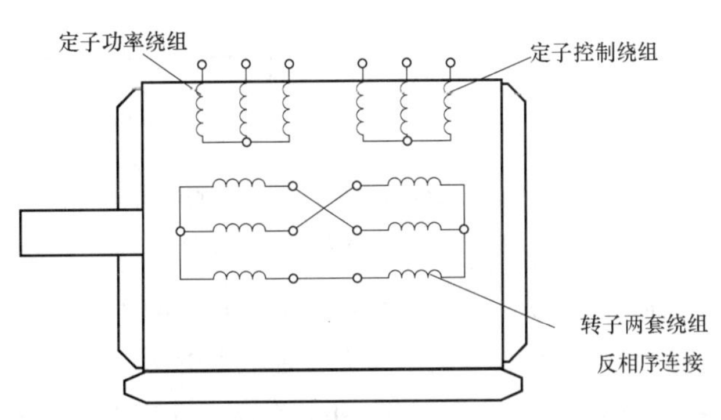

图 1.1　单定子级联双馈感应电机结构示意图

进入 20 世纪 80 年代，国际上对 BDFM 的研究变得异常活跃。F. Shibata、T. Kohrin 和 K. Taka 等人首次实现了 BDFM 的级联运行模式和双馈运行模式[9,10]。在 20 世纪 80 年代中期，受美国能源部委托，俄勒冈州立大学的 Wallace、Spee 以及 Li 等人在 Broadway 和 Burbridge 的研究基础上对 BDFM 的笼型转子进行了进一步的优化设计[11,12]。值得注意的是，Hunt、Creedy、Broadway 和 Burbridge 等人所提出的 BDFM 设计方法均采用了单套定子绕组。俄勒冈州立大学的 Rochelle 等人研究后发现，单套定子绕组中容易产生环路电流[13]，于是，在此之后的 BDFM 设计方法中均采用了两套独立的定子绕组。

自 20 世纪末开始，国外对 BDFM 本体的研究逐渐形成了两大类，即磁阻转子 BDFM 和特殊笼型转子 BDFM。磁阻转子 BDFM 含有两套不同极对数的定子绕组和一个与同步磁阻电机类似的凸极转子，转子的极对数是两套定子绕组极对数之和的一半。丹麦奥尔堡大学的 R. E. Betz 和 M. G. Jovanovic 对磁阻转子 BDFM 进行了较深入的研究，参考文献［14］提出了磁阻转子 BDFM 的基本设计原理，参考文献［15］与参考文献［16］将磁阻转子 BDFM 与同步磁阻电机进行了对比研究，参考文献［17］和参考文献［18］分析了磁阻转子 BDFM 的特性，参考文献［19］对 BDFM 的磁阻转子进行了优化设计。以美国俄亥俄州立大学的 L. Xu 为代表的一些学者也对磁阻转子 BDFM 进行了多方面研究，包括磁阻转子 BDFM 的设计方法[20]、有限元分析方法[21]、损耗估计[22] 以及与笼型转子 BDFM 在参数和性能方面的对比研究等[23]。国外对特殊笼型转子 BDFM 的研究主要集中在剑桥大学与俄勒冈州立大学。剑桥大学的 S. Williamson 与俄勒冈州立大学的 A. C. Ferreira 对无刷双馈感应发电机（Brushless Doubly-Fed Induction Generator，BDFIG）的同步运行模式进行了详细的分析与探讨，并结合实验验证了样机的性能[24,25]。S. Williamson 与 A. C. Ferreir 还利用有限元分析方法研究了 BDFM 铁心的损耗与饱和现象[26,27]。剑桥大学的 P. C. Roberts 博士对五种不同转子 BDFM 的性能进行了对比研究[28,29]。此外，R. A. McMahon 等人分析了 BDFM 作为发电机和电动机的性能，经过数学推导，他们将 BDFM 的容量表达为磁负载和电负载的函数，并与同等尺寸大小的双馈电机和级联感应电机进行了容量的对比，另外还分析了无功功率对 BDFM 性能的影响[30,31]。此外，他们还对相关的一些问题，比如转子电流的测量方法[32,33]、电机的设计与优化等展开了广泛的探讨[34]。图 1.2 给出了几种常见无刷双馈感应电机和无刷双馈磁阻电机的转子结构。

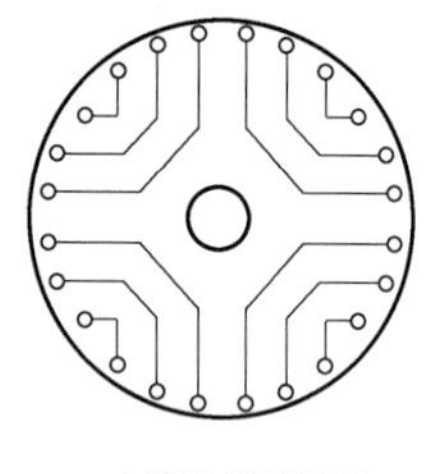
a) 特殊笼型转子

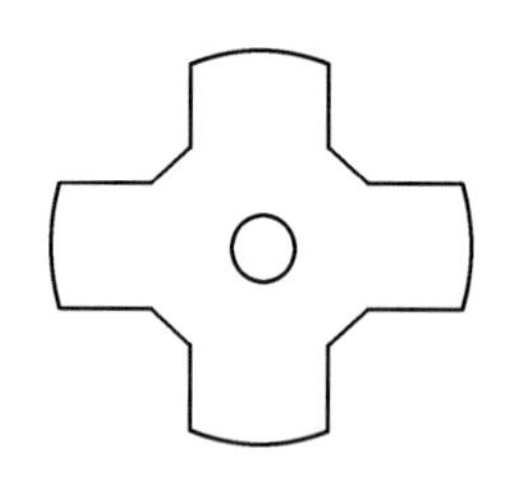
b) 普通凸极磁阻转子

c) 轴向叠片磁阻转子

d) 带磁障磁阻转子

图 1.2　BDFM 的常见转子结构

国内对 BDFM 的研究始于 20 世纪 80 年代末期，相关的研究机构有华中科技大学、重庆大学、湖南大学、沈阳工业大学和中国矿业大学等：参考文献［35，36］较早地研究了 BDFM 的结构特点与设计原则，参考文献［37-40］分析了 BDFM 的电磁设计特点，参考文献［41，42］对不同转子结构的 BDFM 进行了对比研究。另外还有学者还对 BDFM 的参数计算[43]、铁心损耗[44]、稳态特性[45-48]、运行范围[49]、运行效率[50] 以及转矩特性[51] 等方面进行了研究。前面所述的这些研究工作都采用了同心环笼型或磁阻式转子，由于这两种转子结构所限，导致电机磁动势的谐波含量大，且会随负荷或磁路饱和情况的变化而变化，这无疑增加了 BDFM 控制系统的设计难度。近年来，华中科技大学对绕线转子 BDFM 的设计方法进行了深入研究[52-57]，研究结果表明绕线转子可有效地消除电机磁动势中的谐波含量，同时能大幅提高导体利用率[58]，绕线转子 BDFM 的结构如图 1.3 所示。此外，华中科技大学还对绕线转子 BDFM 的运行稳定性[59,60]、空载电流[61] 以及参数辨识[62,63] 等方面进行了研究。

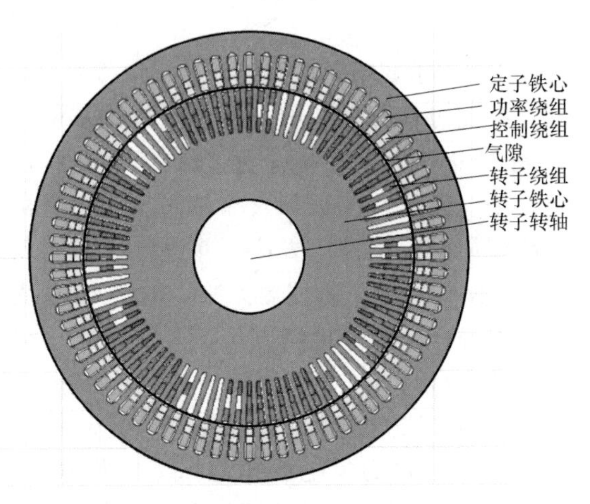

图 1.3　绕线转子 BDFM 结构示意图

1.2　无刷双馈电机数学模型研究概述

就国外的研究情况而言，在动态模型方面，参考文献［64］较早地推导了笼型转子 BDFIG 在静止 ABC 坐标系下的动态模型。针对定子绕组极对数分别为 2 极和 6 极的笼型转子 BDFM，参考文献［65］提出了转子速单同步旋转 dq 坐标系动态模型；随后参考文献［66］在此基础上将其扩展为适用于任意极对数 BDFM 的通用形式。参考文献［67］建立了磁阻转子 BDFM 的转子速单同步旋转 dq 坐标系动态模型。D. Zhou 和 R. Spee 将 BDFM 分解为 PW 子系统和 CW 子系统，并建立了双同步旋转 dq 坐标系动态模型[68]。紧接着，Munoz 和 Lipo 提出了 BDFM 的多参考系动态模型[69]，其中包含三个参考系，即 PW 静止两相参考系、CW 静止两相参考系和转子绕组两相旋转参考系。基于多参考系动态模型，参考文献［70］中推导了更为实用的任意速度单同步旋转 dq 坐标系动态模型。在稳态模型方面，参考文献［71］最先推导了 BDFM 同步运行模式下的稳态模型。后来，P. C. Roberts 等人发展了更为简洁的 Π 型稳态模型，并采用目标函数优化的方法结合实验数据来获取稳态模型参数[72]。McMahon 等人为了简化 BDFM 的性能分析，在忽略 Π 型稳态模型的励磁电抗和定、转子电阻的情况下得到了内核稳态模型[73]。

国内的诸多学者也对 BDFM 数学模型做了较深入的研究：参考文献［74］提出了 BDFM 的一种混合坐标系数学模型；参考文献［75］推导了基于转差频率旋转坐标系的动态模型；参考文献［76］针对绕线转子 BDFM，从静止 ABC 坐标系下的动态模型出发推导了任意速度单同步旋转 dq 坐标系动态模型。参考文献［77］基于转子速单同步旋转 dq 坐标系动态模型推导出 F-B-0 复数分析模型，将旋转坐标系下的六维状态方程简化为三维的复数坐标系状态方程。参考文献［78］针对 BDFM 在独立发电系统中的应用提出了一种 T 型稳态模型，该模型与常规的异步电机的稳态模型相似，这为独立发电系统中 BDFM 的性能分析提供了一条新的途径。

1.3 无刷双馈电机控制方法研究概述

BDFM 既可以作为电动机应用于变频调速系统，也可以作为发电机应用于变速恒频发电系统。在 BDFM 的变频调速控制方法方面，国内外已经有许多学者进行了研究。相继有学者提出了开环标量电压控制[79]、闭环标量电流控制[80]、相角控制[81]、闭环频率控制[71]等，这些都属于标量控制方法。另外，Poza 等人在单同步旋转坐标系动态模型[70]的基础上提出了一种根据 PW 磁链定向的矢量控制方法，并进行了实验验证[82]。Barati 等人提出了一种不需要进行 PW 磁链定向的通用矢量控制方法[83,84]，参考文献［85，86］分别提出了 BDFM 的直接转矩控制方法和间接转矩控制方法，参考文献［87］提出了 BDFM 的转子磁链定向控制方法，参考文献［75］建立了基于转差频率旋转坐标系的矢量控制方法。

在 BDFM 变速恒频发电控制方法方面，美国俄勒冈州立大学的 C. S. Brune 和 R. Spee 等人较早地提出了一种无刷双馈并网风力发电系统的标量控制方法[88,89]，该方法通过调节 PW 电流的幅值和频率实现对发电系统的有功功率和无功功率的控制。随后，又有若干学者提出了 BDFM 变速恒频发电的矢量控制方法。参考文献［90］提出了磁阻转子 BDFM 并网风力发电的一种磁场定向控制方法，为了实现最大风能追踪，该控制方法对发电机的转矩和无功功率进行解耦控制，控制过程中采用了单同步旋转 dq 坐标系，并将其按照 PW 磁链进行定向。由于 PW 直接与电网相连，于是可以近似认为 PW 磁链恒定，在此条件下可以通过调节 CW q 轴电流控制转矩，调节 CW d 轴电流控制无功功率，进而实现对发电系统有功功率的控制[91]。参考文献［92］建立了磁阻转子无刷双馈并网风力发电机的一种变结构控制方法，其中对 BDFM 的建模采用了双同步旋转 dq 坐标系（即 PW 同步旋转 dq 坐标系和 CW 同步旋转 dq 坐标系）。这两个坐标系的旋转速度分别为 PW 和 CW 的电角速度，并将 PW 同步旋转 dq 坐标系按照 PW 磁链进行定向，再考虑到 PW 直接与电网相连，于是可以认为 PW 磁链近似恒定。在忽略 PW 电阻的情况下进而对 BDFM 的模型进行降阶处理，然后再结合滑膜控制方法对电机的转矩和无功功率进行控制。然而，参考文献［90，92］中都只有仿真结果，作者并未进行相应的实验验证。剑桥大学的 S. Shao 等人针对同心环式笼型 BDFM 提出了一种定子磁场定向矢量控制方法[93-95]，他们根据参考文献［70］中所提出的 BDFM 矢量模型，将单同步旋转 dq 坐标系的 d 轴与 PW 定子磁链对齐，进一步通过数学推导得出调节 CW 的 d 轴电压即可控制电机的无功功率，调节 CW 的 q 轴电压即可控制电机转速，最终达到了最大风能追踪并网发电的控制目标。从参考文献［94］中的仿真和实验结果来看，S. Shao 等人所提出的方法并未达到很快的响应速度，其原因是该方法中省去了 CW 电流环，这虽然简化了控制方法，但无法精确和快速地调节 CW 电流。

国内也有许多学者对 BDFM 变速恒频发电控制方法进行了深入研究。参考文献［96］提出了无刷双馈风力发电机的一种变结构功率解耦控制方法，也采取了 PW 磁链定向的方法，但具体的控制方法中涉及 PW 同步旋转 dq 坐标系、CW 旋转 dq 坐标系和转子速旋转 dq

坐标系之间的相互转换，控制方法较复杂。参考文献［97］针对无刷双馈风力发电机提出了一种模糊自适应控制方法，通过模糊控制器调节 BDFMCW 电流的频率、幅值和相位进而对电机的转速和功率进行控制以实现最大风能追踪功能，其本质是一种标量控制，虽然使用模糊控制器改善了系统的鲁棒性，但是标量控制的本质使得控制系统不可能具有很快的响应速度。参考文献［98］提出的控制方法与参考文献［94］的方法类似，不同之处在于其比参考文献［94］的方法多了一个 CW 电流环。参考文献［99，100］针对 BDFM 在并网风力发电中的应用，提出了静止 ABC 坐标系下和双同步旋转 dq 坐标系下的无速度传感器矢量控制方法。参考文献［101］采用了直接转矩控制方法，通过控制无刷双馈发电机的转速和电磁转矩来实现并网风力发电中的最大功率跟踪控制，并根据 PW 端最大功率因数原则计算 CW 磁链给定值。

参考文献［88-101］都是针对并网发电所提出的 BDFM 控制方法，其中既有标量控制方法也有矢量控制和直接转矩控制方法，其最根本的控制目标都是 PW 的有功功率和无功功率。在并网发电系统中 PW 直接与电网相连，其电压幅值与频率都强制为与电网一致，因此在忽略 PW 电阻的前提下，前述矢量控制方法中认为 PW 磁链恒定是合理的。对于 BDFM 独立发电系统来说，BDFM 不与电网相连，其控制目标是当电机转速或用电负载变化时必须维持 PW 电压的幅值和频率恒定，这与 BDFM 并网发电的控制目标完全不同。在独立发电系统中，电机转速或负载的突变会使得 PW 电压的幅值和频率产生瞬态波动；并且，当三相负载不对称时 PW 电压也会变得不对称，因此 BDFM 独立发电系统中 PW 的磁链不能看作是恒定的，这一点也与并网发电系统完全不同。总之，BDFM 并网发电控制方法不能适用于独立发电控制。

目前对 BDFM 独立发电控制方法进行研究的文献较少，参考文献［102］针对 BDFM 独立发电系统提出了一种标量控制方法和一种矢量解耦控制方法。其中所提出的标量控制方法是基于 BDFM 的稳态模型，因此不可能具有很好的动态响应性能。所提出的矢量解耦控制方法是基于 BDFM 的双同步旋转 dq 坐标系模型，使 PW 子系统同步坐标系的 d 轴与 PW 磁链重合，并忽略了 PW 的电阻；控制过程中还需要估算转子电流以及多次的坐标变换，计算复杂度高；而且转子电流估算的准确性高度依赖于电机的电感参数，降低了系统的鲁棒性，这些都使得该方法难以在实际应用中实现。在参考文献［102］中，仅对所提出的矢量解耦控制方法进行了仿真，而未进行实验验证。参考文献［103］提出了一种基于模糊 PID 的 BDFM 独立发电系统标量控制方法，虽然模糊 PID 在一定程度上改善了系统性能，但该方法的核心仍然是与参考文献［102］中相同的标量控制方法。

1.4 无刷双馈电机独立发电系统研究及应用现状

1.4.1 基于传统电机的独立发电系统研究及应用现状

基于传统电机的独立发电系统结构如图 1.4 所示，从宏观上可分为三类，图 1.4 中的齿轮箱可以根据原动机与发电机转速之间的匹配关系相应地增加或移除。第一种独立发电系统采用了恒速原动机和同步发电机（Synchronous Generator，SG），如图 1.4a 所示，常用的柴油发电机组即属于这一类。第二种是基于变速原动机、同步发电机（SG）和变流器，如图

1.4b 所示，这种系统属于全功率变换系统，该系统中变流器的容量与发电机的额定容量相当。第三种是将第二种中的同步发电机换成了双馈感应发电机（Doubly-Fed Induction Generator，DFIG），如图 1.4c 所示，在这种系统中变流器只需要向 DFIG 的转子提供转差功率即可，因此所需变流器的容量得以减小，最终导致整个系统的成本降低，具体所需的变流器容量与 DFIG 运行的转速范围有关。前述的第一种独立发电系统属于恒速恒频发电系统，这种发电系统运行噪声大、在轻载工况下油耗大、经济性差，在重载下输出电压的幅值和频率都会有所跌落，常用于对电源质量要求不高的场合或作备用电源使用。上述的后两种发电系统均属于变速恒频独立发电系统，其中基于 DFIG 的发电系统减小了变流器的容量，降低了成本，与基于 SG 的发电系统相比来说具有一定的优势。因此，在独立发电领域采用变速恒频发电方式是今后的主要发展趋势。然而，DFIG 带有集电环和电刷，这导致了电机维护成本的增加。

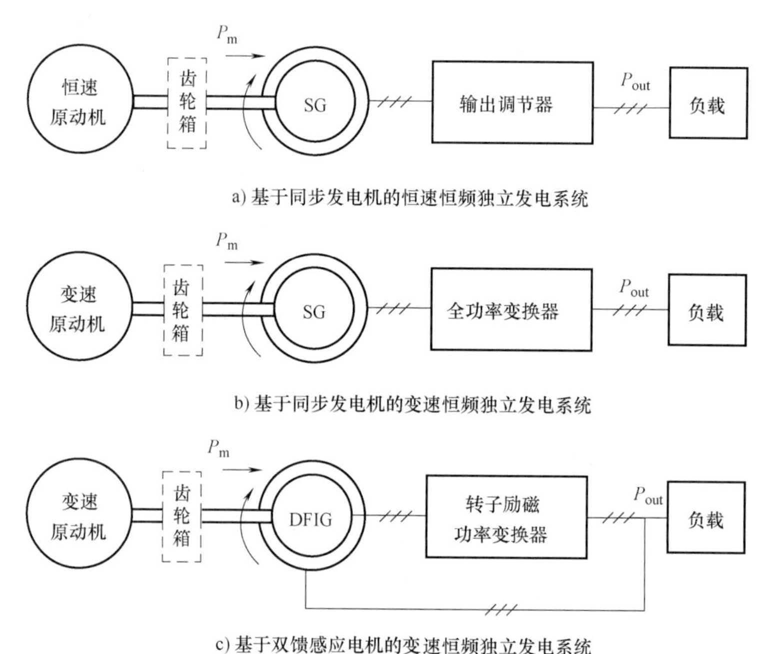

图 1.4　基于传统电机的三种独立发电系统机构

国内外许多学者对独立发电系统进行了相关研究，这些研究涉及了移动式柴油发电机组、风力发电、船舶轴带发电以及燃气发电等多个领域。参考文献［104］对移动式变速恒频柴油发电机的控制技术进行了较深入的研究，其发电机采用的是永磁同步电机。参考文献［105］针对 DFIG 独立风力发电系统提出了一种矢量控制方法。为了使得基于 DFIG 的独立风力发电系统在风速很低的情况下也能持续供电，参考文献［106，107］提出了一种将逆变器和电池组相结合的控制系统。参考文献［108］为 DFIG 独立风力发电系统提出了一种带不对称负载时的改进控制方法。参考文献［109-111］探讨了船舶轴带独立发电系统的控制方法。参考文献［111］针对内燃机驱动的废热发电系统提出了一种基于 DFIG 的变速恒频独立发电控制方法。从收集的文献来看，目前对独立发电系统的研究主要是基于同步发电机和双馈感应发电机。

目前世界上有多个公司已经推出了它们的独立发电系统产品，其中以船舶轴带独立发电系统居多。在船舶轴带独立发电系统中，按照船舶主发动机转速与发电机转速之间的匹配关系，常采用不同的电机连接方式，高速主发动机往往直接与发电机相连，低速主发动机则可通过增速齿轮箱与发电机相连，如图 1.5 所示。

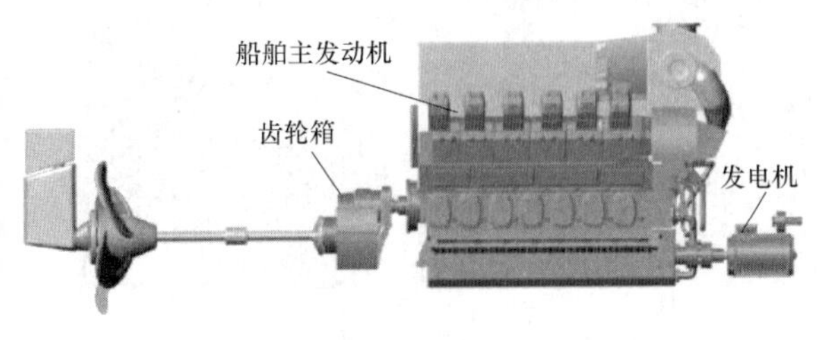

a) 发电机与船舶主发动机直接相连

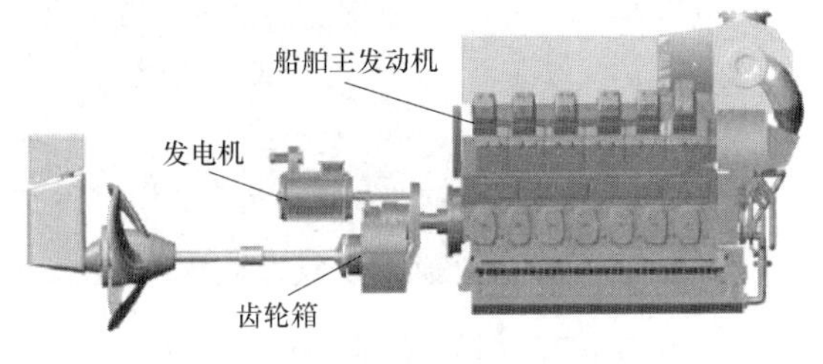

b) 发电机通过齿轮箱与船舶主发动机相连

图 1.5　船舶轴带独立发电系统中的发电机与船舶主发动机的连接方式

目前比较典型的独立发电系统产品有如下四种。图 1.6 为德国 SAM 电子公司推出的船舶轴带独立发电系统，它采用了同步发电机与全功率变流器相结合的配置，船舶主发动机与轴带发电机可以根据需要采用不同的连接方式。图 1.7 为德国西门子公司推出的 FRECON 船舶轴带独立发电系统，其额定功率为 900kW，采用 4 对极的 DFIG 作为发电机，船舶主发动机通过增速齿轮箱与 DFIG 发电机相连。图 1.8 为日本大阪燃气公司研制的内燃机驱动废热发电系统，实质上也是一种基于 DFIG 的独立变速恒频发电系统，其能源利用率较高，在实际应用中取得了很好的应用效果。图 1.9 是英国 Rolls-Royce 公司的船舶轴带发电系统，它也采用了同步发电机与全功率变流器相结合的配置，船舶主发动机通过增速齿轮箱与同步发电机相连，该系统除了能给全船提供电能，还可以作为电动机从备用发电机吸收电能，继而与主发动机一起来驱动螺旋桨。目前商用的独立发电产品大多是基于 SG 和 DFIG，还没有基于 BDFM 的成熟产品推出。

a) 船舶主发动机直接驱动SG轴带发电机

b) 船舶主发动机通过齿轮箱驱动SG轴带发电机

图 1.6　德国 SAM 电子公司的船舶轴带独立发电系统

1.4.2　基于无刷双馈电机的独立发电系统研究及应用现状

BDFM 取消了集电环和电刷，相对于 DFIG，其结构更加简单和可靠。参考文献［73］

图 1.7　德国西门子公司的 FRECON 船舶轴带独立发电系统

图 1.8　日本大阪燃气公司研制的内燃机驱动变速恒频独立发电系统

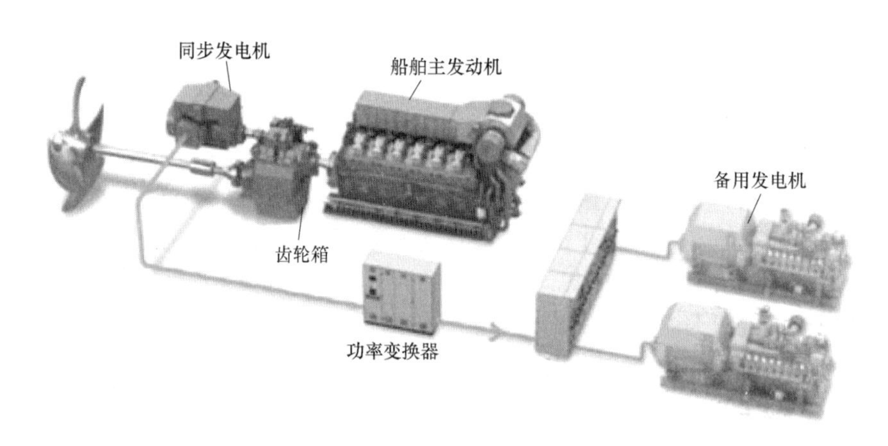

图 1.9　英国 Rolls-Royce 公司的船舶轴带发电系统

已经表明，BDFM 在替代 DFIG 方面具有巨大的潜力，因此基于 BDFM 的独立发电系统有很大的研究价值。参考文献［78］基于 BDFM 的一种新的 T 型稳态模型分析了 BDFM 独立发电系统的性能。目前对 BDFM 独立发电控制方法进行研究的文献较少，参考文献［102］针对 BDFM 独立发电系统提出了一种可行的标量控制方法，该方法是通过调节 CW 电流的频率来维持 PW 电压频率的稳定，通过调节 CW 电流的幅值来维持 PW 电压幅值的稳定。该方法对 PW 电压频率进行控制的理论依据是 PW 频率、CW 频率和电机转速在稳态下存在一个固定的数学关系，通过给定的 PW 频率和测量得到的电机转速即可计算出所需要的 CW 频率。对 PW 电压幅值进行调节的原理也是从 BDFM 的稳态特性得出的，当 CW 电流变大时，转子绕组中的感应电流会增大，电机的气隙磁场会增强，通过转子的耦合作用，PW 的感应电动势会增大，进而使得输出端电压增大；同理，当 CW 电流变小时 PW 的端电压会相应减小。由此可看出，参考文献［102］所提出的标量控制方法完全是基于 BDFM 的稳态特性，因此它不可能具有很好的动态响应性能。

BDFM 独立发电系统的基本结构如图 1.10 所示，一台原动机用来驱动 BDFM 的转子，根据原动机与发电机转速之间的匹配关系可增加或移除中间的齿轮箱，为了实现能量的双向流动，两个背靠背 PWM 变流器被连接在 PW 和 CW 之间[78]。电机侧变流器（Machine Side Converter，MSC）为 CW 提供频率和幅值变化的励磁电流。负载侧变流器（Load Side Converter，LSC）则实现以下功能：①使直流母线电压稳定在设定值；②在次同步速运行时，吸收 PW 的电能来给 CW 供电；③在超同步速运行时，将 CW 的电能回馈到负载侧。对于独立发电系统而言，当连接或切除负载时，系统输出电压的幅值、频率和相位的波动往往大于同等情况下电网电压的波动；而且当系统连接不对称负载或非线性负载时，往往会导致输出电压不对称或包含谐波，这样的运行工况对 MSC 和 LSC 的控制提出了很高的技术要求。

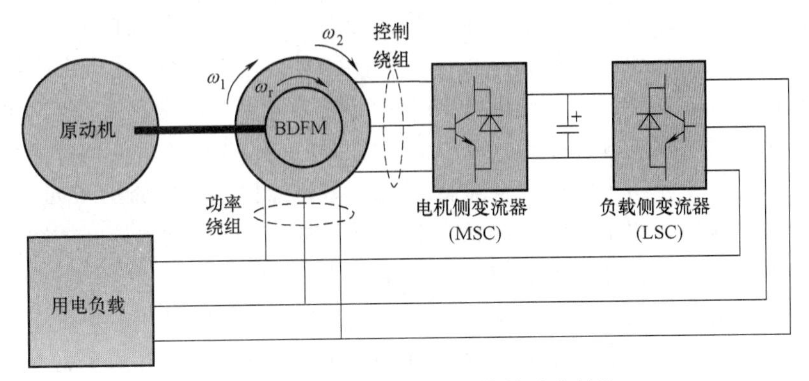

图 1.10 BDFM 独立发电系统的基本结构

图 1.11 是华中科技大学与中国长江航运集团电机厂联合研制的船舶轴带无刷双馈交流发电系统，该系统已在长江航运集团所属的一艘 6000DWT 内河自航船进行了样机试验，发电机采用绕线转子 BDFM，其容量为 64kVA，额定功率因数为 0.8，PW 和 CW 的极对数分别为 2 和 4，转速范围为 375~700r/min，BDFM 与船舶主发动机同轴相连。

图 1.11 船舶轴带无刷双馈交流发电系统样机

1.5 本书主要内容

无刷双馈电机是一种新型双电气端口电机，它取消了传统双馈感应电机所固有的电刷和集电环装置，运行转速范围宽，具有使用寿命长、成本低廉、可靠性高和维护成本低等特点，既能用于并网发电也能用于独立发电，是电机、电力电子技术以及自动控制技术相结合的高端发电装备，因此在风力发电和船舶轴带发电等新能源领域有广阔的应用前景。本书以无刷双馈感应电机独立发电系统为对象，重点介绍了常规负载和特殊负载下的控制、无速度传感器控制，以及预测控制等。全书共分7章，各章内容安排如下：

第1章，无刷双馈电机及其控制概述。对当前无刷双馈电机的本体研究、数学模型研究以及控制方法研究情况进行了概述，并介绍了无刷双馈电机独立发电系统的研究及应用现状。

第2章，无刷双馈感应电机数学模型与特性分析。首先分析了BDFIG的运行原理；然后介绍了三相静止坐标系和两相旋转坐标系下的BDFIG动态数学模型，并等效变换出其动态等效电路和稳态等效电路；最后分析了BDFIG独立发电系统的功率流和CW电流特性。

第3章，无刷双馈感应电机控制系统中的变流器。BDFIG系统常使用背靠背四象限变流器进行控制，本章首先介绍了常用的背靠背变流器拓扑结构；然后介绍了四种经典的PWM调制技术；最后，详细介绍了无刷双馈感应电机独立发电系统的基本控制方案，包括电机侧和负载侧变流器控制方案，并给出了相应的实验结果。

第4章，常规负载下无刷双馈感应电机独立发电系统运行控制。首先介绍了控制方案设计思路；然后详细推导了CW电流控制方案和PW电压控制方案，并对CW侧LC滤波器的设计方法进行了详细介绍；最后给出了整体控制方案并展示了实验结果。

第5章，特殊负载下无刷双馈感应电机独立发电系统运行控制。首先分析了不对称负载和非线性负载对BDFIG独立发电系统的影响；然后介绍了不对称负载下的负序电压补偿方法；接着又介绍了四种典型的非线性负载下低次谐波抑制方法，分别是基于电机侧变流器的抑制方法、基于负载侧变流器的抑制方法、考虑变流器额定电压的协同抑制方法，以及统一双变流器协同抑制方法。

第6章，无刷双馈感应电机无速度传感器控制。首先介绍了一种基于转子位置锁相环的BDFIG转速观测器，并分析了非常规负载对转速观测的不良影响，接着又介绍了一种非常规负载下的改进转速观测器；然后，在传统的BDFIG直接电压控制策略基础上，介绍了一种无速度传感器精确相位控制策略；最后，分别详细介绍了基于速度观测和不基于速度观测的不对称负载下无速度传感器控制策略。

第7章，无刷双馈感应电机预测控制。首先简要介绍了模型预测控制的基本原理，并简要分析了电气传动中的模型预测控制方法，然后详细介绍了三种CW的预测电流控制方法，包括单矢量模型预测控制、双矢量模型预测控制和无差拍预测控制等。

参考文献

[1] STEINMETZ C P. Operating alternating motors: USA, 5873401897 [P]. 1897-08-03.

[2] HUNT L J. A new type of induction motor [J]. Journal of IEE, 1907, 39: 648-677.

[3] HUNT L J. The cascade induction motor [J]. Journal of IEE, 1914, 52: 406-434.

[4] CREEDY F. Some developments in multi-speed cascade induction motors [J]. Journal of IEE, 1921, 59: 511-537.

[5] SMITH B H. The theory and performance of a twin stator induction machine [J]. IEEE Transactions on Power Apparatus and Systems, 1966, 85 (2): 123-131.

[6] BROADWAY A R W, BURBRIDGE L. Self-cascaded machine: a low-speed motor or high frequency brush-

less alternator [J]. Proceedings of IEE, 1970, 117: 1277-1290.

[7] BROADWAY A R W. Cageless induction machine [J]. Proceedings of IEE, 1971, 118 (11): 1593-1600.

[8] BROADWAY A R W. Brushless cascade alternator [J]. Proceedings of IEE, 1974, 121 (12): 1529-1535.

[9] SHIBATA F, KOHRIN T. A brushless, self-excited polyphase synchronous generator [J]. IEEE Transctions on Power Apparatus and Systems, 1983, 102 (8): 2413-2419.

[10] SHIBATA F, KOHRIN T. Speed control for brushless cascade induction motors in control range of slips $s_1>1$ and $s_2>1$ [J]. IEEE Transactions on Energy Conversion, 1987, 2 (2): 246-253.

[11] LIAO Y F. Design of a brushless doubly-fed induction motor for adjustable speed drive applications [C]. Industry Applications Society Annual Meeting, 1996: 850-855.

[12] ROCHELLE P, SPEE R, WALLACE A K. The effect of stator winding configuration on the performance of brushless doubly-fed machines in adjustable speed drives [C]. IEEE Industry Applications Society Annual Meeting, Seattle, WA, October 7-12, 1990: 331-337.

[13] BETZ R, JOVANOVIC M. Introduction to brushless doubly fed reluctance machines-The basic equations [C/OL]. Tech. Rep. Dept. Elect. Energy Conversion, Aalborg Univ., Denmark. [Online]. http://www.ee.newcastle.edu.au/users/staff/reb.

[14] BETZ R, JOVANOVIC M. Comparison of the brushless doubly fed reluctance machine and the synchronous reluctance machine [C/OL]. Tech. Rep. Dept. Elect. Energy Conversion, Aalborg Univ., Denmark. [Online]. http://www.ee.newcastle.edu.au/users/staff/reb.

[15] BETZ R, JOVANOVIC M. The brushless doubly fed reluctance machine and the synchronous reluctance machine-a comparison [J]. IEEE Transactions on Industry Applications, 2000, 36 (4): 1103-1110.

[16] BETZ R, JOVANOVIC M. Theoretical analysis of control properties for the brushless doubly fed reluctance machine [J]. IEEE Transactions on Energy Conversion, 2002, 17 (3): 332-339.

[17] KNIGHT A M, BETZ R E, DORRELL D G. Design and analysis of brushless doubly fed reluctance machines [J]. IEEE Transactions on Industry Applications, 2013, 49 (1): 50-58.

[18] SCHULZ E M, BETZ R E. Optimal rotor design for brushless doubly fed reluctance machines [C]. IEEE Industry Applications Society Annual Meeting, 2003: 256-261.

[19] LIAO Y, ZHEN L, XU L. Design of a doubly-fed reluctance motor for adjustable speed drives [C]. IEEE Industry Applications Society Annual Meeting, 1994: 305-312.

[20] XU L. Analysis of a doubly-excited brushless reluctance machine by finite element method [C]. IEEE Industry Applications Society Annual Meeting, 1992: 171-177.

[21] SCIAN I, DORRELL D G, HOLIK P. J. Assessment of losses in a brushless doubly-fed reluctance machine [J]. IEEE Transactions on Magnetics, 2006, 42 (10): 3425-3427.

[22] WANG F, ZHANG F, XU L. Parameter and performance comparison of doubly fed brushless machine with cage and reluctance rotors [J]. IEEE Transactions on Industry Applications, 2002, 38 (5): 1237-1243.

[23] WILLIAMSON S, FERREIRA A C, WALLACE A K. Generalised theory of the brushless doubly-fed machine. part 1: analysis [J]. IEE Proceedings-Electric Power Applications, 1997, 144 (2): 111-122.

[24] WILLIAMSON S, FERREIRA A C, WALLACE A K. Generalised theory of the brushless doubly-fed machine. part 2: model verification and performance [J]. IEE Proceedings-Electric Power Applications, 1997, 144 (2): 123-129.

[25] FERREIRA A C, WILLIAMSON S. Iron loss and saturation in brushless doubly-fed machines [C]. IEEE Industry Applications Society Annual Meeting, 1997: 97-103.

[26] FERREIRA A C, WILLIAMSON S. Time-stepping finite-element analysis of brushless doubly fed machine taking iron loss and saturation into account [J]. IEEE Transactions on Industry Applications, 1999, 35 (3): 583-588.

[27] ROBERTS P C. A study of brushless doubly-fed (induction) machines [D]. Cambridge: Cambridge University, 2004.

[28] ROBERTS P C, MCMAHON R A, TAVNER P J, et al. Performance of rotors for the brushless doubly-fed (induction) machine (BDFM) [C]. The 16th International Conference of Electrical Machines (ICEM), 2004: 450-455.

[29] MCMAHON R A, ROBERTS P C, WANG X, et al. Performance of BDFM as generator and motor [J]. IEE Proceedings on Electric Power Applications, 2006, 153 (2): 289-299.

[30] MCMAHON R A, WAN X W, ABDI JALEBI E, et al. The BDFM as a generator in wind turbines [C]. The 12th International Power Electronics and Motion Control Conference, 2006: 1859-1865.

[31] ROBERTS P C, ABDI JALEBI E, MCMAHON R A, et al. Real-time rotor bar current measurements using bluetooth technology for a brushless doubly-fed machine (BDFM) [C]. Conference on Power Electronics, Machines and Drives (PEMD), 2004: 120-125.

[32] ROBERTS P C, MACIEJOWSKI J M, MCMAHON R A, et al. A simple rotor current observer with an arbitrary rate of convergence for the brushless doubly-fed (induction) Machine (BDFM) [C]. IEEE International Conference on Control Applications, 2004: 266-271.

[33] WANG X, ROBERTS P C, MCMAHON R A. Optimization of BDFM stator design using an equivalent circuit model and a search method [C]. The 3rd IET International Conference on Power Electronics, Machines and Drives, 2006: 606-610.

[34] 王凤翔，张凤阁，徐隆亚. 不同转子结构无刷双馈电机转子磁耦合作用的对比分析 [J]. 电机与控制学报，1999，3 (2): 113-116.

[35] 张凤阁. 磁场调制式无刷双馈电机研究 [D]. 沈阳：沈阳工业大学，1999.

[36] 章玮，贺益康. 无刷双馈电机的电磁设计研究 [J]. 浙江大学学报（工学版），2000，34 (5): 37-40.

[37] 杨顺昌. 无刷双馈电机的电磁设计特点 [J]. 中国电机工程学报，2001，21 (7): 108-111.

[38] 邓先明，姜建国. 无刷双馈电机的工作原理及电磁设计 [J]. 中国电机工程学报，2003，23 (11): 130-136.

[39] 邓先明. 无刷双馈电机的电磁分析与设计应用 [M]. 北京：机械工业出版社，2009.

[40] 王凤翔，张凤阁，徐隆亚. 不同转子结构无刷双馈电机转子磁耦合作用的对比分析 [J]. 电机与控制学报，1999，3 (2): 113-116.

[41] 张凤阁，王凤翔，王正. 不同转子结构无刷双馈电机稳态运行特性的对比实验研究 [J]. 中国电机工程学报，2002，22 (4): 53-56.

[42] 张凤阁，王正，王凤翔. ALA 转子无刷双馈风力发电机的参数计算方法与转子制造工艺探讨 [J]. 太阳能学报，2002，23 (4): 498-503.

[43] 杨向宇，励庆孚，郭灯塔. 无刷双馈电机铁心损耗计算与饱和效应的分析研究 [J]. 电工电能新技术，2002，21 (1): 54-57.

[44] 杨顺昌，徐昌彪. 无刷双馈电机的稳态转矩-角特性 [J]. 电工技术学报，1998，13 (4): 16-19.

[45] 章玮，贺益康. 无刷双馈电机稳态特性的解析分析 [J]. 电工技术杂志，2000，19 (8): 4-6.

[46] 曹燕燕，王爱龙，熊光煜. 级联式无刷双馈发电机的稳态特性分析 [J]. 太原理工大学学报，2007,

38 (3): 239-243.

[47] 邓先明, 姜建国, 伍小杰, 等. 笼型转子无刷双馈电机的无功功率和稳定性 [J]. 电工技术学报, 2008, 23 (1): 40-47.

[48] 杨向宇, 郭灯塔, 励庆孚. 无刷双馈调速电机运行范围的分析 [J]. 微特电机, 2001, 29 (6): 29-31.

[49] 汤海梅. 无刷双馈电机的效率分析及仿真研究 [J]. 天津: 天津大学, 2007.

[50] 乔树通. 磁阻型转子无刷双馈电机的功率与转矩分析 [J]. 防爆电机, 2003, 38 (3): 4-7.

[51] 王雪帆. 一种交流无刷双馈电机: 02115588. 7 [P]. 2004.

[52] 王雪帆. 一种转子绕组采用变极法设计的新型无刷双馈电机 [J]. 中国电机工程学报, 2003, 23 (6): 108-127.

[53] KAN C H, WANG X F, XIONG F, et al. Design optimization of tooth-harmonic brushless doubly-fed machine [C]. International Conference on Electrical Machines and Systems, 2008: 4272-4276.

[54] 阚超豪, 王雪帆. 新型绕线式无刷双馈发电机电磁设计研究 [J]. 湖北工业大学学报, 2010, 25 (1): 107-112.

[55] 熊飞, 王雪帆, 程源. 不等匝线圈转子结构的无刷双馈电机研究 [J]. 中国电机工程学报, 2012, 32 (36): 82-88.

[56] 阚超豪, 王雪帆. 64kW 双正弦结构无刷双馈发电机的设计与测试 [J]. 中国电机工程学报, 2013, 33 (33): 115-122.

[57] XIONG F, WANG X. Design of a low-harmonic-content wound rotor for the brushless doubly fed generator [J]. IEEE Transactions on Energy Conversion, 2014, 29 (1): 158-168.

[58] 阚超豪, 王雪帆. 齿谐波法设计的无刷双馈发电机运行范围 [J]. 中国电机工程学报, 2011, 31 (24): 124-130.

[59] 程源, 王雪帆, 熊飞, 等. 绕线转子无刷双馈电机开环控制下的稳定性研究 [J]. 中国电机工程学报, 2013, S1: 203-210.

[60] 王雪帆. 绕线转子无刷双馈电机空载电流分析 [J]. 华中科技大学学报 (自然科学版), 2014, 42 (10): 79-82.

[61] 张经纬, 王雪帆, 熊飞, 等. 基于实验和遗传算法的无刷双馈电机参数估算 [J]. 中国电机工程学报, 2008, 28 (36): 103-107.

[62] 阚超豪, 王雪帆, 汤化伟. 基于改进粒子群优化算法的绕线式无刷双馈电机参数测定 [J]. 微电机, 2008, 41 (7): 5-8.

[63] WALLACE A K, SPEE R, LAUW H K. Dynamic modeling of brushless doubly-fed machines [C]. IEEE Industry Applications Society Annual Meeting, 1989: 329-334.

[64] LI R, WALLACE A K, R. SPEE, et al. Two-axis model development of cage-rotor brushless doubly-fed machines [J]. IEEE Transactions on Energy Conversion, 1991, 6 (3): 453-460.

[65] BOGER M S, WALLACE A K, SPEE R, et al. General pole number model of the brushless doubly-fed machine [J]. IEEE Transactions on Industry Applications, 1995, 31 (5): 1022-1028.

[66] XU L, LIANG F, LIPO T A. Transient model of a doubly excited reluctance motor [J]. IEEE Transactions on Energy Conversion, 1991, 6 (1): 126-133.

[67] ZHOU D, SPEE R. Synchronous frame model and decoupled control development for doubly-fed machines [C]. IEEE Power Electronics Specialists Conference, 1994, 2: 1229-1236.

[68] MUNOZ A R, LIPO T A. Dual stator winding induction machine drive [J]. IEEE Transactions on Industry

Applications, 2000, 36 (5): 1369-1379.

[69] POZA J, OYARBIDE E, ROYE D, et al. Unified reference frame dq model of the brushless doubly fed machine [J]. IEE Proceedings-Electric Power Applications, 2006, 153 (5): 726-734.

[70] LI R, WALLACE A K, SPEE R, et al. Synchronous drive performance of brushless doubly-fed motors [J]. IEEE Transactions on Industry Applications, 1994, 30 (4): 963-970.

[71] ROBERTS P C, MCMAHON R A, TAVNER P J, et al. Equivalent circuit for the brushless doubly fed machine (BDFM) including parameter estimation and experimental verification [J]. IEE Proceedings-Electric Power Applications, 2005, 152 (4): 933-942.

[72] MCMAHON R A, ROBERTS P C, WANG X, et al. Performance of BDFM as generator and motor [J]. IEE Proceedings-Electric Power Applications, 2006, 153 (2): 289-299.

[73] 杨向宇，励庆孚. 无刷双馈调速电机的混合坐标数学模型 [J]. 电工技术学报，2001，16 (1): 16-20.

[74] 王正. 转差频率旋转坐标系的 BDFM 数学模型与矢量控制研究 [D]. 沈阳：沈阳工业大学，2006.

[75] 熊飞. 绕线转子 BDFM 建模分析和电磁设计研究 [D]. 武汉：华中科技大学，2010.

[76] 张经纬. 绕线转子 BDFM 及其在独立电源系统中的应用研究 [D]. 武汉：华中科技大学，2010.

[77] 刘毅，艾武，陈冰，等. 基于新的 T 型稳态模型的独立无刷双馈发电机性能分析 [J]. 微电机，2015，48 (5): 10-15.

[78] POZA J, OYABIDE E, ROYE D, et al. Stability analysis of a BDFM under open-loop voltage control [C]. European Conference on Power Electronics and Applications (EPE), Dresden, Germany, 2005: 1-10.

[79] SARASOLA I, OYABIDE E, ROYE D, et al. Stability analysis of a brushless doubly-fed machine under closed loop scalar current control [C]. IEEE Industrial Electronics Society Conference (IECON), 2006: 1527-1532.

[80] SHAO S, ABDI E, MCMAHON R. Low-cost variable speed drive based on a brushless doubly-fedmotor and a fractional unidirectional converter [J]. IEEE Transactions on Industrial Electronics, 2012, 59 (1): 317-325.

[81] POZA J, OYARBIDE E, SARASOLA I, et al. Vector control design and experimental evaluation for the brushless doubly-fed machine [J]. IET Electric Power Applications, 2009, 3 (4): 247-256.

[82] BARATI F, SHAO S, ABDI E, et al. Generalized vector model for the brushless doubly-fed machine with a nestedloop rotor [J]. IEEE Transactions on Industrial Electronics, 2011, 58 (6): 2313-2321.

[83] BARATI F, MAMAHON R, SHAO S, et al. Generalized vector control for the brushless doubly-fed machine with nestedloop rotor [J]. IEEE Transactions on Industrial Electronics, 2013, 60 (6): 2477-2485.

[84] SARASOLA I, POZA J, RODRIGUEZ M, et al. Direct torque control design and experimental evaluation for the brushless doubly fed machine [J]. Energy Conversion and Management, 2011, 52 (2): 1226-1234.

[85] ZHANG A, WANG X, JIA W, et al. Indirect stator-quantities control for the brushless doubly fed induction machine [J]. IEEE Transsctions Power Electronics, 2014, 29 (3): 1392-1401.

[86] 黄守道. 无刷双馈电机的控制方法研究 [D]. 长沙：湖南大学，2005.

[87] BRUNE C S, SPEE R, WALLACE A K. Experimental evaluation of a variable-speed, doubly-fed wind-power generation system [J]. IEEE Transactions on Industry Applications, 1994, 30 (3): 648-655.

[88] SPEE R, BHOWMIK S. Novel control strategies for variable-speed doubly fed wind power generation sys-

tems [J]. Renewable Energy, 1995, 6 (8): 907-915.

[89] XU L, TANG Y. A novel wind-power generating system using field orientation controlled doubly-excited brushless reluctance machine [C]. IEEE Industry Applications Society Annual Meeting, 1992: 408-413.

[90] 刘其辉. 变速恒频风力发电系统运行与控制研究 [D]. 杭州：浙江大学，2005.

[91] VALENCIAGA F, PULESTON P F. Variable structure control of a wind energy conversion system based on a brushless doubly fed reluctance generator [J]. IEEE Transactions on Energy Conversion, 2007, 22 (2): 499-506.

[92] SHAO S, ABDI E, BARATI F, et al. Vector control of the brushless doubly-fed machine for wind power generation [C]. IEEE International Conference on Sustainable Energy Technologies, 2008: 322-327.

[93] SHAO S, ABDI E, BARATI F, et al. Stator-flux-oriented vector control for brushless doubly-fed induction generator [J]. IEEE Transactions on Industrial Electronics, 2009, 56 (10): 4220-4228.

[94] LOGAN T, WARRINGTON J, SHAO S, et al. Practical deployment of the brushless doubly-fed machine in a medium scale wind turbine [C]. International Conference on Power Electronics and Drive Systems, 2009: 470-475.

[95] 杨俊华. 无刷双馈风力发电系统及其控制研究 [D]. 广州：华南理工大学，2006.

[96] 杨俊华. 无刷双馈风力发电机组的模糊自适应控制 [J]. 电机与控制学报，2006，10 (4): 346-350.

[97] 陈鹏. 无刷双馈风力发电机控制系统研究 [D]. 天津：河北工业大学，2006.

[98] 朱云国. 无刷双馈风力发电机无速度传感器控制的研究 [D]. 合肥：合肥工业大学，2014.

[99] 朱云国. 无刷双馈风力发电机的无速度传感器矢量控制技术 [J]. 电力自动化设备，2013，33 (8): 125-130.

[100] 金石. 变速恒频无刷双馈风力发电机的直接转矩控制技术研究 [D]. 沈阳：沈阳工业大学，2011.

[101] 吴涛. 变速恒频无刷双馈发电系统独立运行控制研究 [D]. 武汉：华中科技大学，2009.

[102] WU T, WANG X, LI Y. The scalar control research based on fuzzy PID of BDFM stand-alone power generation system [C]. International Conference on Electric Information and Control Engineering, 2011: 2806-2809.

[103] 张玉峰. 改善 VSCFDG 运行性能的控制技术研究 [D]. 西安：西北工业大学，2014.

[104] PENA R, CLARE J C, ASHER G M. A doubly fed induction generator using back-to-back PWM converters supplying an isolated load from a variable speed wind turbine [J]. IEE Proceedings-Electric Power Applications, 1996, 143 (5): 380-387.

[105] VIJAYAKUMAR K, KUMARESAN N, AMMASAI GOUNDEN N. Operation and closed loop control of wind-driven stand-alone doubly fed induction generators using a single inverter-battery system [J]. IET Electric Power Applications, 2012, 6 (3): 162-171.

[106] VIJAYAKUMAR K, KUMARESAN N, AMMASAI GOUNDEN N. Operation of inverter-assisted wind-driven slip-ring induction generator for stand-alone power supplies [J]. IET Electric Power Applications, 2013, 7 (4): 256-269.

[107] PHAN V, LEE H, CHUN T. An improved control strategy using a PI-resonant controller for an unbalanced stand-alone doubly-fed induction generator [J]. Journal of Power Electronics, 2010, 10 (2): 194-202.

[108] GULLY B H, WEBBER M E, SEEPERSAD C C. Shaft motor-generator design assessment for increased operational efficiency in container ships [C]. 5th International Conference on Energy Sustainability, Amer-

ican Society of Mechanical Engineers (ASME) Digital Collection, 2011: 1813-1819.

[109] XU X Y, YE Y Z, CHEN C. On control of power supply process of marine shaft generator [C]. IEEE International Conference on Systems, 2009: 4776-4779.

[110] PENG L, LI Y D, CHAI J Y, et al. Vector control of a doubly fed induction generator for stand-alone ship shaft generator systems [C]. International Conference on Electrical Machines and Systems, 2007: 112-115.

[111] DAIDO T, MIURA Y, ISE T, et al. Characteristics on stand-alone operation of a doubly-fed induction generator applied to adjustable speed gas engine cogeneration system [J]. Journal of Power Electronics, 2013, 13 (5): 841-853.

第2章 无刷双馈感应电机数学模型与特性分析

2.1 引言

数学模型是分析电机系统性能以及设计控制方法的重要工具，BDFIG 是近年发展起来的一种新型电机，其内部电磁关系复杂，为了后续设计性能优良的 BDFIG 发电控制方法，对 BDFIG 及系统建立准确的数学模型并进行性能分析是必不可少的。

本章首先介绍了 BDFIG 的基本工作原理、三相静止坐标系和两相旋转坐标系下的动态模型；然后介绍了传统的 Π 型稳态模型、内核稳态模型，以及一种新型的 T 型稳态模型；最后基于 T 型稳态模型分析了 BDFIG 独立发电系统的功率流和 CW 电流，分析结果揭示了 BDFIG 独立发电系统的一些重要特性。

2.2 工作原理分析

BDFIG 没有电刷和集电环，其定子内含有 PW 和 CW 两套不同极对数的三相绕组；其转子目前有多种形式，包括同心环笼型、磁阻型、磁障型、绕线型等。无刷双馈电机可以工作在多种运行模式，包括感应模式、级联模式和双馈模式[1]。当只对 PW 或 CW 供电，而让另一套绕组保持开路时，BDFIG 的这种运行模式称为感应模式。如果只对 PW 或 CW 供电，而将另一套绕组短路，BDFIG 的这种运行模式称为级联模式。感应模式和级联模式都属于异步运行模式，在这两种模式中，当电机转速变化时，无法通过调节 CW 的励磁频率使得 PW 的频率保持恒定。然而，在双馈运行模式中，CW 既不处于开路状态也不处于短路状态，而是连接到变流器；当电机转速变化时，变流器可以调节 CW 的励磁频率使得 PW 的频率保持恒定。双馈运行模式是无刷双馈电机最具有优势的运行模式，在变速恒频独立发电系统中，BDFIG 正是工作在双馈运行模式。

双馈运行模式是通过 PW 磁场与 CW 磁场之间的交叉耦合实现的。然而，PW 和 CW 具有不同的极对数，因此它们之间的交叉耦合不能直接产生，必须通过特殊设计的转子间接实现。如果 PW 的极对数为 p_1，并且其馈电角频率（rad/s）为 ω_1，那么三相 PW 电流以及 PW 气隙磁通密度的角频率为 ω_1/p_1。类似地，如果 CW 的极对数为 p_2，并且其馈电角频率为 ω_2，那么三相 CW 电流以及 CW 气隙磁通密度的角频率将会为 ω_2/p_2。于是，PW 和 CW 分别产生的基波气隙磁通密度可分别表示为[2]

$$b_1(\theta,t)=B_1\cos(\omega_1 t-p_1\theta) \tag{2-1}$$

$$b_2(\theta,t)=B_2\cos(\omega_2 t-p_2\theta) \tag{2-2}$$

式中，B_1 和 B_2 分别表示 PW 和 CW 产生的基波气隙磁通密度幅值；θ 为定子坐标。

如果转子以角速度 ω_r 旋转，那么可以将式（2-1）和式（2-2）所示的 PW 和 CW 基波气隙磁通密度方程变换到转子参考系中，并令 $\theta'=\theta+\omega_r t$，得到

$$b_1'(\theta',t)=B_1\cos((\omega_1-p_1\omega_r)t-p_1\theta') \tag{2-3}$$

$$b_2'(\theta',t)=B_2\cos((\omega_2-p_2\omega_r)t-p_2\theta') \tag{2-4}$$

气隙磁通密度 b_1' 和 b_2' 会在转子绕组中分别产生频率为 $\omega_1-p_1\omega_r$ 和 $\omega_2-p_2\omega_r$ 的感应电流。要使 BDFIG 在双馈模式下能稳定运行，就必须使得 PW 和 CW 通过转子间接耦合后能产生稳定的转矩，要产生恒定的转矩必须使得

$$\omega_1-p_1\omega_r=\pm(\omega_2-p_2\omega_r) \tag{2-5}$$

式（2-5）中等号右边取负号并重新整理后得到

$$\omega_r=\frac{\omega_1+\omega_2}{p_1+p_2} \tag{2-6}$$

式（2-6）给出了 BDFIG 在双馈模式下稳定运行时转子角速度与 PW 和 CW 馈电角频率之间的关系。如果转子转速（r/min）为 n_r，则式（2-6）可改写为

$$n_r=\frac{f_1+f_2}{p_1+p_2} \tag{2-7}$$

式中，f_1 和 f_2 分别为 PW 和 CW 的馈电频率。

值得注意的是，当 ω_2 或 f_2 为 0，即向 CW 中通以直流电时，BDFIG 工作在自然同步状态，此时的转速称为自然同步转速 ω_N 或 n_N，表示如下：

$$\omega_N=\frac{\omega_1}{p_1+p_2} \tag{2-8}$$

$$n_N=\frac{f_1}{p_1+p_2} \tag{2-9}$$

低于自然同步转速的转子速度称为次同步速度；反之，称为超同步速度。

2.3 三相静止坐标系下的动态模型

由电机学的基本理论可知，通用的电机耦合电路方程为

$$\boldsymbol{u}=\boldsymbol{R}\boldsymbol{i}+\frac{\mathrm{d}\boldsymbol{\psi}}{\mathrm{d}t} \tag{2-10}$$

$$\boldsymbol{\psi}=\boldsymbol{M}\boldsymbol{i} \tag{2-11}$$

式中，$\boldsymbol{u}$、$\boldsymbol{i}$、$\boldsymbol{\psi}$ 分别为电机绕组的相电压矢量、相电流矢量和磁链矢量，$\boldsymbol{u},\ \boldsymbol{i},\ \boldsymbol{\psi}\in\mathscr{R}^n$，$n$ 为电机相数；$\boldsymbol{R}$ 和 $\boldsymbol{M}$ 分别为电机绕组的电阻矩阵和互感矩阵，且 $\boldsymbol{R},\ \boldsymbol{M}\in\mathscr{R}^{n\times n}$。

互感矩阵 $\boldsymbol{M}$ 是随着转子位置 θ_r 的变化而变化的，因此当电机旋转时 $\boldsymbol{M}$ 是一个时变矩阵。

电机转子的角速度 ω_r 与转子位置 θ_r 之间的关系为

$$\omega_{r}=\frac{\mathrm{d}\theta_{r}}{\mathrm{d}t} \tag{2-12}$$

将式（2-11）和式（2-12）代入式（2-10）得到

$$\boldsymbol{u}=\boldsymbol{R}\boldsymbol{i}+\omega_{r}\frac{\mathrm{d}\boldsymbol{M}}{\mathrm{d}\theta_{r}}\boldsymbol{i}+\boldsymbol{M}\frac{\mathrm{d}\boldsymbol{i}}{\mathrm{d}t} \tag{2-13}$$

根据机电能量转换原理，在线性电感的条件下，电机磁场的储能为

$$W_{m}=\frac{1}{2}\boldsymbol{i}^{T}\boldsymbol{M}\boldsymbol{i} \tag{2-14}$$

电机的电磁转矩等于转子位置变化时电机磁场储能的变化率 $\mathrm{d}W_{m}/\mathrm{d}t$，于是有

$$T_{e}=\frac{1}{2}\boldsymbol{i}^{T}\frac{\mathrm{d}\boldsymbol{M}}{\mathrm{d}\theta_{r}}\boldsymbol{i} \tag{2-15}$$

对于 BDFIG，将矢量 $\boldsymbol{u}$ 和 $\boldsymbol{i}$ 做如下定义，并考虑到转子的相电压为 0，则

$$\boldsymbol{u}=\begin{bmatrix}\boldsymbol{u}_{1}\\ \boldsymbol{u}_{2}\\ \boldsymbol{u}_{r}\end{bmatrix}=\begin{bmatrix}\boldsymbol{u}_{1}\\ \boldsymbol{u}_{2}\\ \boldsymbol{0}\end{bmatrix},\quad \boldsymbol{i}=\begin{bmatrix}\boldsymbol{i}_{1}\\ \boldsymbol{i}_{2}\\ \boldsymbol{i}_{r}\end{bmatrix} \tag{2-16}$$

式中，$\boldsymbol{u}_{1}=[u_{1a}\quad u_{1b}\quad u_{1c}]^{T}$，$\boldsymbol{u}_{2}=[u_{2a}\quad u_{2b}\quad u_{2c}]^{T}$，$\boldsymbol{i}_{1}=[i_{1a}\quad i_{1b}\quad i_{1c}]^{T}$，$\boldsymbol{i}_{2}=[i_{2a}\quad i_{2b}\quad i_{2c}]^{T}$，$\boldsymbol{i}_{r}=[i_{ra}\quad i_{rb}\quad i_{rc}]^{T}$，其中 a、b 和 c 表示相序。

再对 BDFIG 的电阻矩阵 $\boldsymbol{R}$ 和互感矩阵 $\boldsymbol{M}$ 分别做如下定义：

$$\boldsymbol{R}=\begin{bmatrix}\boldsymbol{R}_{1} & & \\ & \boldsymbol{R}_{2} & \\ & & \boldsymbol{R}_{3}\end{bmatrix} \tag{2-17}$$

$$\boldsymbol{M}=\begin{bmatrix}\boldsymbol{M}_{1} & \boldsymbol{M}_{12} & \boldsymbol{M}_{1r}\\ \boldsymbol{M}_{12}^{T} & \boldsymbol{M}_{2} & \boldsymbol{M}_{2r}\\ \boldsymbol{M}_{1r}^{T} & \boldsymbol{M}_{2r}^{T} & \boldsymbol{M}_{r}\end{bmatrix} \tag{2-18}$$

式中，R_{1}、R_{2} 和 R_{r} 分别为 PW、CW 和转子的相电阻，且 $\boldsymbol{R}_{1}=\begin{bmatrix}R_{1} & & \\ & R_{1} & \\ & & R_{1}\end{bmatrix}$，$\boldsymbol{R}_{2}=\begin{bmatrix}R_{2} & & \\ & R_{2} & \\ & & R_{2}\end{bmatrix}$，$\boldsymbol{R}_{r}=\begin{bmatrix}R_{r} & & \\ & R_{r} & \\ & & R_{r}\end{bmatrix}$ $\boldsymbol{M}_{1}$、$\boldsymbol{M}_{2}$ 和 $\boldsymbol{M}_{r}$ 分别为 PW、CW 和转子的互感矩阵；$\boldsymbol{M}_{12}$ 为 PW 与 CW 之间的互感矩阵；$\boldsymbol{M}_{1r}$ 为 PW 与转子之间的互感矩阵；$\boldsymbol{M}_{2r}$ 为 CW 与转子之间的互感矩阵。

根据 BDFIG 的原理可知，PW 与 CW 之间没有直接的磁耦合，因此式（2-18）可做如下简化：

$$\boldsymbol{M}=\begin{bmatrix}\boldsymbol{M}_{1} & \boldsymbol{0} & \boldsymbol{M}_{1r}\\ \boldsymbol{0} & \boldsymbol{M}_{2} & \boldsymbol{M}_{2r}\\ \boldsymbol{M}_{1r}^{T} & \boldsymbol{M}_{2r}^{T} & \boldsymbol{M}_{3}\end{bmatrix} \tag{2-19}$$

式（2-19）中互感矩阵的表达式与 BDFIG 定子和转子的相序有关。BDFIG 可以看作是由 PW 子系统和 CW 子系统构成，选取 PW 子系统和 CW 子系统的参考坐标系如图 2.1 所示，其中 A_{pws}、B_{pws}、C_{pws} 和 A_{pwr}、B_{pwr}、C_{pwr} 分别为 PW 子系统中定子与转子的三相轴线，A_{cws}、B_{cws}、C_{cws} 和 A_{cwr}、B_{cwr}、C_{cwr} 分别为 CW 子系统中定子与转子的三相轴线，PW 子系统与 CW 子系统中的转子反相序连接。以 PW 子系统中定子绕组的 A 相轴线 A_{pws} 为基准，θ_0 为 PW 的 A 相轴线与 CW 的 A 相轴线之间的初始相位差。

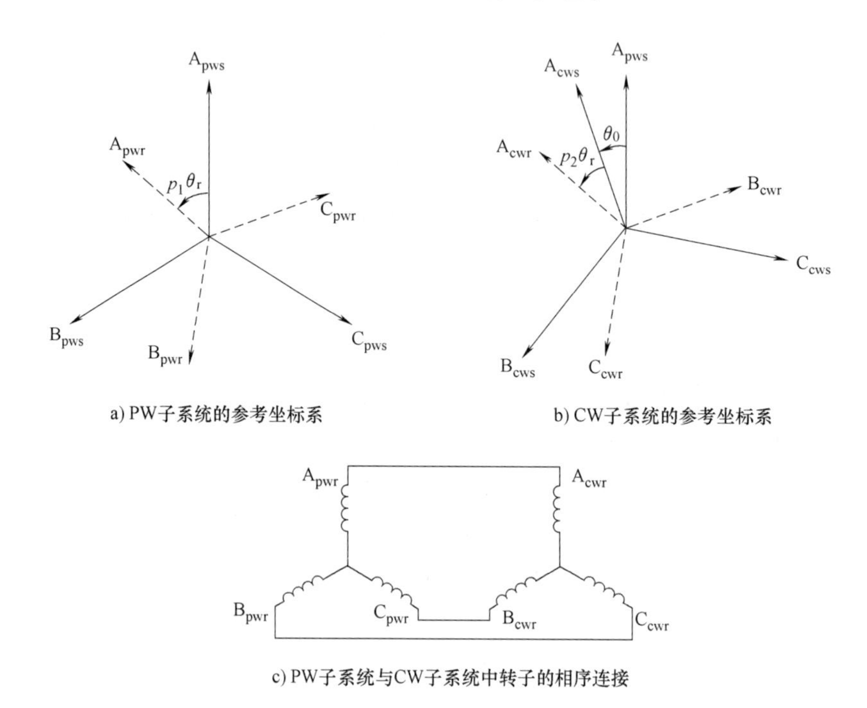

图 2.1　PW 子系统和 CW 子系统的三相静止 *ABC* 参考坐标系

根据参考文献［3，4］，可推导出 BDFIG 的互感矩阵为

$$\boldsymbol{M}_1=\begin{bmatrix} L_{\sigma1}+L_{m1} & -L_{m1}/2 & -L_{m1}/2 \\ -L_{m1}/2 & L_{\sigma1}+L_{m1} & -L_{m1}/2 \\ -L_{m1}/2 & -L_{m1}/2 & L_{\sigma1}+L_{m1} \end{bmatrix}$$

$$\boldsymbol{M}_2=\begin{bmatrix} L_{\sigma2}+L_{m2} & -L_{m2}/2 & -L_{m2}/2 \\ -L_{m2}/2 & L_{\sigma2}+L_{m2} & -L_{m2}/2 \\ -L_{m2}/2 & -L_{m2}/2 & L_{\sigma2}+L_{m2} \end{bmatrix}$$

$$\boldsymbol{M}_r=\begin{bmatrix} L_{\sigma r}+L_{mr} & -L_{mr}/2 & -L_{mr}/2 \\ -L_{mr}/2 & L_{\sigma r}+L_{mr} & -L_{mr}/2 \\ -L_{mr}/2 & -L_{mr}/2 & L_{\sigma r}+L_{mr} \end{bmatrix}$$

$$\boldsymbol{M}_{1r}=L_{pr}\begin{bmatrix} \cos(p_1\theta_r) & \cos(p_1\theta_r-4\pi/3) & \cos(p_1\theta_r-2\pi/3) \\ \cos(p_1\theta_r-2\pi/3) & \cos(p_1\theta_r) & \cos(p_1\theta_r-4\pi/3) \\ \cos(p_1\theta_r-4\pi/3) & \cos(p_1\theta_r-2\pi/3) & \cos(p_1\theta_r) \end{bmatrix}$$

$$M_{2r}=L_{cr}\begin{bmatrix}\cos(p_2\theta_r+\theta_0) & \cos(p_2\theta_r+\theta_0-4\pi/3) & \cos(p_2\theta_r+\theta_0-2\pi/3)\\ \cos(p_2\theta_r+\theta_0-2\pi/3) & \cos(p_2\theta_r+\theta_0) & \cos(p_2\theta_r+\theta_0-4\pi/3)\\ \cos(p_2\theta_r+\theta_0-4\pi/3) & \cos(p_2\theta_r+\theta_0-2\pi/3) & \cos(p_2\theta_r+\theta_0)\end{bmatrix}$$

式中，$L_{\sigma 1}$、$L_{\sigma 2}$ 和 $L_{\sigma r}$ 分别表示 PW、CW 和转子的单相漏感；L_{m1}、L_{m2} 和 L_{mr} 分别代表 PW、CW 和转子的单相励磁电感；L_{pr} 和 L_{cr} 分别表示 PW 和转子、CW 和转子之间的互感幅值。

将式（2-16）、式（2-17）和式（2-19）代入式（2-13），得到

$$\begin{bmatrix}\boldsymbol{u}_1\\ \boldsymbol{u}_2\\ \boldsymbol{0}\end{bmatrix}=\left(\begin{bmatrix}\boldsymbol{R}_1 & & \\ & \boldsymbol{R}_2 & \\ & & \boldsymbol{R}_3\end{bmatrix}+\omega_r\begin{bmatrix}\boldsymbol{0} & \boldsymbol{0} & \dfrac{\mathrm{d}\boldsymbol{M}_{1r}}{\mathrm{d}\theta_r}\\ \boldsymbol{0} & \boldsymbol{0} & \dfrac{\mathrm{d}\boldsymbol{M}_{2r}}{\mathrm{d}\theta_r}\\ \dfrac{\mathrm{d}\boldsymbol{M}_{1r}^{\mathrm{T}}}{\mathrm{d}\theta_r} & \dfrac{\mathrm{d}\boldsymbol{M}_{2r}^{\mathrm{T}}}{\mathrm{d}\theta_r} & \boldsymbol{0}\end{bmatrix}\right)\begin{bmatrix}\boldsymbol{i}_1\\ \boldsymbol{i}_2\\ \boldsymbol{i}_r\end{bmatrix}+\begin{bmatrix}\boldsymbol{M}_1 & \boldsymbol{0} & \boldsymbol{M}_{1r}\\ \boldsymbol{0} & \boldsymbol{M}_2 & \boldsymbol{M}_{2r}\\ \boldsymbol{M}_{1r}^{\mathrm{T}} & \boldsymbol{M}_{2r}^{\mathrm{T}} & \boldsymbol{M}_3\end{bmatrix}\frac{\mathrm{d}}{\mathrm{d}t}\begin{bmatrix}\boldsymbol{i}_1\\ \boldsymbol{i}_2\\ \boldsymbol{i}_r\end{bmatrix} \tag{2-20}$$

根据式（2-15）、式（2-16）和式（2-19）可得 BDFIG 的电磁转矩表达式为

$$\begin{aligned}T_e&=\frac{1}{2}\begin{bmatrix}\boldsymbol{i}_1^{\mathrm{T}} & \boldsymbol{i}_2^{\mathrm{T}} & \boldsymbol{i}_r^{\mathrm{T}}\end{bmatrix}\begin{bmatrix}\boldsymbol{0} & \boldsymbol{0} & \dfrac{\mathrm{d}\boldsymbol{M}_{1r}}{\mathrm{d}\theta_r}\\ \boldsymbol{0} & \boldsymbol{0} & \dfrac{\mathrm{d}\boldsymbol{M}_{2r}}{\mathrm{d}\theta_r}\\ \dfrac{\mathrm{d}\boldsymbol{M}_{1r}^{\mathrm{T}}}{\mathrm{d}\theta_r} & \dfrac{\mathrm{d}\boldsymbol{M}_{2r}^{\mathrm{T}}}{\mathrm{d}\theta_r} & \boldsymbol{0}\end{bmatrix}\begin{bmatrix}\boldsymbol{i}_1\\ \boldsymbol{i}_2\\ \boldsymbol{i}_r\end{bmatrix}\\
&=\frac{1}{2}\begin{bmatrix}\boldsymbol{i}_r^{\mathrm{T}}\dfrac{\mathrm{d}\boldsymbol{M}_{1r}^{\mathrm{T}}}{\mathrm{d}\theta_r} & \boldsymbol{i}_r^{\mathrm{T}}\dfrac{\mathrm{d}\boldsymbol{M}_{2r}^{\mathrm{T}}}{\mathrm{d}\theta_r} & \boldsymbol{i}_1^{\mathrm{T}}\dfrac{\mathrm{d}\boldsymbol{M}_{1r}}{\mathrm{d}\theta_r}+\boldsymbol{i}_2^{\mathrm{T}}\dfrac{\mathrm{d}\boldsymbol{M}_{2r}}{\mathrm{d}\theta_r}\end{bmatrix}\begin{bmatrix}\boldsymbol{i}_1\\ \boldsymbol{i}_2\\ \boldsymbol{i}_r\end{bmatrix}\\
&=\frac{1}{2}\left[\boldsymbol{i}_r^{\mathrm{T}}\frac{\mathrm{d}\boldsymbol{M}_{1r}^{\mathrm{T}}}{\mathrm{d}\theta_r}\boldsymbol{i}_1+\boldsymbol{i}_r^{\mathrm{T}}\frac{\mathrm{d}\boldsymbol{M}_{2r}^{\mathrm{T}}}{\mathrm{d}\theta_r}\boldsymbol{i}_2+\boldsymbol{i}_1^{\mathrm{T}}\frac{\mathrm{d}\boldsymbol{M}_{1r}}{\mathrm{d}\theta_r}\boldsymbol{i}_r+\boldsymbol{i}_2^{\mathrm{T}}\frac{\mathrm{d}\boldsymbol{M}_{2r}}{\mathrm{d}\theta_r}\boldsymbol{i}_r\right]\\
&=\boldsymbol{i}_1^{\mathrm{T}}\frac{\mathrm{d}\boldsymbol{M}_{1r}}{\mathrm{d}\theta_r}\boldsymbol{i}_r+\boldsymbol{i}_2^{\mathrm{T}}\frac{\mathrm{d}\boldsymbol{M}_{2r}}{\mathrm{d}\theta_r}\boldsymbol{i}_r\\
&=\begin{bmatrix}\boldsymbol{i}_1^{\mathrm{T}} & \boldsymbol{i}_2^{\mathrm{T}}\end{bmatrix}\begin{bmatrix}\dfrac{\mathrm{d}\boldsymbol{M}_{1r}}{\mathrm{d}\theta_r}\\ \dfrac{\mathrm{d}\boldsymbol{M}_{2r}}{\mathrm{d}\theta_r}\end{bmatrix}\boldsymbol{i}_r\end{aligned} \tag{2-21}$$

BDFIG 的机械运动方程为

$$J\frac{\mathrm{d}\omega_r}{\mathrm{d}t}=T_e-T_l \tag{2-22}$$

式中，J 为 BDFIG 与负载的联合转动惯量；T_l 为包括摩擦阻转矩的负载转矩。

根据式（2-20）~式（2-22）和式（2-12），将 BDFIG 的电流、转子位置和转子角速度作为状态变量，得到 BDFIG 在静止 *ABC* 坐标系下的动态模型的状态空间表达式为

$$\frac{\mathrm{d}}{\mathrm{d}t}\begin{bmatrix} \boldsymbol{i}_1 \\ \boldsymbol{i}_2 \\ \boldsymbol{i}_r \\ \theta_r \\ \omega_r \end{bmatrix} = \begin{bmatrix} \begin{bmatrix} \boldsymbol{M}_1 & \boldsymbol{0} & \boldsymbol{M}_{1r} \\ \boldsymbol{0} & \boldsymbol{M}_2 & \boldsymbol{M}_{2r} \\ \boldsymbol{M}_{1r}^{\mathrm{T}} & \boldsymbol{M}_{2r}^{\mathrm{T}} & \boldsymbol{M}_3 \end{bmatrix}^{-1} \left\{ -\left(\begin{bmatrix} \boldsymbol{R}_1 & & \\ & \boldsymbol{R}_2 & \\ & & \boldsymbol{R}_3 \end{bmatrix} + \omega_r \begin{bmatrix} \boldsymbol{0} & \boldsymbol{0} & \dfrac{\mathrm{d}\boldsymbol{M}_{1r}}{\mathrm{d}\theta_r} \\ \boldsymbol{0} & \boldsymbol{0} & \dfrac{\mathrm{d}\boldsymbol{M}_{2r}}{\mathrm{d}\theta_r} \\ \dfrac{\mathrm{d}\boldsymbol{M}_{1r}^{\mathrm{T}}}{\mathrm{d}\theta_r} & \dfrac{\mathrm{d}\boldsymbol{M}_{2r}^{\mathrm{T}}}{\mathrm{d}\theta_r} & 0 \end{bmatrix} \right) \begin{bmatrix} \boldsymbol{i}_1 \\ \boldsymbol{i}_2 \\ \boldsymbol{i}_r \end{bmatrix} + \begin{bmatrix} \boldsymbol{u}_1 \\ \boldsymbol{u}_2 \\ \boldsymbol{0} \end{bmatrix} \right\} \\ \omega_r \\ \dfrac{1}{J}\left(\begin{bmatrix} \boldsymbol{i}_1^{\mathrm{T}} & \boldsymbol{i}_2^{\mathrm{T}} \end{bmatrix} \begin{bmatrix} \dfrac{\mathrm{d}\boldsymbol{M}_{1r}}{\mathrm{d}\theta_r} \\ \dfrac{\mathrm{d}\boldsymbol{M}_{2r}}{\mathrm{d}\theta_r} \end{bmatrix} \boldsymbol{i}_r - T_1 \right) \end{bmatrix} \tag{2-23}$$

静止 *ABC* 坐标系下的动态模型适合于计算暂态过程中 BDFIG 内部各物理量的变化，这为电机的设计提供了很好的理论依据。然而，从式（2-23）可以看出，静止 *ABC* 坐标系下的 BDFIG 动态模型是一个非线性参数时变系统，特别是互感矩阵随着转子位置 θ_r 的变化而变化。因此，需要将该模型变换为更利于控制方案实现的形式。

2.4 两相旋转坐标系下的动态模型

在 2.3 节中，已经推导了 BDFIG 在静止 *ABC* 坐标系下的动态模型，该模型的缺点是 PW 与转子之间的互感矩阵、CW 与转子之间的互感矩阵随着转子位置的变化而变化，这使得静止 *ABC* 坐标系下的 BDFIG 是一个非线性参数时变系统。为了使电机模型得以简化并消除互感矩阵中的时变参数，可以采用坐标变换的方式来实现。

2.4.1 电机控制中的坐标变换理论

在电机控制理论中常用的坐标系有三种：三相静止 *ABC* 坐标系、两相静止 $\alpha\beta$ 坐标系和两相旋转 dq 坐标系。通常，电机模型可以根据需要在这三种坐标系之间相互转换，具体的转换方法如下：

1. 三相静止 *ABC* 坐标系与两相静止 $\alpha\beta$ 坐标系之间的转换

通常选取三相静止 *ABC* 坐标系的 A 轴与 $\alpha\beta$ 坐标系的 α 轴重合，从三相静止 *ABC* 到两相静止 $\alpha\beta$ 坐标系的转换通过 Clark 变换实现，变换式为

$$\begin{bmatrix} x_\alpha \\ x_\beta \\ x_0 \end{bmatrix} = \boldsymbol{T}_{\mathrm{Clark}} \begin{bmatrix} x_A \\ x_B \\ x_C \end{bmatrix} = \frac{2}{3} \begin{bmatrix} 1 & -\dfrac{1}{2} & -\dfrac{1}{2} \\ 0 & \dfrac{\sqrt{3}}{2} & -\dfrac{\sqrt{3}}{2} \\ \dfrac{1}{2} & \dfrac{1}{2} & \dfrac{1}{2} \end{bmatrix} \begin{bmatrix} x_A \\ x_B \\ x_C \end{bmatrix} \tag{2-24}$$

式中，x 表示电压、电流或磁链；x_0 为零轴分量。

从两相静止 $\alpha\beta$ 坐标系到三相静止 ABC 坐标系的变换是通过 Clark 逆变换实现的，具体变换式为

$$\begin{bmatrix} x_A \\ x_B \\ x_C \end{bmatrix} = \boldsymbol{T}_{\text{Clark}}^{-1} \begin{bmatrix} x_\alpha \\ x_\beta \\ x_0 \end{bmatrix} = \begin{bmatrix} 1 & 0 & 1 \\ -\dfrac{1}{2} & \dfrac{\sqrt{3}}{2} & 1 \\ -\dfrac{1}{2} & -\dfrac{\sqrt{3}}{2} & 1 \end{bmatrix} \begin{bmatrix} x_\alpha \\ x_\beta \\ x_0 \end{bmatrix} \tag{2-25}$$

当电机绕组三相对称时，可以忽略零轴分量 x_0，因此电机的电压、电流或磁链在三相静止 ABC 坐标系与两相静止 $\alpha\beta$ 坐标系之间的变换式可以简化为

$$\begin{bmatrix} x_\alpha \\ x_\beta \end{bmatrix} = \frac{2}{3} \begin{bmatrix} 1 & -\dfrac{1}{2} & -\dfrac{1}{2} \\ 0 & \dfrac{\sqrt{3}}{2} & -\dfrac{\sqrt{3}}{2} \end{bmatrix} \begin{bmatrix} x_A \\ x_B \\ x_C \end{bmatrix} \tag{2-26}$$

$$\begin{bmatrix} x_A \\ x_B \\ x_C \end{bmatrix} = \begin{bmatrix} 1 & 0 \\ -\dfrac{1}{2} & \dfrac{\sqrt{3}}{2} \\ -\dfrac{1}{2} & -\dfrac{\sqrt{3}}{2} \end{bmatrix} \begin{bmatrix} x_\alpha \\ x_\beta \end{bmatrix} \tag{2-27}$$

2. 两相静止 $\alpha\beta$ 坐标系与两相旋转 dq 坐标系之间的转换

假设 $\alpha\beta$ 坐标系的 α 轴与 dq 坐标系的 d 轴的夹角为 θ，从两相静止 $\alpha\beta$ 坐标系到两相旋转 dq 坐标系的转换可以通过 Park 变换实现，变换式为

$$\begin{bmatrix} x_d \\ x_q \end{bmatrix} = \boldsymbol{T}_{\text{Park}} \begin{bmatrix} x_\alpha \\ x_\beta \end{bmatrix} = \begin{bmatrix} \cos\theta & \sin\theta \\ -\sin\theta & \cos\theta \end{bmatrix} \begin{bmatrix} x_\alpha \\ x_\beta \end{bmatrix} \tag{2-28}$$

利用 Park 逆变换可以把电机模型从两相旋转 dq 坐标系变换到两相静止 $\alpha\beta$ 坐标系，具体变换式为

$$\begin{bmatrix} x_\alpha \\ x_\beta \end{bmatrix} = \boldsymbol{T}_{\text{Park}}^{-1} \begin{bmatrix} x_d \\ x_q \end{bmatrix} = \begin{bmatrix} \cos\theta & -\sin\theta \\ \sin\theta & \cos\theta \end{bmatrix} \begin{bmatrix} x_d \\ x_q \end{bmatrix} \tag{2-29}$$

3. 三相静止 ABC 坐标系与两相旋转 dq 坐标系之间的转换

要将电机模型从三相静止 ABC 坐标系转换到两相旋转 dq 坐标系，可以利用 Clark 变换矩阵先将电机模型从三相静止 ABC 坐标系变换到两相静止 $\alpha\beta$ 坐标系，再利用 Park 变换矩阵从两相静止 $\alpha\beta$ 坐标系转换到两相旋转 dq 坐标系。根据该思路可以得到从三相静止 ABC 坐标系转换到两相旋转 dq 坐标系的变换式为

$$\begin{bmatrix} x_d \\ x_q \\ x_0 \end{bmatrix} = \frac{2}{3} \begin{bmatrix} \cos\theta & \cos(\theta-2\pi/3) & \cos(\theta+2\pi/3) \\ -\sin\theta & -\sin(\theta-2\pi/3) & -\sin(\theta+2\pi/3) \\ \dfrac{1}{2} & \dfrac{1}{2} & \dfrac{1}{2} \end{bmatrix} \begin{bmatrix} x_A \\ x_B \\ x_C \end{bmatrix} \tag{2-30}$$

式（2-30）中引入零轴分量 x_0 可以将变换矩阵凑成方阵，这样便于求出其逆矩阵。从

两相旋转 dq 坐标系到三相静止 ABC 坐标系的变换方法为式（2-30）的逆变换

$$\begin{bmatrix} x_A \\ x_B \\ x_C \end{bmatrix} = \begin{bmatrix} \cos\theta & -\sin\theta & 1 \\ \cos(\theta-2\pi/3) & -\sin(\theta-2\pi/3) & 1 \\ \cos(\theta+2\pi/3) & -\sin(\theta+2\pi/3) & 1 \end{bmatrix} \begin{bmatrix} x_d \\ x_q \\ x_0 \end{bmatrix} \tag{2-31}$$

2.4.2 任意速 dq 坐标系下的动态模型[5]

假设 dq 旋转坐标系的角速度为 ω，如图 2.2 所示，θ_1 为 PW 的 A 相轴线与 d 轴的夹角，θ_2 为 CW 的 A 相轴线与 d 轴的夹角，θ_r 为转子 A 相轴线与 d 轴的夹角，θ_0 为 PW 的 A 相轴线与 CW 的 A 相轴线之间的初始相位差，由图 2.2 可知

$$\begin{cases} \theta_1 = \omega t \\ \theta_2 = \omega t-(p_1+p_2)\omega_r t+\theta_0 \\ \theta_r = \omega t-p_1\omega_r t \end{cases} \tag{2-32}$$

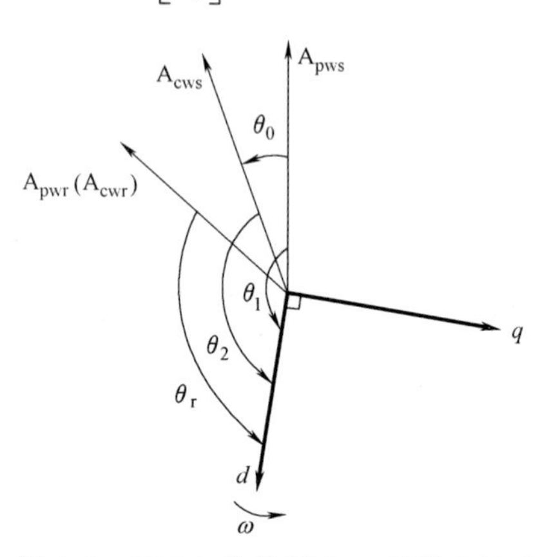

图 2.2 BDFIG 的任意速 dq 旋转坐标系

从 PW 三相静止 ABC 坐标系转换到两相旋转 dq 坐标系的变换矩阵为

$$\boldsymbol{T}_1 = \frac{2}{3}\begin{bmatrix} \cos\theta_1 & \cos(\theta_1-2\pi/3) & \cos(\theta_1+2\pi/3) \\ -\sin\theta_1 & -\sin(\theta_1-2\pi/3) & -\sin(\theta_1+2\pi/3) \\ \frac{1}{2} & \frac{1}{2} & \frac{1}{2} \end{bmatrix} \tag{2-33}$$

从 CW 三相静止 ABC 坐标系转换到两相旋转 dq 坐标系的变换矩阵为

$$\boldsymbol{T}_2 = \frac{2}{3}\begin{bmatrix} \cos\theta_2 & \cos(\theta_2-2\pi/3) & \cos(\theta_2+2\pi/3) \\ -\sin\theta_2 & -\sin(\theta_2-2\pi/3) & -\sin(\theta_2+2\pi/3) \\ \frac{1}{2} & \frac{1}{2} & \frac{1}{2} \end{bmatrix} \tag{2-34}$$

从转子三相静止 ABC 坐标系转换到两相旋转 dq 坐标系的变换矩阵为

$$\boldsymbol{T}_r = \frac{2}{3}\begin{bmatrix} \cos\theta_r & \cos(\theta_r-2\pi/3) & \cos(\theta_r+2\pi/3) \\ -\sin\theta_r & -\sin(\theta_r-2\pi/3) & -\sin(\theta_r+2\pi/3) \\ \frac{1}{2} & \frac{1}{2} & \frac{1}{2} \end{bmatrix} \tag{2-35}$$

将式（2-16）、式（2-17）和式（2-19）代入式（2-20）和式（2-11），得到三相静止 ABC 坐标系下的 PW、CW 和转子的电压方程和磁链方程为

$$\boldsymbol{u}_1 = \boldsymbol{R}_1\boldsymbol{i}_1 + \frac{\mathrm{d}\boldsymbol{\psi}_1}{\mathrm{d}t} \tag{2-36}$$

$$\boldsymbol{\psi}_1 = \boldsymbol{M}_1\boldsymbol{i}_1 + \boldsymbol{M}_{1r}\boldsymbol{i}_r \tag{2-37}$$

$$\boldsymbol{u}_2 = \boldsymbol{R}_2\boldsymbol{i}_2 + \frac{\mathrm{d}\boldsymbol{\psi}_2}{\mathrm{d}t} \tag{2-38}$$

$$\boldsymbol{\psi}_2 = \boldsymbol{M}_2\boldsymbol{i}_2 + \boldsymbol{M}_{2r}\boldsymbol{i}_r \tag{2-39}$$

$$\boldsymbol{u}_{\mathrm{r}}=\boldsymbol{R}_{\mathrm{r}}\boldsymbol{i}_{\mathrm{r}}+\frac{\mathrm{d}\boldsymbol{\psi}_{\mathrm{r}}}{\mathrm{d}t} \tag{2-40}$$

$$\boldsymbol{\psi}_{\mathrm{r}}=\boldsymbol{M}_{\mathrm{r}}\boldsymbol{i}_{\mathrm{r}}+\boldsymbol{M}_{1\mathrm{r}}^{\mathrm{T}}\boldsymbol{i}_1+\boldsymbol{M}_{2\mathrm{r}}^{\mathrm{T}}\boldsymbol{i}_2 \tag{2-41}$$

由式（2-36）可得

$$\begin{aligned}\boldsymbol{T}_1\boldsymbol{u}_1&=\boldsymbol{T}_1(\boldsymbol{R}_1\boldsymbol{i}_1)+\boldsymbol{T}_1\frac{\mathrm{d}\boldsymbol{\psi}_1}{\mathrm{d}t}\\&=\boldsymbol{R}_1(\boldsymbol{T}_1\boldsymbol{i}_1)+\frac{\mathrm{d}(\boldsymbol{T}_1\boldsymbol{\psi}_1)}{\mathrm{d}t}-\frac{\mathrm{d}\boldsymbol{T}_1}{\mathrm{d}t}\boldsymbol{\psi}_1\end{aligned} \tag{2-42}$$

使用坐标变换矩阵 $\boldsymbol{T}_1$ 可将 $\boldsymbol{u}_1$、$\boldsymbol{i}_1$ 和 $\boldsymbol{\psi}_1$ 从三相静止 ABC 坐标系变换到两相旋转 dq 坐标系，其变换式为

$$\boldsymbol{T}_1\boldsymbol{u}_1=\begin{bmatrix}u_{1d}\\u_{1q}\\u_{10}\end{bmatrix},\quad \boldsymbol{T}_1\boldsymbol{i}_1=\begin{bmatrix}i_{1d}\\i_{1q}\\i_{10}\end{bmatrix},\quad \boldsymbol{T}_1\boldsymbol{\psi}_1=\begin{bmatrix}\psi_{1d}\\\psi_{1q}\\\psi_{10}\end{bmatrix} \tag{2-43}$$

将式（2-33）和式（2-43）代入式（2-42）得

$$\begin{aligned}\begin{bmatrix}u_{1d}\\u_{1q}\\u_{10}\end{bmatrix}&=\boldsymbol{R}_1\begin{bmatrix}i_{1d}\\i_{1q}\\i_{10}\end{bmatrix}+\frac{\mathrm{d}}{\mathrm{d}t}\begin{bmatrix}\psi_{1d}\\\psi_{1q}\\\psi_{10}\end{bmatrix}-\frac{2}{3}\begin{bmatrix}-\omega\sin\theta_1 & -\omega\sin(\theta_1-2\pi/3) & -\omega\sin(\theta_1+2\pi/3)\\-\omega\cos\theta_1 & -\omega\cos(\theta_1-2\pi/3) & -\omega\cos(\theta_1+2\pi/3)\\0&0&0\end{bmatrix}\begin{bmatrix}\psi_{1a}\\\psi_{1b}\\\psi_{1c}\end{bmatrix}\\&=\boldsymbol{R}_1\begin{bmatrix}i_{1d}\\i_{1q}\\i_{10}\end{bmatrix}+\frac{\mathrm{d}}{\mathrm{d}t}\begin{bmatrix}\psi_{1d}\\\psi_{1q}\\\psi_{10}\end{bmatrix}-\begin{bmatrix}\omega\psi_{1q}\\-\omega\psi_{1d}\\0\end{bmatrix}\end{aligned} \tag{2-44}$$

由式（2-37）可得

$$\boldsymbol{T}_1\boldsymbol{\psi}_1=(\boldsymbol{T}_1\boldsymbol{M}_1\boldsymbol{T}_1^{-1})(\boldsymbol{T}_1\boldsymbol{i}_1)+(\boldsymbol{T}_1\boldsymbol{M}_{1\mathrm{r}}\boldsymbol{T}_{\mathrm{r}}^{-1})(\boldsymbol{T}_1\boldsymbol{i}_{\mathrm{r}}) \tag{2-45}$$

根据 $\boldsymbol{T}_1$、$\boldsymbol{M}_1$ 和 $\boldsymbol{M}_{1\mathrm{r}}$ 的表达式可以计算出

$$\boldsymbol{T}_1\boldsymbol{M}_1\boldsymbol{T}_1^{-1}=\begin{bmatrix}L_{\sigma1}+\frac{3}{2}L_{\mathrm{m1}}&0&0\\0&L_{\sigma1}+\frac{3}{2}L_{\mathrm{m1}}&0\\0&0&L_{\sigma1}\end{bmatrix},\boldsymbol{T}_1\boldsymbol{M}_{1\mathrm{r}}\boldsymbol{T}_{\mathrm{r}}^{-1}=\begin{bmatrix}\frac{3}{2}L_{\mathrm{pr}}&0&0\\0&\frac{3}{2}L_{\mathrm{pr}}&0\\0&0&0\end{bmatrix}$$

考虑到 $\boldsymbol{T}_{\mathrm{r}}\boldsymbol{i}_{\mathrm{r}}=[i_{\mathrm{r}d}\quad i_{\mathrm{r}q}\quad i_{\mathrm{r}0}]^{\mathrm{T}}$，并将式（2-43）代入式（2-45）得到

$$\begin{bmatrix}\psi_{1d}\\\psi_{1q}\\\psi_{10}\end{bmatrix}=\begin{bmatrix}L_{\sigma1}+\frac{3}{2}L_{\mathrm{m1}}&0&0\\0&L_{\sigma1}+\frac{3}{2}L_{\mathrm{m1}}&0\\0&0&L_{\sigma1}\end{bmatrix}\begin{bmatrix}i_{1d}\\i_{1q}\\i_{10}\end{bmatrix}+\begin{bmatrix}\frac{3}{2}L_{\mathrm{pr}}&0&0\\0&\frac{3}{2}L_{\mathrm{pr}}&0\\0&0&0\end{bmatrix}\begin{bmatrix}i_{\mathrm{r}d}\\i_{\mathrm{r}q}\\i_{\mathrm{r}0}\end{bmatrix} \tag{2-46}$$

假设电机绕组三相对称，则可以忽略零轴分量，由式（2-44）和式（2-46）分别得到

$$\begin{cases}u_{1d}=R_1i_{1d}+\dfrac{\mathrm{d}\psi_{1d}}{\mathrm{d}t}-\omega\psi_{1q}\\u_{1q}=R_1i_{1q}+\dfrac{\mathrm{d}\psi_{1q}}{\mathrm{d}t}+\omega\psi_{1d}\end{cases} \tag{2-47}$$

$$\begin{cases}\psi_{1d}=L_1 i_{1d}+L_{1r}i_{rd}\\\psi_{1q}=L_1 i_{1q}+L_{1r}i_{rq}\end{cases}\tag{2-48}$$

式中，$L_1=\dfrac{3}{2}L_{m1}+L_{\sigma1}$；$L_{1r}=\dfrac{3}{2}L_{pr}$。

类似地，使用变换矩阵 $\boldsymbol{T}_1$、$\boldsymbol{T}_2$ 和 $\boldsymbol{T}_r$，由式（2-38）~式（2-41）可以推导出

$$\begin{cases}u_{2d}=R_2 i_{2d}+\dfrac{d\psi_{2d}}{dt}-[\omega-(p_1+p_2)\omega_r]\psi_{2q}\\u_{2q}=R_2 i_{2q}+\dfrac{d\psi_{2q}}{dt}+[\omega-(p_1+p_2)\omega_r]\psi_{2d}\end{cases}\tag{2-49}$$

$$\begin{cases}\psi_{2d}=L_2 i_{2d}+L_{2r}i_{rd}\\\psi_{2q}=L_2 i_{2q}+L_{2r}i_{rq}\end{cases}\tag{2-50}$$

$$\begin{cases}u_{rd}=R_r i_{rd}+\dfrac{d\psi_{rd}}{dt}-(\omega-p_1\omega_r)\psi_{rq}\\u_{rq}=R_r i_{rq}+\dfrac{d\psi_{rq}}{dt}+(\omega-p_1\omega_r)\psi_{rd}\end{cases}\tag{2-51}$$

$$\begin{cases}\psi_{rd}=L_r i_{rd}+L_{1r}i_{1d}+L_{2r}i_{2d}\\\psi_{rq}=L_r i_{rq}+L_{1r}i_{1q}+L_{2r}i_{2q}\end{cases}\tag{2-52}$$

式中，$L_2=\dfrac{3}{2}L_{m2}+L_{\sigma2}$，$L_r=\dfrac{3}{2}L_{mr}+L_{\sigma r}$，$L_{1r}=\dfrac{3}{2}L_{pr}$，$L_{2r}=\dfrac{3}{2}L_{cr}$。

由式（2-21）可得 BDFIG 的电磁转矩为

$$T_e=\boldsymbol{i}_1^T\frac{d\boldsymbol{M}_{1r}}{d\theta_r}\boldsymbol{i}_r+\boldsymbol{i}_2^T\frac{d\boldsymbol{M}_{2r}}{d\theta_r}\boldsymbol{i}_r\tag{2-53}$$

考虑到 $d\theta_r=\omega_r(dt)$，对式（2-53）进行变形得到

$$\begin{aligned}T_e&=\frac{1}{\omega_r}[\boldsymbol{T}_1^{-1}(\boldsymbol{T}_1\boldsymbol{i}_1)]^T\frac{d\boldsymbol{M}_{1r}}{dt}[\boldsymbol{T}_r^{-1}(\boldsymbol{T}_r\boldsymbol{i}_r)]+\frac{1}{\omega_r}[\boldsymbol{T}_2^{-1}(\boldsymbol{T}_2\boldsymbol{i}_2)]^T\frac{d\boldsymbol{M}_{2r}}{dt}[\boldsymbol{T}_r^{-1}(\boldsymbol{T}_r\boldsymbol{i}_r)]\\&=\begin{bmatrix}i_{1d}\\i_{1q}\\i_{10}\end{bmatrix}^T\left(\frac{1}{\omega_r}(\boldsymbol{T}_1^{-1})^T\frac{d\boldsymbol{M}_{1r}}{dt}\boldsymbol{T}_r^{-1}\right)\begin{bmatrix}i_{rd}\\i_{rq}\\i_{r0}\end{bmatrix}+\begin{bmatrix}i_{2d}\\i_{2q}\\i_{20}\end{bmatrix}^T\left(\frac{1}{\omega_r}(\boldsymbol{T}_2^{-1})^T\frac{d\boldsymbol{M}_{2r}}{dt}\boldsymbol{T}_r^{-1}\right)\begin{bmatrix}i_{rd}\\i_{rq}\\i_{r0}\end{bmatrix}\end{aligned}\tag{2-54}$$

根据 $\boldsymbol{T}_1$、$\boldsymbol{T}_2$、$\boldsymbol{T}_r$、$\boldsymbol{M}_{1r}$ 和 $\boldsymbol{M}_{2r}$ 的表达式可以计算出

$$\frac{1}{\omega_r}(\boldsymbol{T}_1^{-1})^T\frac{d\boldsymbol{M}_{1r}}{dt}\boldsymbol{T}_r^{-1}=\begin{bmatrix}0&-\dfrac{3p_1}{2}L_{1r}&0\\\dfrac{3p_1}{2}L_{1r}&0&0\\0&0&0\end{bmatrix}$$

$$\frac{1}{\omega_r}(\boldsymbol{T}_2^{-1})^{\mathrm{T}}\frac{\mathrm{d}\boldsymbol{M}_{2r}}{\mathrm{d}t}\boldsymbol{T}_r^{-1}=\begin{bmatrix}0 & \frac{3p_2}{2}L_{2r} & 0\\ -\frac{3p_2}{2}L_{2r} & 0 & 0\\ 0 & 0 & 0\end{bmatrix}$$

于是式（2-54）可以简化为

$$T_e=\frac{3p_1}{2}L_{1r}(i_{1q}i_{rd}-i_{1d}i_{rq})+\frac{3p_2}{2}L_{2r}(i_{2d}i_{rq}-i_{2q}i_{rd}) \tag{2-55}$$

式（2-47）~式（2-52）以及式（2-55）构成了BDFIG在任意速 dq 坐标系下的动态模型。

2.5　稳态模型

2.5.1　功率绕组和转子之间的耦合稳态模型

令 $\dot{U}_1=u_{1d}+\mathrm{j}u_{1q}$，$\dot{U}_2=u_{2d}+\mathrm{j}u_{2q}$，$\dot{U}_r=u_{rd}+\mathrm{j}u_{rq}$，$\dot{I}_1=i_{1d}+\mathrm{j}i_{1q}$，$\dot{I}_2=i_{2d}+\mathrm{j}i_{2q}$，$\dot{I}_r=i_{rd}+\mathrm{j}i_{rq}$，$\dot{\psi}_1=\psi_{1d}+\mathrm{j}\psi_{1q}$，$\dot{\psi}_2=\psi_{2d}+\mathrm{j}\psi_{2q}$，$\dot{\psi}_r=\psi_{rd}+\mathrm{j}\psi_{rq}$，则式（2-47）~式（2-52）可以表示为

$$\dot{U}_1=R_1\dot{I}_1+\frac{d\dot{\psi}_1}{dt}+\mathrm{j}\omega\dot{\psi}_1 \tag{2-56}$$

$$\dot{\psi}_1=L_1\dot{I}_1+L_{1r}\dot{I}_r \tag{2-57}$$

$$\dot{U}_2=R_2\dot{I}_2+\frac{\mathrm{d}\dot{\psi}_2}{\mathrm{d}t}+\mathrm{j}[\omega-\omega_r(p_1+p_2)]\dot{\psi}_2 \tag{2-58}$$

$$\dot{\psi}_2=L_2\dot{I}_2+L_{2r}\dot{I}_r \tag{2-59}$$

$$\dot{U}_r=R_r\dot{I}_r+\frac{\mathrm{d}\dot{\psi}_r}{\mathrm{d}t}+\mathrm{j}(\omega-p_1\omega_r)\dot{\psi}_r \tag{2-60}$$

$$\dot{\psi}_r=L_r\dot{I}_r+L_{1r}\dot{I}_1+L_{2r}\dot{I}_2 \tag{2-61}$$

为了便于后续的BDFIG稳态模型的推导，现对PW的转差率 s_1 和和CW的转差率 s_2 分别做如下定义：

$$s_1\triangleq\frac{\omega_1-p_1\omega_r}{\omega_1} \tag{2-62}$$

$$s_2\triangleq\frac{\omega_2-p_2\omega_r}{\omega_2} \tag{2-63}$$

由BDFIG的原理和结构可知，BDFIG的转子可看作由功率子部分和控制子部分构成，理想情况下PW只与转子的功率子部分发生耦合，CW只与转子的控制子部分发生耦合。因此可以分别对 $\dot{U}_r$、$\dot{\psi}_r$ 和 L_r 做如下分解：

$$\dot{U}_r=\dot{U}_r'+\dot{U}_r'' \tag{2-64}$$

$$\dot{\psi}_{r}=\dot{\psi}_{r}'+\dot{\psi}_{r}'' \tag{2-65}$$

$$L_{r}=L_{r}'+L_{r}'' \tag{2-66}$$

$$R_{r}=R_{r}'+R_{r}'' \tag{2-67}$$

式中，$\dot{U}_{r}'$为 PW 与转子的功率子部分发生耦合产生的转子相电压，$\dot{U}''$为 PW 与转子的控制子部分发生耦合产生的转子相电压；$\dot{\psi}_{r}'$为 PW 与转子的功率子部分发生耦合产生的转子磁链，$\dot{\psi}_{r}''$为 PW 与转子的控制子部分发生耦合产生的转子磁链；L_{r}'为转子的功率子部分的单相自感，L_{r}''为转子的控制子部分的单相自感；R_{r}'为转子的功率子部分的相电阻，R_{r}''为转子的控制子部分的相电阻。

为了便于后续的变速恒频独立发电系统中 BDFIG 稳态性能分析的进行，这里将 PW 电压以及转子电压与电流的方向反向。令 dq 旋转坐标系的角速度 $\omega=\omega_{1}$，并考虑到在稳态时 BDFIG 动态模型中的微分项为零，于是从式（2-56）、式（2-57）、式（2-60）和式（2-61）可以推导出

$$-\dot{U}_{1}=R_{1}\dot{I}_{1}+\mathrm{j}\omega_{1}\dot{\psi}_{1} \tag{2-68}$$

$$\dot{\psi}_{1}=(L_{\sigma1}+L_{1r})\dot{I}_{1}-L_{1r}\dot{I}_{r}=L_{\sigma1}\dot{I}_{1}+L_{1r}\dot{I}_{m1} \tag{2-69}$$

$$-\dot{U}_{r}'=-R_{r}'\dot{I}_{r}+\mathrm{j}s_{1}\omega_{1}\dot{\psi}_{r}' \tag{2-70}$$

$$\dot{\psi}_{r}'=-(L_{\sigma r}'+L_{1r})\dot{I}_{r}+L_{1r}\dot{I}_{1}=-L_{\sigma r}'\dot{I}_{r}+L_{1r}\dot{I}_{m1} \tag{2-71}$$

式中，$L_{\sigma1}+L_{1r}=L_{1}$，$\dot{I}_{m1}=\dot{I}_{1}-\dot{I}_{r}$；$L_{\sigma r}'+L_{1r}=L_{r}'$；$L_{\sigma1}$ 为 PW 的单相漏感；$L_{\sigma r}'$为转子的功率子部分的单相漏感；L_{1r} 为 PW 与转子之间的单相互感。

将式（2-26）代入式（2-68），同时将式（2-71）代入式（2-70），可以得到

$$-\dot{U}_{1}=R_{1}\dot{I}_{1}+\mathrm{j}\omega_{1}(L_{\sigma1}\dot{I}_{1}+L_{1r}\dot{I}_{m1}) \tag{2-72}$$

$$-\frac{\dot{U}_{r}'}{s_{1}}=-\frac{R_{r}'\dot{I}_{r}}{s_{1}}+\mathrm{j}\omega_{1}(-L_{\sigma r}'\dot{I}_{r}+L_{1r}\dot{I}_{m1}) \tag{2-73}$$

根据式（2-72）和式（2-73）可以得到如图 2.3 所示的 PW 和转子之间的耦合稳态模型。

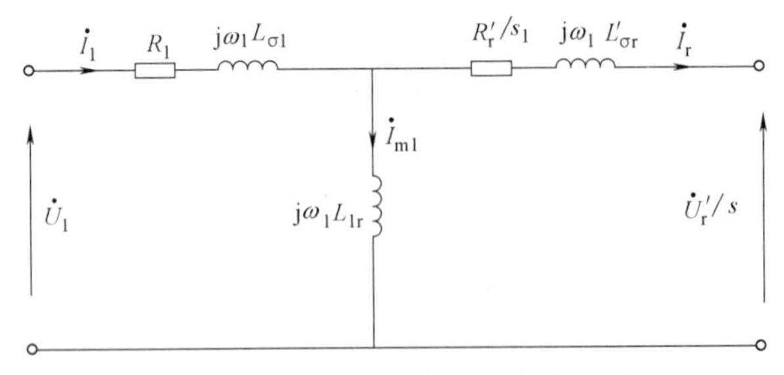

图 2.3　PW 和转子之间的耦合稳态模型

2.5.2　控制绕组和转子之间的耦合稳态模型

将 CW 电压的方向反向，令 dq 旋转坐标系的角速度 $\omega=\omega_{1}$，由式（2-6）可得 $\omega_{1}-\omega_{r}(p_{1}+p_{2})=-\omega_{2}$，并考虑到在稳态时 BDFIG 动态模型中的微分项为零，于是从式（2-58）~式（2-61）可以推导出

$$-\dot{U}_2=R_2\dot{I}_2-j\omega_2\dot{\psi}_2 \tag{2-74}$$

$$\dot{\psi}_2=(L_{\sigma2}+L_{2r})\dot{I}_2+L_{2r}\dot{I}_r=L_{\sigma2}\dot{I}_2+L_{2r}\dot{I}_{m2} \tag{2-75}$$

$$\dot{U}''_r=R''_r\dot{I}_r+js_1\omega_1\dot{\psi}''_r \tag{2-76}$$

$$\dot{\psi}''_r=(L''_{\sigma r}+L_{2r})\dot{I}_r+L_{2r}\dot{I}_2=L''_{\sigma r}\dot{I}_r+L_{2r}\dot{I}_{m2} \tag{2-77}$$

式中，$L_{\sigma2}+L_{2r}=L_2$，$\dot{I}_{m2}=\dot{I}_2+\dot{I}_r$；$L''_{\sigma r}+L_{2r}=L''_r$；$L_{\sigma2}$ 为 CW 的单相漏感；$L''_{\sigma r}$为转子的控制子部分的单相漏感；L_{2r} 为 CW 与转子之间的单相互感。

分别将式（2-75）代入式（2-74）、将式（2-77）代入式（2-76）可以得到

$$-\dot{U}_2=R_2\dot{I}_2-j\omega_2(L_{\sigma2}\dot{I}_2+L_{2r}\dot{I}_{m2}) \tag{2-78}$$

$$\frac{\dot{U}''_r}{s_1}=\frac{R''_r\dot{I}_r}{s_1}+j\omega_1(L''_{\sigma r}\dot{I}_r+L_{2r}\dot{I}_{m2}) \tag{2-79}$$

由式（2-6）、式（2-62）和式（2-63）可以得出 $\omega_2=-s_1\omega_1/s_2$，将其代入式（2-78）可得

$$-\frac{s_2\dot{U}_2}{s_1}=\frac{s_2R_2}{s_1}\dot{I}_2+j\omega_1(L_{\sigma2}\dot{I}_2+L_{2r}\dot{I}_{m2}) \tag{2-80}$$

根据式（2-79）和式（2-80）可以得到如图 2.4 所示的 CW 和转子之间的耦合稳态模型。

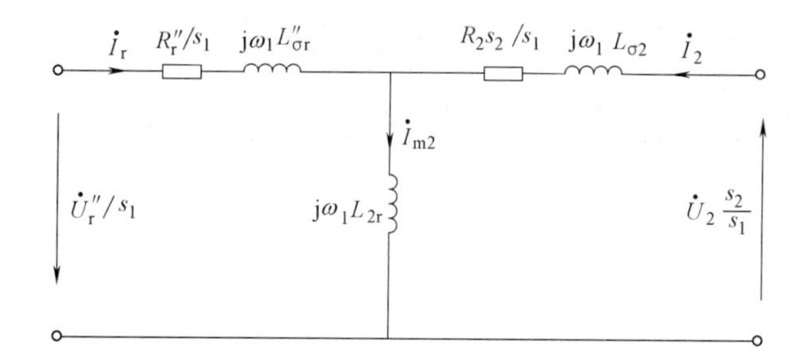

图 2.4　CW 和转子之间的耦合稳态模型

2.5.3　Π 型稳态模型和内核稳态模型

由 BDFIG 的原理和结构可知 $\dot{U}_r=0$，再根据式（2-64）可知 $\dot{U}''_r=-\dot{U}'_r$，此外转子功率子部分和控制子部分的电流是相同的，因此可以将 PW 和转子之间的耦合稳态模型与 CW 和转子之间的耦合稳态模型进行合并，得到如图 2.5 所示 BDFIG 的 Π 型稳态模型[6]。在图 2.5 中，$R_r=R'_r+R''_r$，$L_{\sigma r}=L'_{\sigma r}+L''_{\sigma r}$，$L_{1r}$ 与 L_{2r} 均为励磁电感。

由于 Π 型稳态模型过于复杂，为了简化 BDFIG 的稳态分析，参考文献［6］提出了内核稳态模型，其结构如图 2.6 所示。从图 2.6 可以看出，该模型忽略了励磁电感、定子漏感、定子电阻和转子电阻，且 $\dot{I}_1=-\dot{I}_2$。当 BDFIG 独立发电系统空载起动时，$\dot{I}_1\approx0$，从图 2.6 易知，此时 $\dot{I}_2=0$。然而，在 BDFIG 独立发电系统运行过程中 $\dot{I}_2$不能为零，因为必须给

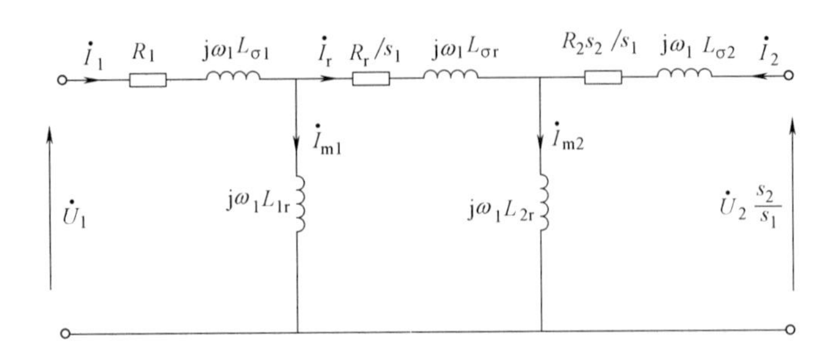

图 2.5　BDFIG 的 Π 型稳态模型

CW 提供励磁电流才能在 PW 的输出端产生电压，由此可见内核稳态模型不适合 BDFIG 独立发电系统的性能分析。

2.5.4　T 型稳态模型

鉴于 Π 型稳态模型和 T 型稳态模型的缺陷，本节又介绍了一种 T 型稳态模型，该模型结构与常规异步电机的稳态模型结构类似，这为后续的 BDFIG 独立发电系统的性能分析提供了一条新的途径。

为了方便 T 型稳态模型的推导，首先将图 2.5 所示的 Π 型稳态模型用更简洁的方式来表示，如图 2.7 所示。其中 $Z_{\sigma 1}$、$Z_{\sigma r}$、$Z_{\sigma 2}$、Z_{m1}、Z_{m2} 分别为

$$\begin{cases} Z_{\sigma 1} = R_1 + j\omega_1 L_{\sigma 1}, \quad Z_{\sigma r} = \dfrac{R'_r}{s_1} + j\omega_1 L'_{\sigma r}, \quad Z_{\sigma 2} = R''_2 \dfrac{s_2}{s_1} + j\omega_1 L''_{\sigma 2} \\ Z_{m1} = j\omega_1 L_{m1}, \quad Z_{m2} = j\omega_1 L''_{m2} \end{cases} \tag{2-81}$$

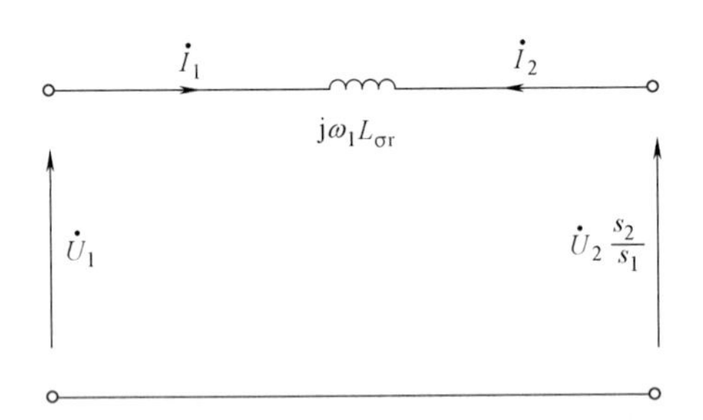

图 2.6　BDFIG 的内核稳态模型

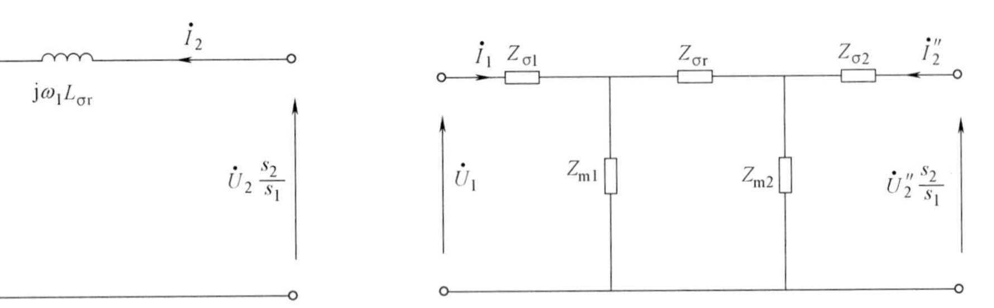

图 2.7　BDFIG 的 Π 型稳态模型的简化表达

图 2.7 所示的 Π 型稳态模型实际上是一个无源线性二端口网络，根据参考文献［8］，可将 BDFM 的 Π 型稳态模型的外部特性用下述方程来描述

$$\begin{cases} \dot{U}_1 = Z_{11}\dot{I}_1 + Z_{12}\dot{I}''_2 \\ s_2 \dot{U}''_2 / s_1 = Z_{21}\dot{I}_1 + Z_{22}\dot{I}''_2 \end{cases} \tag{2-82}$$

式中，Z_{11}、Z_{12}、Z_{21} 和 Z_{22} 称为二端口网络的开路阻抗参数，其计算方法为[7]

$$Z_{11}=\frac{\dot{U}_1}{\dot{I}_1}\bigg|_{\dot{I}''_2=0}=\frac{Z_{m1}(Z_{\sigma r}+Z_{m2})}{Z_{m1}+Z_{\sigma r}+Z_{m2}}+Z_{\sigma 1} \tag{2-83}$$

$$Z_{21}=\frac{s_2\dot{U}''_2/s_1}{\dot{I}_1}\bigg|_{\dot{I}''_2=0}=\frac{Z_{m1}Z_{m2}}{Z_{m1}+Z_{\sigma r}+Z_{m2}} \tag{2-84}$$

$$Z_{12}=\frac{\dot{U}_1}{\dot{I}''_2}\bigg|_{\dot{I}_1=0}=\frac{Z_{m1}Z_{m2}}{Z_{m1}+Z_{\sigma r}+Z_{m2}} \tag{2-85}$$

$$Z_{22}=\frac{s_2\dot{U}''_2/s_1}{\dot{I}''_2}\bigg|_{\dot{I}_1=0}=\frac{Z_{m2}(Z_{\sigma r}+Z_{m1})}{Z_{m1}+Z_{\sigma r}+Z_{m2}}+Z_{\sigma 2} \tag{2-86}$$

任何给定的无源线性二端口网络均可等效变换为如图 2.8 所示的由 3 个阻抗组成的 T 型稳态模型，接下来确定该模型中各个阻抗的参数。

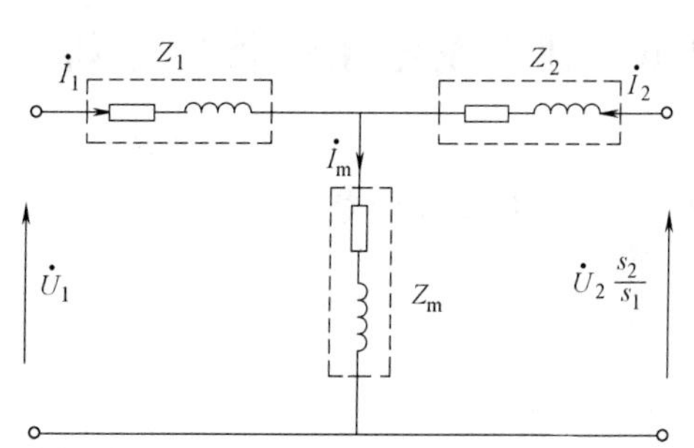

图 2.8　BDFIG 的 T 型稳态模型

要确定图 2.8 所示的 T 型稳态模型中 Z_1、Z_2 和 Z_m 的值，可先写出如下所示的回路电流方程

$$\begin{cases}\dot{U}_1=Z_1\dot{I}_1+Z_m(\dot{I}_1+\dot{I}''_2)\\ s_2\dot{U}''_2/s_1=Z_m(\dot{I}_1+\dot{I}''_2)+Z_2\dot{I}''_2\end{cases} \tag{2-87}$$

比较式（2-84）与式（2-85）可知，$Z_{12}=Z_{21}$，于是可以将式（2-82）改写为

$$\begin{cases}\dot{U}_1=(Z_{11}-Z_{12})\dot{I}_1+Z_{12}(\dot{I}_1+\dot{I}''_2)\\ s_2\dot{U}''_2/s_1=Z_{12}(\dot{I}_1+\dot{I}''_2)+(Z_{22}-Z_{12})\dot{I}''_2\end{cases} \tag{2-88}$$

再比较式（2-87）与式（2-88）可得

$$Z_1=Z_{11}-Z_{12},\quad Z_m=Z_{12},\quad Z_2=Z_{22}-Z_{12} \tag{2-89}$$

将式（2-81）与式（2-83）~（2-86）代入式（2-89），可得图 2.8 中的阻抗 Z_1、Z_2 和 Z_m 的表达式分别为

$$Z_1=\frac{j\omega_1L_{m1}[(R'_r/s_1)+j\omega_1L'_{\sigma r}]}{j\omega_1L_{m1}+(R'_r/s_1)+j\omega_1L'_{\sigma r}+j\omega_1L''_{m2}}+R_1+j\omega_1L_{\sigma 1} \tag{2-90}$$

$$Z_2=\frac{j\omega_1L''_{m2}[(R'_r/s_1)+j\omega_1L'_{\sigma r}]}{j\omega_1L_{m1}+(R'_r/s_1)+j\omega_1L'_{\sigma r}+j\omega_1L''_{m2}}+R''_2\frac{s_2}{s_1}+j\omega_1L''_{\sigma 2} \tag{2-91}$$

$$Z_m=\frac{j\omega_1L_{m1}j\omega_1L''_{m2}}{j\omega_1L_{m1}+(R'_r/s_1)+j\omega_1L'_{\sigma r}+j\omega_1L''_{m2}} \tag{2-92}$$

为了保证 BDFIG 的稳定运行，转差 s_1 的值应远大于 0[8]。于是，在忽略转子电阻 R'_r的情况下，Z_1、Z_2 和 Z_m 中的 R'_r/s_1 项也可以被忽略。此时，Z_1、Z_2 和 Z_m 的表达式可以分别简化为

$$Z_1=j\omega_1(\alpha_1+L_{\sigma 1})+R_1 \tag{2-93}$$

$$Z_2=j\omega_1(\alpha_2+L''_{\sigma 2})+R''_2\frac{s_2}{s_1} \tag{2-94}$$

$$Z_m = j\omega_1\alpha_3 \tag{2-95}$$

式中，$\alpha_1=\dfrac{L_{m1}L'_{\sigma r}}{L_{m1}+L'_{\sigma r}+L''_{m2}}$，$\alpha_2=\dfrac{L''_{m2}L'_{\sigma r}}{L_{m1}+L'_{\sigma r}+L''_{m2}}$，$\alpha_3=\dfrac{L_{m1}L''_{m2}}{L_{m1}+L'_{\sigma r}+L''_{m2}}$。

根据式（2-87），将PW的相电压和相电流作为输入变量，CW的相电压和相电流作为输出变量，则图2.8中的T型稳态模型可用式（2-96）所示的矩阵方程来描述：

$$\begin{bmatrix} \dot{U}_2\dfrac{s_1}{s_2} \\ \dot{I}_2 \end{bmatrix} = \begin{bmatrix} \dfrac{Z_2+Z_m}{Z_m} & -\left(Z_1+Z_2+\dfrac{Z_1Z_2}{Z_m}\right) \\ \dfrac{1}{Z_m} & -\dfrac{Z_1+Z_m}{Z_m} \end{bmatrix} \begin{bmatrix} \dot{U}_1 \\ \dot{I}_1 \end{bmatrix} \tag{2-96}$$

2.6 独立发电系统性能分析

2.6.1 功率流分析

从图2.8可以得到

$$\begin{cases} \dot{I}_1Z_1+\dot{I}_mZ_m+\dot{U}_1=0 \\ \dot{I}_2Z_2+\dot{I}_mZ_m+\dot{U}_2s_2/s_1=0 \\ \dot{I}_m=\dot{I}_1+\dot{I}_2 \end{cases} \tag{2-97}$$

从式（2-97）可推导出$\dot{I}_1$和$\dot{I}_2$的表达式为

$$\dot{I}_1=\frac{-\dot{U}_1(Z_2+Z_m)+\dot{U}_2s_2Z_m/s_1}{(Z_1+Z_2)Z_m+Z_1Z_2} \tag{2-98}$$

$$\dot{I}_2=\frac{\dot{U}_1Z_m-\dot{U}_2s_2(Z_1+Z_m)/s_1}{(Z_1+Z_2)Z_m+Z_1Z_2} \tag{2-99}$$

根据电路理论可知，PW的有功功率P_1和CW的有功功率P_2可以表示如下：

$$P_1=3\mathrm{Re}\{\dot{U}_1\dot{I}_1^*\} \tag{2-100}$$

$$P_2=3\mathrm{Re}\{\dot{U}_2\dot{I}_2^*\} \tag{2-101}$$

式中，上标“*”表示取复数的共轭，“Re”表示取复数的实部。

将式（2-93）~式（2-95）和式（2-98）代入式（2-100），并且忽略PW电阻R_1和CW电阻R_2，可以得到

$$\begin{aligned} P_1 &= 3\mathrm{Re}\left\{\frac{-|\dot{U}_1|^2(Z_2+Z_m)^*+(s_2/s_1)\dot{U}_1(\dot{U}_2Z_m)^*}{[(Z_1+Z_2)Z_m+Z_1Z_2]^*}\right\} \\ &= 3\mathrm{Re}\left\{\frac{\mathrm{j}|\dot{U}_1|^2(\alpha_2+L_{\sigma2}+\alpha_3)-\mathrm{j}\alpha_3(s_2/s_1)\dot{U}_1\dot{U}_2^*}{-\omega_1(\alpha_1+L_{\sigma1}+\alpha_2+L_{\sigma2})\alpha_3-\omega_1(\alpha_1+L_{\sigma1})(\alpha_2+L_{\sigma2})}\right\} \\ &= -3\alpha_3\frac{s_2}{s_1}\mathrm{Re}\left\{\frac{\mathrm{j}\dot{U}_1\dot{U}_2^*}{-\omega_1(\alpha_1+L_{\sigma1}+\alpha_2+L_{\sigma2})\alpha_3-\omega_1(\alpha_1+L_{\sigma1})(\alpha_2+L_{\sigma2})}\right\} \end{aligned} \tag{2-102}$$

然后，将式（2-93）~式（2-95）和式（2-99）代入式（2-101），同样忽略 R_1 和 R_2，可以得到

$$
\begin{aligned}
P_2 &= 3\mathrm{Re}\left\{\frac{-|\dot{U}_2|^2(s_2/s_1)(Z_1+Z_\mathrm{m})^* + \dot{U}_2(\dot{U}_1 Z_\mathrm{m})^*}{[(Z_1+Z_2)Z_\mathrm{m}+Z_1 Z_2]^*}\right\} \\
&= 3\mathrm{Re}\left\{\frac{\mathrm{j}|\dot{U}_1|^2(s_2/s_1)(\alpha_1+L_{\sigma1}+\alpha_3)-\mathrm{j}\alpha_3\dot{U}_1^*\dot{U}_2}{-\omega_1(\alpha_1+L_{\sigma1}+\alpha_2+L_{\sigma2})\alpha_3-\omega_1(\alpha_1+L_{\sigma1})(\alpha_2+L_{\sigma2})}\right\} \\
&= -3\alpha_3\mathrm{Re}\left\{\frac{\mathrm{j}(\dot{U}_1\dot{U}_2^*)^*}{-\omega_1(\alpha_1+L_{\sigma1}+\alpha_2+L_{\sigma2})\alpha_3-\omega_1(\alpha_1+L_{\sigma1})(\alpha_2+L_{\sigma2})}\right\}
\end{aligned}
\tag{2-103}
$$

由式（2-102）和式（2-103）可得

$$
\frac{P_1}{P_2} = -\frac{s_2}{s_1} \tag{2-104}
$$

根据式（2-6）、式（2-62）和式（2-63）可以得到

$$
-\frac{s_1}{s_2} = \frac{\omega_2}{\omega_1} \tag{2-105}
$$

于是，由式（2-104）和式（2-105）可得

$$
\frac{P_1}{P_2} = \frac{\omega_1}{\omega_2} \tag{2-106}
$$

采用类似的方法，在忽略 PW 漏感 $L_{1\sigma}$ 和 CW 漏感 $L_{2\sigma}$ 的情况下，可以得到 PW 的无功功率 Q_1 和 CW 的无功功率 Q_2 之间存在如下关系：

$$
\frac{Q_1}{Q_2} = \frac{\omega_1}{\omega_2} \tag{2-107}
$$

在 BDFIG 独立发电系统中，PW 总是输出功率，而 CW 的功率流向与其转速有关。在次同步速运行时，CW 将会从 PW 吸收功率，因为此时 ω_2 是负的，这意味着 PW 和 CW 的功率流的方向是相反的。在超同步速运行时，ω_2 为正，此时 CW 和 PW 的功率流向是相同的，因此 CW 会输出功率给负载。BDFIG 独立发电系统的功率流可用图 2.9 来表示。

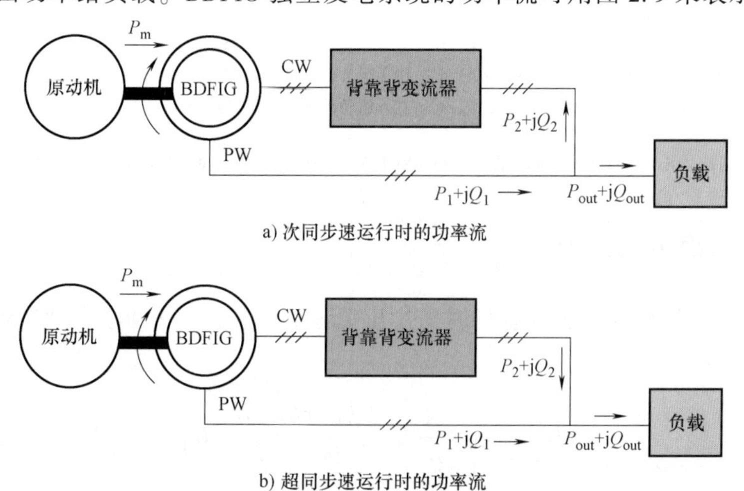

图 2.9　BDFIG 独立发电系统的功率流

图 2.10 是 BDFIG 独立发电系统在带阻性负载时，在不同的转速和 PW 线电压下的 PW 和 CW 有功功率 P_1 和 P_2，其中既包含计算结果也包含实验结果。此处所使用的 BDFM 为一台 PW 一对极、CW 三对极的原型机，其具体参数见附录中的附表 1。实验中的 1 组负载为每相阻值 100Ω 的三相对称负载，实验过程中采用了第 5 章所提出的控制方案。图 2.10 所示的计算结果是通过式（2-106）得到，从图中可以看出实验结果与计算结果基本吻合。

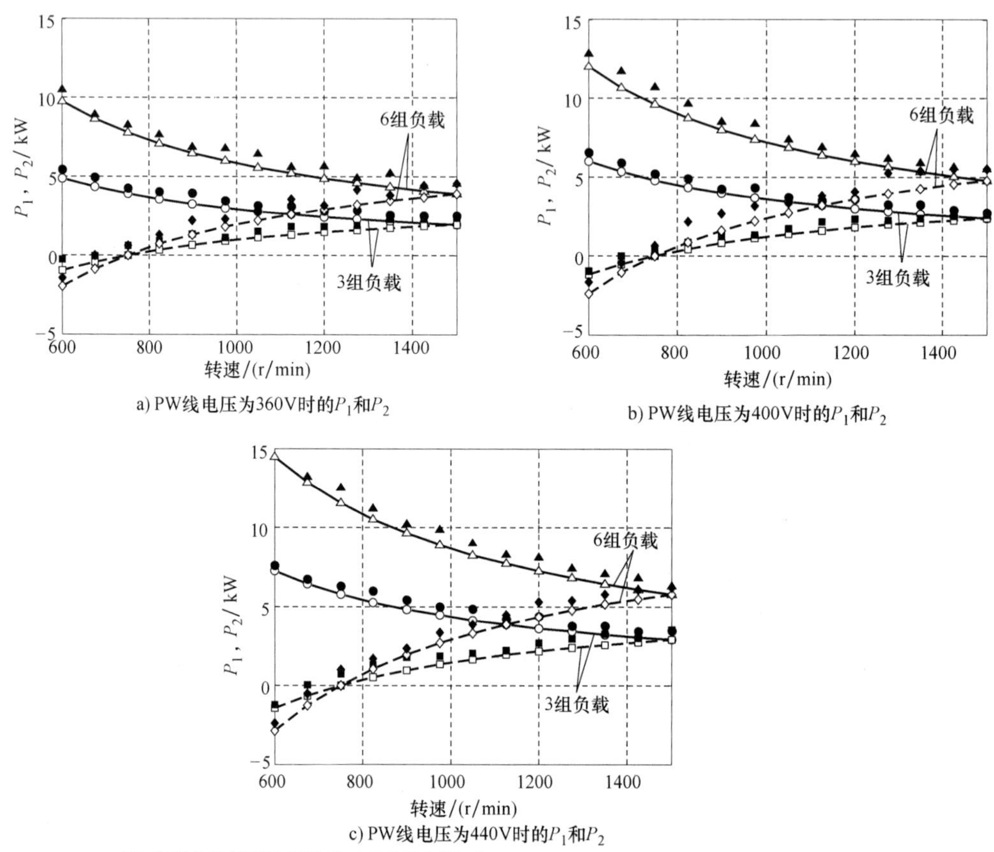

a) PW线电压为360V时的P_1和P_2

b) PW线电压为400V时的P_1和P_2

c) PW线电压为440V时的P_1和P_2

注：每组负载是每相100Ω的三相对称电阻，且

○：在 3 组负载下P_1的计算结果；□：在 3 组负载下P_2的计算结果；

Δ：在 6 组负载下P_1的计算结果；◇：在 6 组负载下P_2的计算结果；

●：在 3 组负载下P_1的实验结果；■：在 3 组负载下P_2的实验结果；

▲：在 6 组负载下P_1的实验结果；◆：在 6 组负载下P_2的实验结果。

图 2.10 在不同的负载、转速和 PW 线电压下的 PW 和 CW 有功功率

2.6.2 控制绕组电流分析

当 BDFIG 独立发电系统空载运行时，$\dot{I}_1$几乎为 0。由式（2-96），CW 的空载励磁电流可表示为

$$\dot{I}_{2,\text{unloaded}}=\frac{1}{Z_\text{m}}\dot{U}_1=\frac{L_{\text{m}1}+L_{\sigma\text{r}}+L_{\text{m}2}}{\text{j}\omega_1 L_{\text{m}1}L_{\text{m}2}}\dot{U}_1 \tag{2-108}$$

空载励磁电流 $\dot{I}_{2,\text{unloaded}}$的幅值可表达为

$$|\dot{I}_{2,\mathrm{unloaded}}|=\frac{L_{\mathrm{m1}}+L_{\sigma\mathrm{r}}+L_{\mathrm{m2}}}{\omega_1 L_{\mathrm{m1}}L_{\mathrm{m2}}}|\dot{U}_1| \tag{2-109}$$

根据式（2-109），如果 $\dot{U}_1$ 的幅值不变，那么当转速变化时，$|\dot{I}_{2,\mathrm{unloaded}}|$ 保持恒定。

一般地，从式（2-96）可知，当发电系统带负载时 CW 电流 $\dot{I}_2$可以表示为

$$\begin{aligned}\dot{I}_2&=\frac{1}{Z_{\mathrm{m}}}\dot{U}_1-\frac{Z_1+Z_{\mathrm{m}}}{Z_{\mathrm{m}}}\dot{I}_1\\&=\frac{L_{\mathrm{m1}}+L_{\sigma\mathrm{r}}+L_{\mathrm{m2}}}{\mathrm{j}\omega_1 L_{\mathrm{m1}}L_{\mathrm{m2}}}\dot{U}_1-\frac{(R_1+\mathrm{j}\omega_1 L_{\sigma1})(L_{\mathrm{m1}}+L_{\sigma\mathrm{r}}+L_{\mathrm{m2}})+\mathrm{j}\omega_1 L_{\mathrm{m1}}(L_{\sigma\mathrm{r}}+L_{\mathrm{m2}})}{\mathrm{j}\omega_1 L_{\mathrm{m1}}L_{\mathrm{m2}}}\dot{I}_1\end{aligned} \tag{2-110}$$

如果忽略 PW 电阻 R_1，那么 CW 电流 $\dot{I}_2$可以被进一步被简化为

$$\dot{I}_2=-\mathrm{j}k_1\dot{U}_1-k_2\dot{I}_1 \tag{2-111}$$

式中，$k_1=\frac{L_{\mathrm{m1}}+L_{\sigma\mathrm{r}}+L_{\mathrm{m2}}}{\omega_1 L_{\mathrm{m1}}L_{\mathrm{m2}}}$；$k_2=\frac{L_{\sigma1}(L_{\mathrm{m1}}+L_{\sigma\mathrm{r}}+L_{\mathrm{m2}})+L_{\mathrm{m1}}L_{\sigma\mathrm{r}}+L_{\mathrm{m1}}L_{\mathrm{m2}}}{L_{\mathrm{m1}}L_{\mathrm{m2}}}$。

假设 PW 的功率因数为 $\cos\varphi_1$，那么由式（2-111）可以得到如图 2.11 所示的相量图。

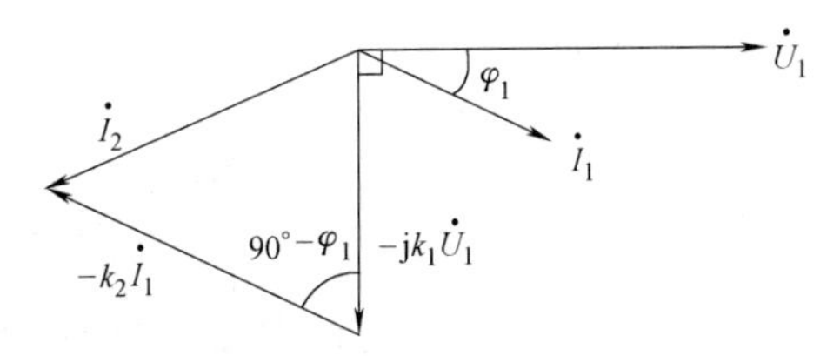

图 2.11　由式（2-111）所得的相量图

在图 2.11 中，利用余弦定理可以求得 CW 电流的幅值为

$$|\dot{I}_2|=n_1\sqrt{(k_1|\dot{U}_1|)^2+(k_2|\dot{I}_1|)^2-2k_1k_2|\dot{U}_1||\dot{I}_1|\sin\varphi_1}/n_2 \tag{2-112}$$

考虑 $n_{\mathrm{r}}=60\frac{\omega_{\mathrm{r}}}{2\pi}$，$f_1=\frac{\omega_1}{2\pi}$，$f_2=\frac{\omega_2}{2\pi}$以及 $P_{\mathrm{out}}=P_1+P_2$，由式（2-7）和式（2-106）可得

$$P_1=\frac{60f_1}{n_{\mathrm{r}}(p_1+p_2)}P_{\mathrm{out}} \tag{2-113}$$

由于

$$P_1=3|\dot{U}_1||\dot{I}_1|\cos\varphi_1 \tag{2-114}$$

再结合式（2-113），PW 电流幅值$|\dot{I}_1|$可以表示为

$$|\dot{I}_1|=\frac{20f_1}{n_{\mathrm{r}}(p_1+p_2)|\dot{U}_1|\cos\varphi_1}P_{\mathrm{out}} \tag{2-115}$$

如果负载功率因数为 $\cos\varphi_{\mathrm{L}}$，负载阻抗为 Z_{L}，那么 BDFIG 独立发电系统输出的有功功率可表示为

$$P_{\mathrm{out}}=3|\dot{U}_1|^2\cos\varphi_{\mathrm{L}}/|Z_{\mathrm{L}}| \tag{2-116}$$

将式（2-116）代入式（2-115），则$|\dot{I}_1|$可表示如下：

$$|\dot{I}_1|=m|\dot{U}_1| \tag{2-117}$$

式中，$m=\dfrac{60f_1\cos\varphi_L}{n_r(p_1+p_2)\cos\varphi_1|Z_L|}$。

根据式（2-112）和式（2-117）可知，负载条件下的CW电流幅值可由下式计算：

$$|\dot{I}_2|=|\dot{U}_1|\sqrt{k_1^2+k_2^2m^2-2k_1k_2m\sin\varphi_1} \tag{2-118}$$

图2.12显示了BDFIG独立发电系统在带阻性负载时，在不同的转速和PW线电压下的CW电流有效值，此处所使用的BDFIG见附录A实验平台1。图2.12中的计算结果是通过式（2-109）和（2-118）获得的，实验结果与计算结果基本吻合。从图2.12可以看出，空负载时，CW电流有效值在不同转速下几乎是恒定的，这符合之前的分析结果。带负载时，CW电流有效值在整个速度范围内将随着转速的增加而减小。事实上，当独立发电系统带6组负载、PW线电压为400V、且电机的转速达到600r/min的时候，CW电流有效值会超过40A（即CW的最大电流有效值）。但是，在相同的条件下，电机的转速达到1500r/min时，CW电流有效值只有22A。

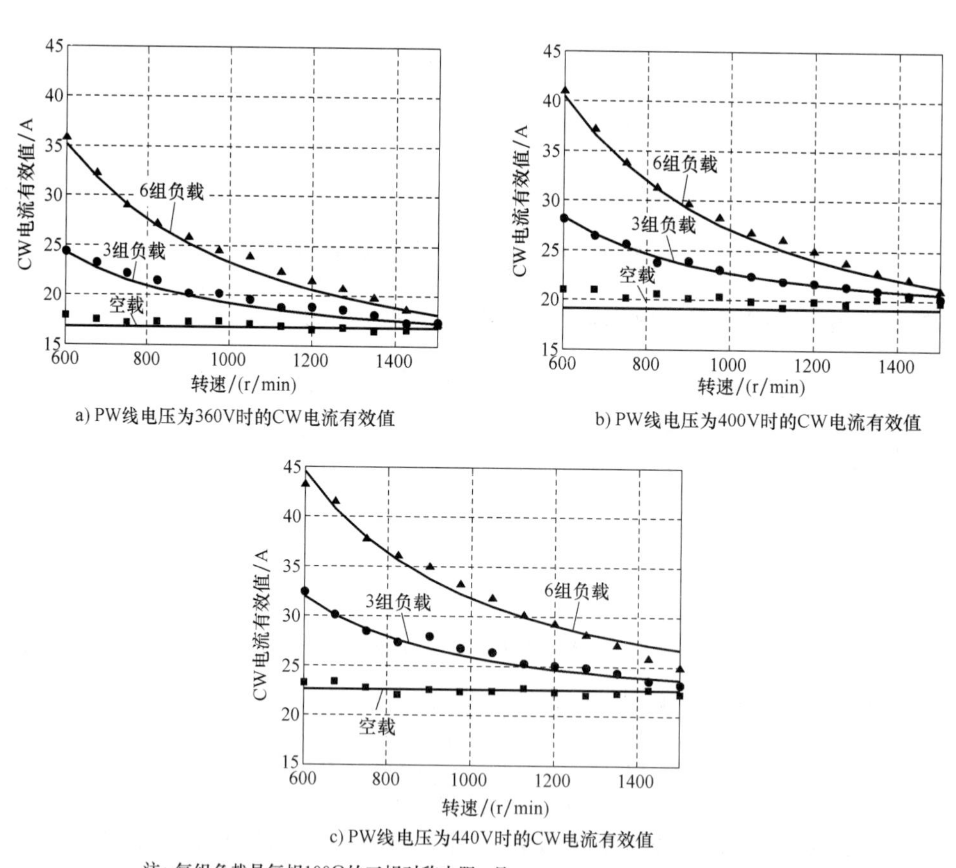

a) PW线电压为360V时的CW电流有效值

b) PW线电压为400V时的CW电流有效值

c) PW线电压为440V时的CW电流有效值

注：每组负载是每相100Ω的三相对称电阻，且

■：空载下的实验结果；●：3组负载下的实验结果；▲：6组负载下的实验结果。

图2.12　在不同的负载、转速和PW线电压下的CW电流有效值

通过对BDFIG独立发电系统的功率流和CW电流的分析可以得出，BDFIG独立发电系统在超同步速下具有更强的发电能力。因此，针对具体的独立发电系统对BDFIG进行选型

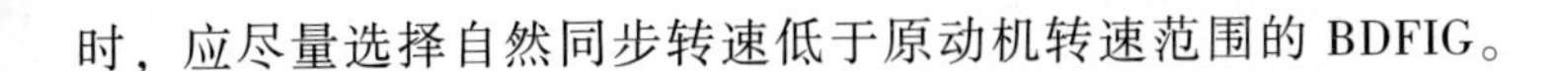

时，应尽量选择自然同步转速低于原动机转速范围的 BDFIG。

2.7 小结

本章首先介绍了 BDFIG 的运行模式以及 BDFIG 独立发电的基本原理；然后从通用的电机耦合电路方程出发，推导了 BDFIG 在三相静止 ABC 坐标系下的动态模型；接下来采用坐标变换理论，在三相静止 ABC 坐标系下的动态模型基础上得出了 BDFIG 在任意速 dq 旋转坐标系下的动态模型；基于任意速 dq 旋转坐标系下的动态模型推导出了 BDFIG 的 Π 型稳态模型，然后提出了一种更适合于 BDFIG 独立发电系统性能分析的 T 型稳态模型；最后分析了 BDFIG 独立发电系统的功率流和 CW 电流的特性，分析结果表明 BDFIG 独立发电系统在超同步速下具有更强的发电能力。

参考文献

[1] MCMAHON R A, ROBERTS P C, WANG X, et al. Performance of BDFM as generator and motor [J]. IEE Proceedings-Electric Power Applications, 2006, 153 (2): 289-299.

[2] WIILIAMSON S, FERREIRA A C, WALLACE A K. Generalised theory of the brushless doubly-fed machine. part 1: analysis [J]. IEE Proceedings-Electric Power Applications, 1997, 144 (2): 111-122.

[3] ROBERTS P C. A Study of brushless doubly-fed (induction) machines [D]. Cambridge: Cambridge University, 2004.

[4] WALLACE A K, SPEE R, LAUW H K. Dynamic modeling of brushless doubly-fed machines [C]. IEEE IAS Annual Meeting, San Diego, 1989, 1: 329-334.

[5] 熊飞. 绕线转子无刷双馈电机建模分析和电磁设计研究 [D]. 武汉：华中科技大学，2010.

[6] ROBERTS P C, MCMAHON R A, TAVNER P J, et al. Equivalent circuit for the brushless doubly fed machine (BDFM) including parameter estimation and experimental verification [J]. IEE Proceedings-Electric Power Applications, 2005, 152 (4): 933-942.

[7] 邱关源. 电路 [M]. 4 版. 北京：高等教育出版社，2000.

[8] LIU Y, XU W, ZHI G, et al. Performance analysis of the stand-alone brushless doubly-fed induction generator by using a new T-type steady-state model [J]. Journal of Power Electronics, 2017, 17 (4): 1027-1036.

第3章　无刷双馈感应电机控制系统中的变流器

3.1　引言

为了实现 BDFIG 变速恒频发电的功能，结合其双绕组的特点，需要在 PW 侧以及 CW 侧使用电力电子变流器对无刷双馈电机进行控制。在此控制系统中，变流器的拓扑结构是控制的基础，底层的 PWM 调制算法（包括载波脉冲调制、空间矢量调制等）和上层的电机高级控制算法可以分别独立设计。本章首先介绍了背靠背电力电子变流器的多种拓扑结构；然后介绍常用的 PWM 调制技术，为后续介绍 BDFIG 控制方法作铺垫；最后分别介绍了 BDFIG 独立发电系统中 MSC 和 LSC 的基本控制方法。

3.2　背靠背变流器拓扑结构

背靠背电力电子变流器可以分成电压型和电流型两大类，实际应用中使用较多的为电压型变流器。电压型变流器可以根据实际的功率等级和应用领域，分别使用不同的拓扑结构。

图 3.1 为传统两电平背靠背变流器拓扑结构，它的结构是完全对称的，由两个结构一样的逆变器和整流器连接而成，中间加入直流母线电容，变流器整流侧的输入端通过串联电感与电网相连[1]。除此之外，为了适应不同的应用需求，还有多电平的拓扑结构，如图 3.2 所示。

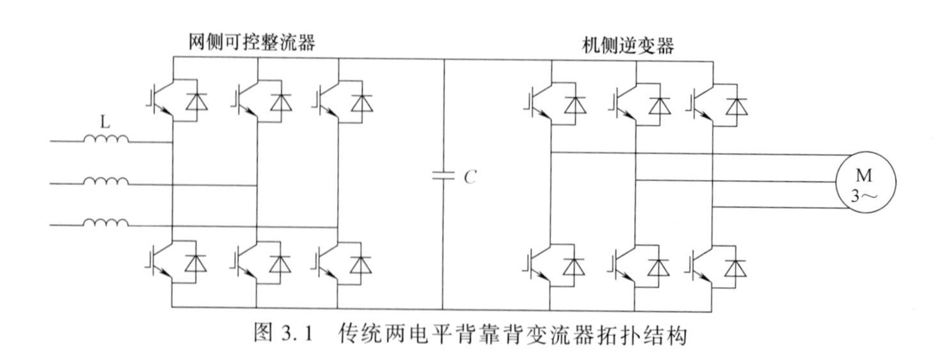

图 3.1　传统两电平背靠背变流器拓扑结构

为了进一步用软开关技术实现降低开关损耗的目标，Jong Woo Choi 等人提出了一种带有谐振环节的背靠背变频器[2]，如图 3.3 所示。增加了谐振环节后，可以在母线滤波，大

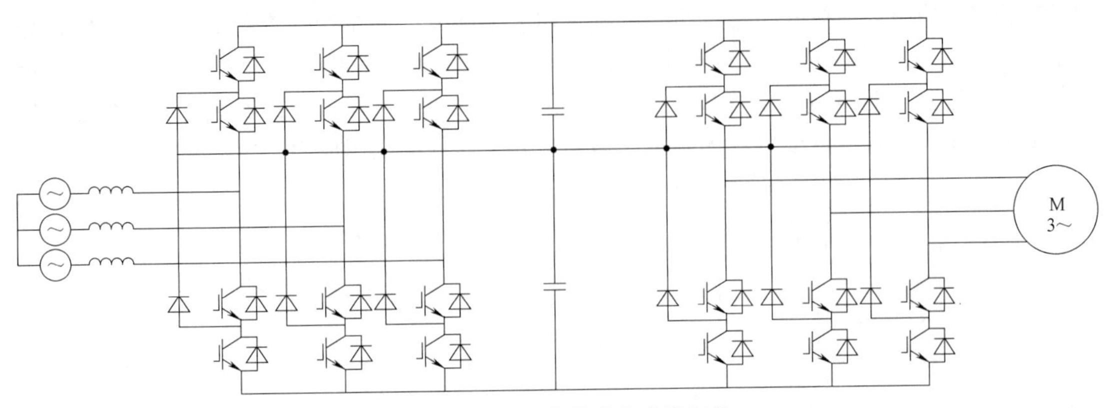

图 3.2　三电平背靠背变流器拓扑

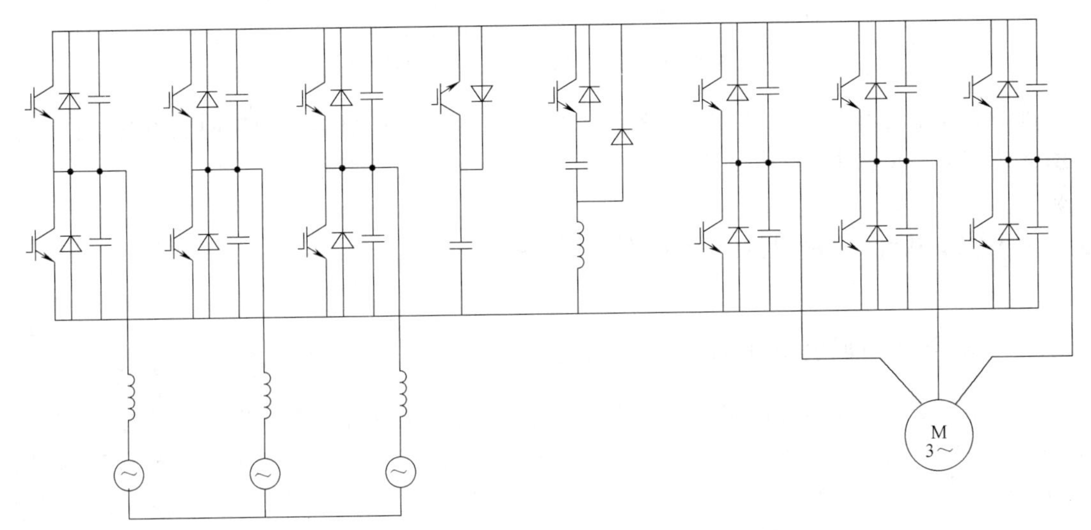

图 3.3　带谐振环节的背靠背变流器拓扑结构

大减小了直流母线电压波动，并且降低了母线容量；另一方面也为实现变流器开关零电压导通提供了条件。

为了进一步消除直流母线上的储能电容，J. W. Kolar 等人提出了一种矩阵式的背靠背变流器，其拓扑结构如图 3.4 所示[3]。该变流器不仅具有原来背靠背变流器的所有优点，还去除母线电容，具有较高的能量密度和可靠性；但是也增加了开关管，使变流器控制更加复杂。

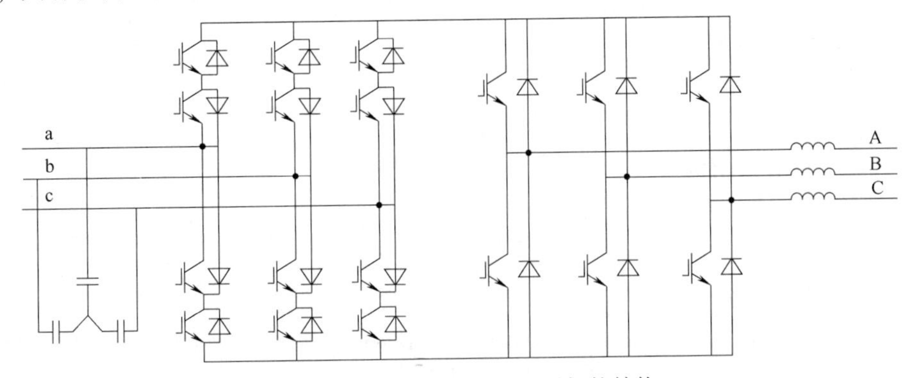

图 3.4　矩阵式背靠背变流器拓扑结构

为了减少功率半导体开关的数量，一种仅用 8 个开关的背靠背变流器由 Gi-Tack Kim 等人提出[4]，其拓扑结构如图 3.5 所示。该变流器的主要优点是减少了开关管、节省了系统成本，缺点是两个电容的耐压值都必须大于电网电压的峰值，即该变流器的直流母线电压是一般背靠背变流器直流母线电压的两倍，增加了开关器件的电压应力。

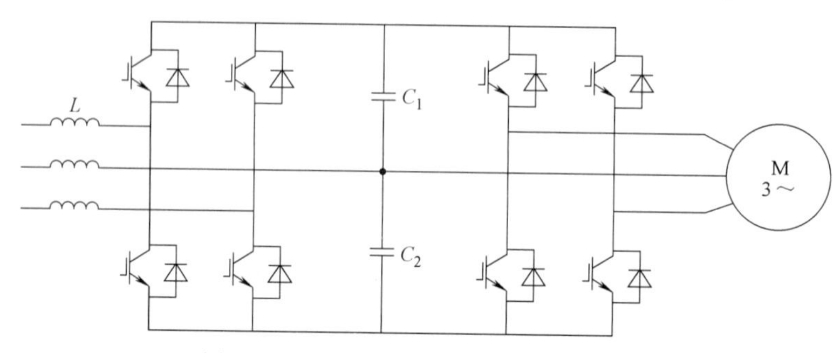

图 3.5　8 开关管背靠背变流器拓扑结构

本节叙述了几种不同类型的背靠背变流器拓扑结构，下面针对最常用的三相电压型两电平背靠背变流器结构进行分析，分成三相逆变器和三相整流桥两部分来讲。

3.3　电力电子变流器中的 PWM 技术

3.3.1　单个脉冲调制波 PWM 基本原理

以单相逆变器为例简要说明单个脉冲调制波脉冲宽度调制原理和输出波形，图 3.6 为单相逆变器主电路拓扑。由于 $V_{ab}=V_{an}-V_{bn}$，由图 3.7a 和 b 可得到图 3.7c。从图 3.7c 可见，V_{ab} 的基波频率等于驱动脉冲的频率，在每个 V_{ab} 的基波周期中，各有一个脉宽为 θ、幅值为 V_D 的正负脉冲电压。当 θ 为零时，V_{ab} 也为零，当 $\theta=180°$时，V_{ab} 为最大值，输出波形即是幅值为$\pm V_D$ 的 180°方波。即可通过控制 θ 角大小来达到控制输出基波幅值的目的，这种通过改变桥臂驱动脉冲相位差以实现脉冲宽度调制的方法称为移相（phase shift）PWM[5]。

图 3.7 所示的脉冲电压有效值为

$$V_{ab}=V_D\sqrt{\frac{\theta}{\pi}} \tag{3-1}$$

如果只对图 3.7 所示波形的基波正弦幅值和有效值进行分析，可以得到

基波（$n=1$）幅值为

$$V_{1m}=\frac{4}{\pi}V_D\sin\frac{\theta}{2} \tag{3-2}$$

基波（$n=1$）有效值为

$$V_1=\frac{2\sqrt{2}}{\pi}V_D\sin\frac{\theta}{2} \tag{3-3}$$

n 次谐波幅值为

$$V_{nm}=\left|\frac{4V_D}{n\pi}\sin\frac{n\theta}{2}\right|=\frac{V_{1m}}{n} \tag{3-4}$$

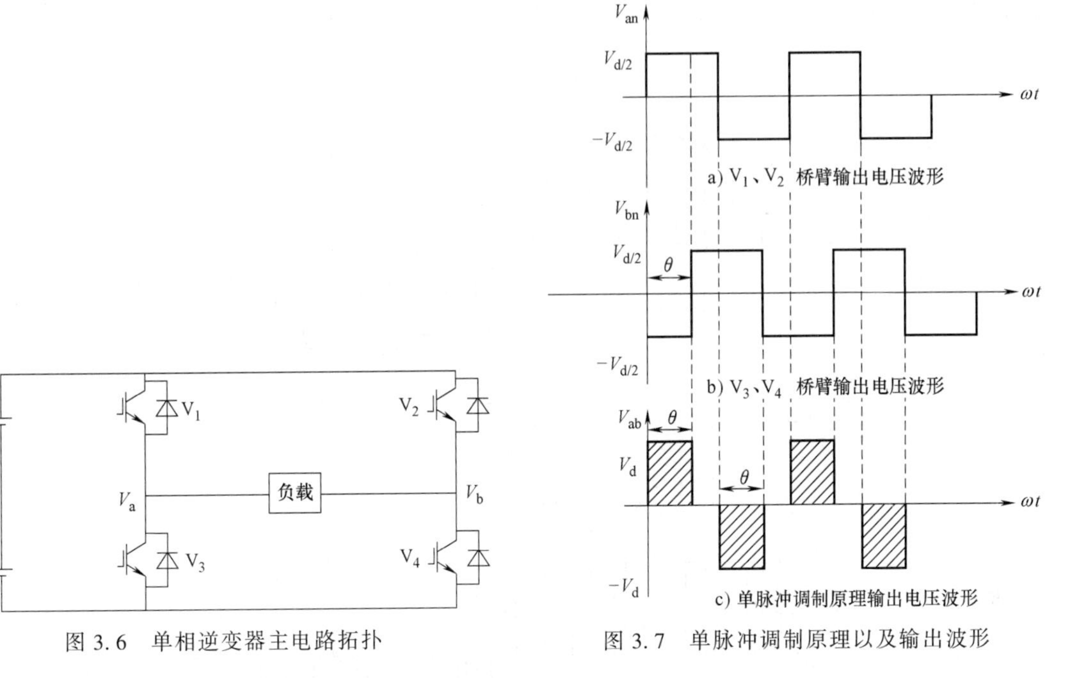

图 3.6　单相逆变器主电路拓扑

图 3.7　单脉冲调制原理以及输出波形

改变脉宽可以改变输出电压的基波大小，但是不能减小谐波大小，而这些谐波中含有较低次数的谐波，较难滤除，需要比较大的滤波器。因此需要更有效的调制方法。

3.3.2　SPWM 基本原理

前面所述的调制方式含有频率较低而幅值较大的谐波含量，所需滤波器不仅体积较大，而且具有动态响应速度慢等问题。因此需要采用更高效的调制方式，正弦脉冲宽度调制（Sinusoidal Pulse Width Modulation，SPWM）正是这样的一种有效调制方法，可以大大减小滤波器体积重量，获得高质量输出正弦波[6]。

同样地，以单相逆变器为例进行调制说明，如图 3.8 所示，如果把一个连续的正弦波分解成多份，正弦波可看作是由一系列幅值为正弦波片段值的窄脉冲波构成。每一个片段的面积分别和它所在的窄脉冲面积相等。根据冲量等效原理，这一系列窄脉冲波的效果和标准正弦波是等效的。然后，把不同幅值高度的窄脉冲波转换成图 3.8 中幅值统一为$\pm V_D$而作用时间宽度不一的等面积脉冲波，该系列脉冲波的面积和正弦波一致，他们也是冲量等效的。经过 L、R 和 C 的惯性系统后，该系列脉冲波的作用效果将和正弦波效果一样，最终输出是基本相同的，可以说与正弦波冲量等效的窄脉冲波序列通过惯性系统以后也基本是正弦波。

冲量等效的原理：大小和波形不相同的窄脉冲变量作用于惯性系统时，只要其冲量（变量对时间积分）相等，其作用效果相同。

以图 3.8 为例，将正弦波 $v(t)=V_{1m}\sin\omega t$ 的半个周期分成 p 个相等的时间区域，每个时间区域宽度为 $T_s=T/2p$，对应的角度为 $\theta_s=\omega T_s$。那么第 k 个时间区域 T_s 中心相位角 $\alpha_k=\omega t_k=\omega\left(KT_s-\frac{T_s}{2}\right)$。

并且

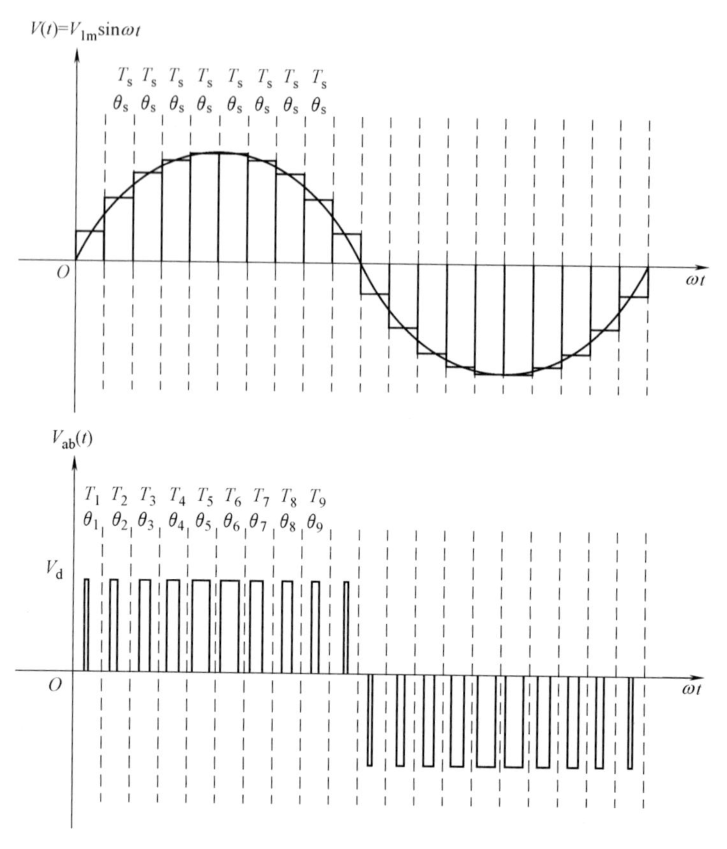

图 3.8　SPWM 电压等效正弦电压波形

$$V_D T_k = V_D \frac{\theta_k}{\omega} = \frac{1}{2} \times 2\sin\left(\frac{\omega T_s}{2}\right) V_{1m} \sin\alpha_k \tag{3-5}$$

则第 k 个脉冲宽度在 T_s 时间段内的占空比为

$$D_k = \frac{T_k}{T_s} = \frac{\theta_k}{\theta_s} = \frac{V_{1m}}{V_D} \frac{2\sin\left(\frac{\omega T_s}{2}\right)}{\omega T_s} \sin\alpha_k = M\sin\alpha_k \tag{3-6}$$

定义调制比 M 为

$$M = \frac{V_{1m}}{V_D} \cdot \frac{2\sin\left(\frac{\omega T_s}{2}\right)}{\omega T_s} \tag{3-7}$$

如果 p、V_D、V_{1m} 以及基波角频率 ω 的值已确定，那么 M 也为一个定值。故 D_k 是按照正弦规律变化的时候，脉冲面积即脉冲宽度也是按照正弦规律变化。这种调制逆变器输出电压的方式即是正弦脉冲宽度调制。当 p 数值非常大时，$\frac{2\sin\left(\frac{\omega T_s}{2}\right)}{\omega T_s} \approx 1$，因此可简化为

$$D_k = \frac{T_k}{T_s} = \frac{\theta_k}{\theta_s} \approx \frac{V_{1m}}{V_D}\sin\alpha_k = M\sin\alpha_k \tag{3-8}$$

式中

$$M=\frac{V_{1m}}{V_D} \tag{3-9}$$

从上式可见，调制比 M 或 V_{1m} 改变时，D_k 也跟随变化。

3.3.3 三相逆变器 SPWM

三相电压型 PWM 逆变器可看作由 3 个单相电压型 PWM 逆变器组合而成，如图 3.9 所示。同样地，三相逆变器也可以使用 SPWM 调制方式，实现对电压频率、相位、幅值的控制。图 3.10 为三相逆变器 SPWM 调制驱动信号发生电路原理图。三角高频载波 v_c 幅值为 V_{cm}，三相调制信号 v_{ar}、v_{br} 和 v_{cr} 是频率为 f_c 幅值为 V_{cm} 的三相对称正弦波，它们通过比较后，按双极性 SPWM 的调制方法产生驱动控制信号 V_{G1}、V_{G2}、V_{G3}、V_{G4}、V_{G5} 和 V_{G6}，控制 V_1、V_2、V_3、V_4、V_5 和 V_6 开关的通断，最终达到控制三相输出电压波形的目的。三相逆变器 SPWM 调制原理如图 3.11 所示。

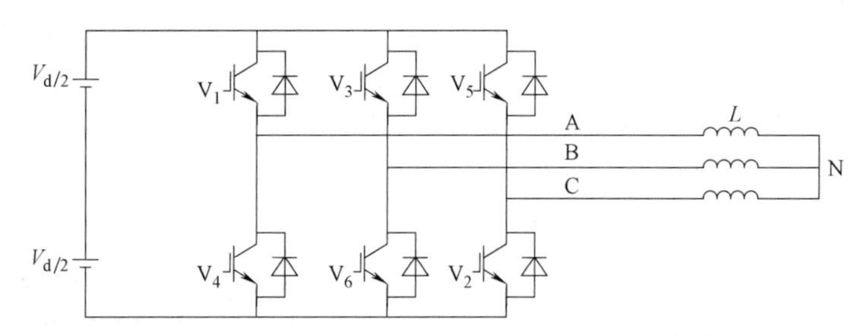

图 3.9 三相电压型 PWM 逆变器主电路拓扑

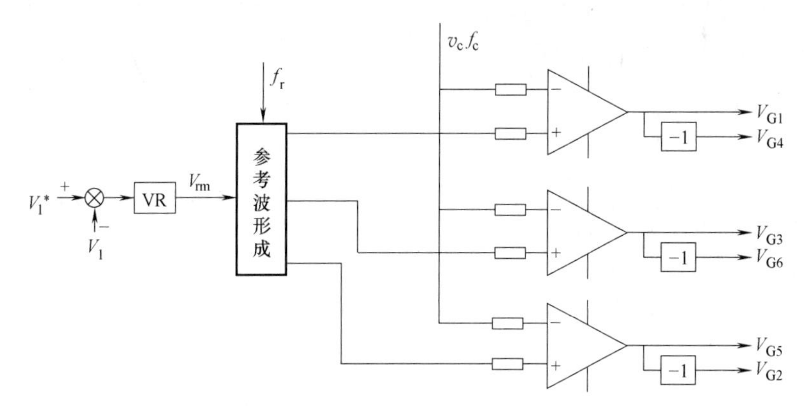

图 3.10 三相逆变器 SPWM 调制驱动信号发生电路原理图

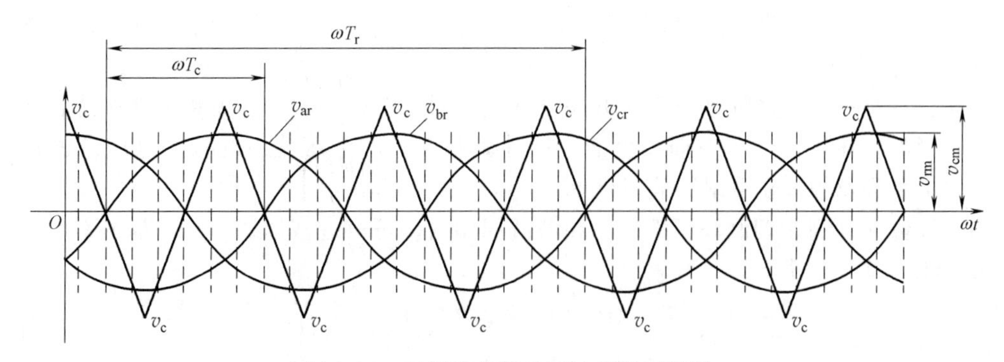

图 3.11 三相逆变器 SPWM 调制原理图

根据前面所述 SPWM 的特性，输出相电压 v_{AO} 的基波幅值为

$$V_{AO1m}=M\frac{V_D}{2} \tag{3-10}$$

输出线电压基波幅值为

$$V_{AB1m}=\sqrt{3}V_{AO1m}=MV_D\times\frac{\sqrt{3}}{2}=0.866MV_D \tag{3-11}$$

输出线电压基波有效值为

$$V_{AB}=\frac{1}{2}V_{AB1m}=0.612MV_D$$

下面结合图 3.12~图 3.14 对三相 SPWM 调制中的双极性调制进行介绍。当 $v_r>v_c$ 时，比较器输出高电平，即 V_G、V_{G1}、V_{G4} 均大于零，V_1 和 V_4 导通，而 V_{G1}、V_{G4} 小于零，V_2 和 V_3 不导通。

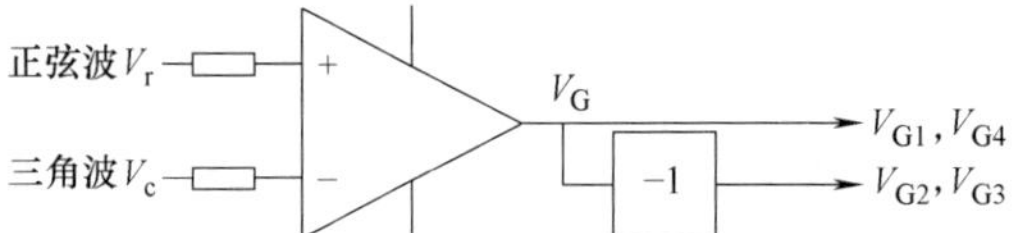

图 3.12　双极性调制驱动信号生成电路原理图

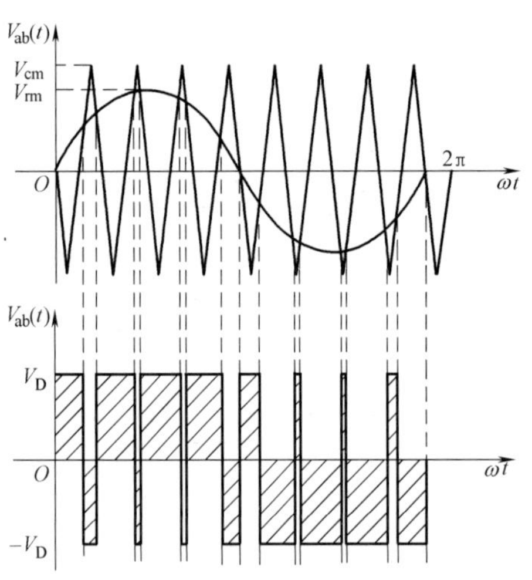

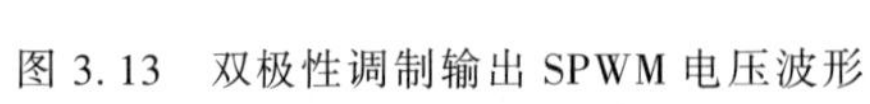

图 3.13　双极性调制输出 SPWM 电压波形

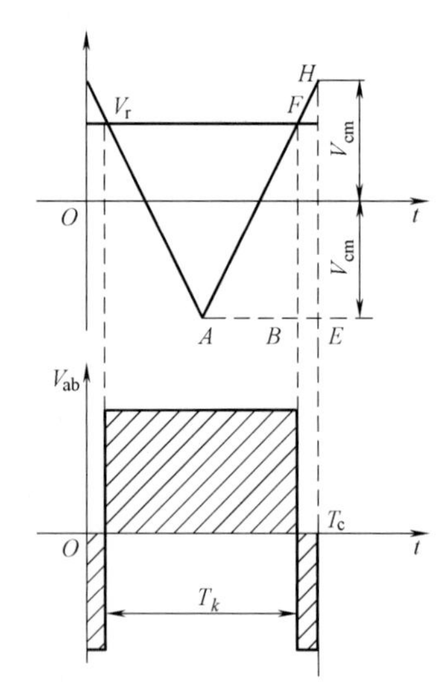

图 3.14　双极性脉冲调制波电压占空比以及平均值

当 $v_r<v_c$ 时，比较器输出高电平，即 V_G、V_{G1}、V_{G4} 均小于零，V_1 和 V_4 不导通，而 V_{G1}、V_{G4} 大于零，V_2 和 V_3 导通。

这样，在每一个载波周期里面，开关管都会开通、关断一次，开关频率就保持和载波频率一致。同时，在每一个载波周期里面，这种调制方式的电压输出既有正电压，也有负电压，因此被称为双极性正弦脉冲宽度调制。

当载波频率远高于调制波频率时，在载波周期内，可以近似地认为，v_r 基本不变。从图 3.14 中的几何关系可得

$$D=\frac{T_k}{T_c}=\frac{AB}{AE}=\frac{BF}{EH}=\frac{V_{cm}+v_r}{2V_{cm}}=\frac{1}{2}\left(1+\frac{v_r}{V_{cm}}\right) \tag{3-12}$$

在一个载波周期内，其电压输出平均面积为

$$V_{ab}=(T_kV_D-(T_c-T_k)V_D)/T_c=(2D-1)V_D \tag{3-13}$$

进一步得到

$$V_{ab}=\frac{V_D}{V_{cm}}\cdot v_r \tag{3-14}$$

从上式可见，在每个载波周期内，输出电压的平均面积和 v_r 成正比，即每个载波周期内的输出电压平均值按照正弦规律变化，满足冲量等效的原理。

其中

$$M=\frac{V_{rm}}{V_{cm}}=\frac{V_{1m}}{V_D} \tag{3-15}$$

基波输出电压瞬时值为

$$v_{ab1}(t)=MV_D\sin\omega_rt=V_{1m}\sin\omega_rt \tag{3-16}$$

从上述式子可见，可以通过控制调制波 v_r 的频率相位，来控制输出基波电压的频率相位。而基波电压大小则和调制比成正比，当 V_{cm} 固定时，改变 V_{rm} 即可改变调制比，从而达到控制输出电压大小的目的。

此外，双极性 SPWM 的载波比 N 比较大，频率为 Nf_r 和 $(N-2)f_r$ 的谐波幅值相对较大，为需要滤除的主要谐波，相比 PWM 调制，双极性调制的方式可以有效提高谐波频率，使得滤波设置容易，滤波效果更好。

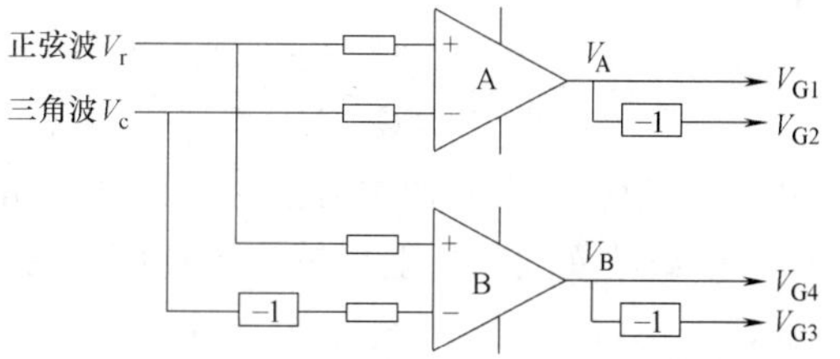

图 3.15　单极性倍频调制驱动信号产生电路原理图

相比双极性 SPWM 调制，假如调制波的正半周波仅仅有正电压脉冲，调制波的负半周波仅仅有负电压脉冲，这种调制叫做单极性 SPWM 调制。

这里对单极性调制作简要介绍，如图 3.15～图 3.17 所示的为一种单极性调制方式。V_{G1}、V_{G4} 是开关管 V_1、V_4 的控制信号，V_{G2}、V_{G3} 是开关管 V_2、V_3 的控制信号。

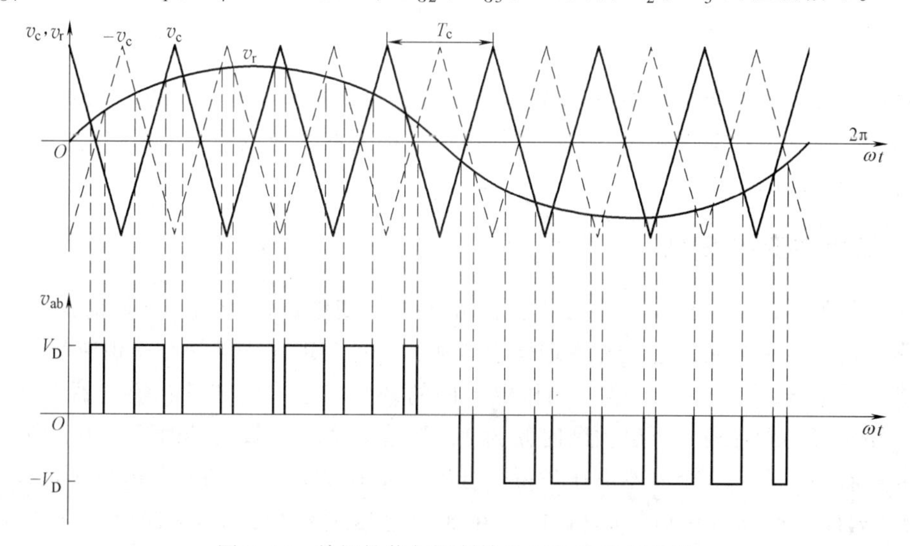

图 3.16　单极性倍频调制输出 SPWM 电压波形

当 $v_r>v_c$ 时，V_1 导通，V_2 不导通，$v_{an}=V_D/2$；

当 $v_r<v_c$ 时，V_1 不导通，V_2 导通，此时 $v_{an}=-V_D/2$；

当 $v_r>-v_c$ 时，V_4 导通，V_3 不导通，$v_{bn}=-V_D/2$；

当 $v_r<-v_c$ 时，V_4 不导通，V_3 导通，$v_{bn}=V_D/2$。

由于 $v_{ab}=v_{an}-v_{bn}$，所以 v_{ab} 会出现 V_D、0、$-V_D$ 三种情况。当 $v_{ab}=V_D$ 时，V_1V_4（V_2V_3）同时导通（截至）。当 $v_{ab}=-V_D$ 时，V_2V_3（V_1V_4）同时导通（截至）。当 $v_{ab}=0$ 时，V_1V_3（V_2V_4）同时导通（截至）或者 V_1V_3（V_2V_4）同时截至（导通）。

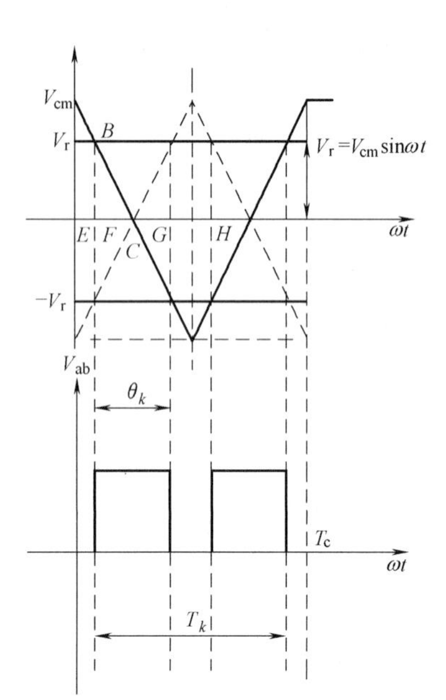

图 3.17　单极性倍频调制脉冲脉波电压占空比以及平均值

相比双极性调制，这里的输出电压有 V_D、0、$-V_D$ 三种情况，因此也被称作三电平调制。

以下对一个载波周期内的脉冲进行分析。假设正弦调制波 v_r 的幅值为 V_{rm}，频率为 f_r，$v_r(t)=V_{rm}\sin\omega_r t=V_{rm}\sin2\pi f_r t$，三角波 v_c 幅值为 V_{cm}，频率为 f_c。在三角波频率足够高的情况下，第 k 个脉冲占空比为

$$D_k=\frac{T_k}{T_c/2}=\frac{FC}{EC}=\frac{BF}{AE}=\frac{v_r}{V_{cm}}=\frac{V_{rm}\sin\alpha_k}{V_{cm}} \tag{3-17}$$

式中，α_k 为第 k 个脉冲中心点对应的基波角度。

一半载波周期内的电压输出平均面积为

$$V_{ab}=V_D\cdot\frac{T_k}{T_c/2}=V_D\frac{V_{rm}\sin\alpha_k}{V_{cm}} \tag{3-18}$$

输出基波瞬时电压为

$$v_{ab1}(t)=MV_D\sin\omega_r t=V_{1m}\sin\omega_r t \tag{3-19}$$

式中，V_{1m} 为基波电压幅值，M 为调制比

$$M=\frac{V_{rm}}{V_{cm}}=\frac{V_{1m}}{V_D} \tag{3-20}$$

单极性 SPWM 调制同双极性 SPWM 调制一样，可以把谐波分量的频率提高，并且相比双极性调制，在开关管动作频率不升高的情况下，把最低次谐波频率提高到两倍载波频率附近，更有利于谐波的滤除。

3.3.4　三相逆变器 SVM

电压空间矢量调制（SVM）来源于交流异步电机变频调速系统，是目前三相逆变器中使用非常广泛的调制方法，它具有物理概念清晰、容易实现等优点。对三相逆变器开关状态进行分类，S_i（i=a，b，c）代表三相桥臂不同的开关状态。已知三相逆变器有 3 个桥臂，设定每一路桥臂上管导通、下管关断时候为 1，下管导通、上管关断时候为 0，则 3 路桥臂总共有 8 种状态，得到 8 个基本电压矢量，分别是 $\boldsymbol{u}_0(000)$、$\boldsymbol{u}_1(100)$、$\boldsymbol{u}_2(110)$、$\boldsymbol{u}_3(010)$、$\boldsymbol{u}_4(011)$、$\boldsymbol{u}_5(001)$、$\boldsymbol{u}_6(101)$、$\boldsymbol{u}_7(111)$。在 8 个电压矢量中，$\boldsymbol{u}_0(000)$ 和 $\boldsymbol{u}_7(111)$ 都为零矢量。

根据空间矢量定义，逆变器负载侧电压的空间矢量为

$$\boldsymbol{u}_s=\frac{2}{3}\left(U_{AO}+e^{j\frac{2}{3}\pi}U_{BO}+e^{j\frac{4}{3}\pi}U_{CO}\right)=\frac{2}{3}U_{dc}\left(S_a+e^{j\frac{2}{3}\pi}S_b+e^{j\frac{4}{3}\pi}S_c\right) \tag{3-21}$$

把 8 个电压矢量在复平面上表示出来如图 3.18 所示，每个电压矢量的幅值为 $2U_{dc}/3$。

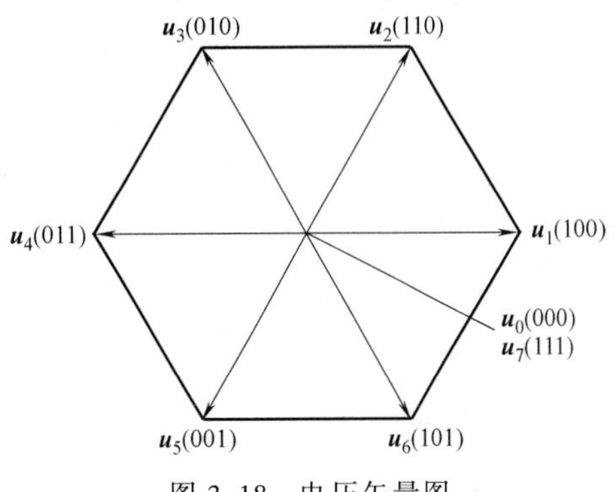

图 3.18　电压矢量图

假设三相逆变器需要输出三相正弦电压，三相电压的幅值为 E，角频率为 ω，则输出可以转变成一个幅值为 E 的空间矢量，以频率 ω 逆时针旋转。而连续旋转的输出电压矢量在不同的区域里面时，可以通过选择相邻的两个电压矢量以及一个零矢量来合成一个等效的空间矢量，矢量的作用时间和矢量的选择都通过伏秒平衡的原理得到。

以下用实际过程进行阐述，当输出旋转参考矢量在第一扇区时，选择 $\boldsymbol{u}_1$、$\boldsymbol{u}_2$、$\boldsymbol{u}_0$ 三个电压矢量，假设一个控制时间周期为 T，那么 $\boldsymbol{u}_1$、$\boldsymbol{u}_2$、$\boldsymbol{u}_0$ 的作用时间为 t_1、t_2、t_0，便得到以下等式

$$\begin{cases}u_s^{ref}T=u_1t_1+u_2t_2+u_0t_0\\T=t_1+t_2+t_0\end{cases} \tag{3-22}$$

进一步得到 $\boldsymbol{u}_1$、$\boldsymbol{u}_2$、$\boldsymbol{u}_3$ 的作用时间

$$\begin{cases}t_1=mT\sin\left(\dfrac{\pi}{3}-\omega t\right)\\t_2=mT\sin(\omega t)\\t_0=T-t_1-t_2\end{cases} \tag{3-23}$$

式中，$m=\sqrt{3}E/U_{dc}$。

从上述式子可以得到不同矢量在一个周期内的作用时间，但是开关管的通断顺序仍没有确定下来，常用的方法是 7 段式输出。$\boldsymbol{u}_0$(000) 和 $\boldsymbol{u}_7$(111) 在两端，其他非零矢量在它们之间，以第一扇区为例，电压矢量作用的顺序是 $\boldsymbol{u}_0$(000)、$\boldsymbol{u}_1$(100)、$\boldsymbol{u}_2$(110)、$\boldsymbol{u}_7$(111)。同理可以得到其他扇区的矢量作用顺序，再根据前述的方法确定作用时间。第一扇区 SVPWM 输出波形如图 3.19 所示。

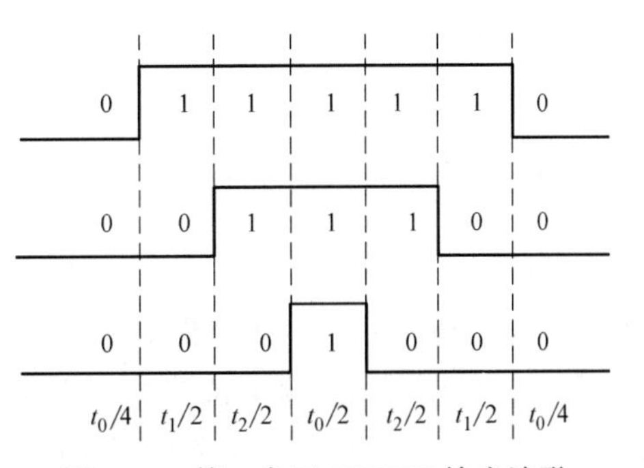

图 3.19　第一扇区 SVPWM 输出波形

3.4　无刷双馈感应电机独立发电系统基本控制方法

目前 BDFIG 独立发电系统的驱动主要使用传统的两电平背靠背变流器实现，本节先介绍 MSC 和 LSC 的基本控制方法，更高性能的控制方法将在后续章节中介绍。

3.4.1 电机侧变流器控制

BDFIG 独立发电系统的 MSC 控制方案如图 3.20 所示，主要包括 PW 电压幅值控制、CW 电流矢量控制、CW 电流参考频率计算和实际 PW 电压幅值计算[7,8]。

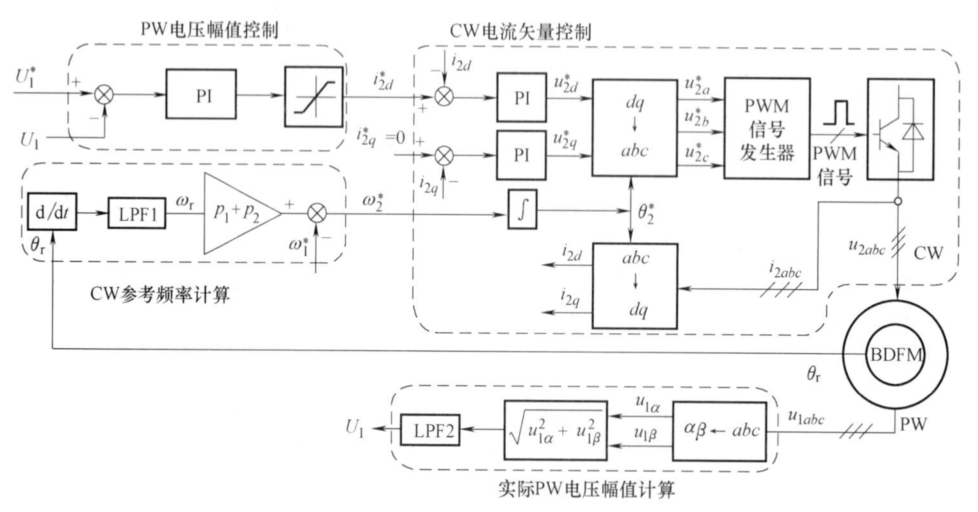

图 3.20 BDFIG 独立发电系统的 MSC 控制原理框图

在 PW 电压幅值控制中，采用 PI 调节器来调节 CW 电流幅值，使得转子速度和负载变化的情况下保持 PW 电压幅值恒定；而 PW 电压幅值控制中的限幅器确保 CW 电流命令不会超过额定值。在 CW 电流矢量控制中，CW 电流 q 分量的 i_{2q}^* 参考值被设置为零，这意味着 CW 电流 d 分量的参考值 i_{2d}^* 等于 CW 电流幅值参考值。对采集的转速进行差分运算，然后输入第一个低通滤波器（Low-Pass Filter，LPF）滤除噪声，从而得到电机转速；再基于式(2-6)，即可获得 CW 电流角频率的参考值 ω_2^*；通过对 ω_2^* 积分，可获得 CW 电流矢量角的参考值 θ_2^*；最后，CW 电流矢量控制器可以在 CW 中产生具有相应频率和幅值的励磁电流。将三相 PW 电压从三相静止坐标系统变换到两相静止坐标系，这样便容易获得 PW 电压幅值，最后通过第二个 LPF 消除 PW 电压幅值上的纹波。

3.4.2 负载侧变流器控制

可以看出，LSC 通过电抗器与 BDFIG 的 PW 相连，故将 PW 三相电压作为 LSC 交流侧的电压源，从而 LSC 的主电路如图 3.21 所示。图 3.21 中，u_{1a}、u_{1b} 和 u_{1c} 分别为 PW 三相电压；L_s 为 LSC 交流侧电抗器的每相电感；R_s 为交流侧电抗器的每相内阻和线路电阻之和；i_{sa}、i_{sb} 和 i_{sc} 分别为 LSC 交流侧三相电流；u_{sa}、u_{sb} 和 u_{sc} 分别为 LSC 交流侧三相电压；C 为直流母线电容；U_{dc} 为直流母线电压；在 BDFIG 独立发电系统中 LSC 的负载是 MSC，i_{dc_CW} 是通过直流母线流向 MSC 的电流，这也是 LSC 直流侧的负载电流。

为方便 LSC 数学模型的建立，首先定义 LSC 中各相桥臂的开关函数为

$$S_k=\begin{cases}1 & \text{上桥臂导通,下桥臂关断}\\0 & \text{上桥臂关断,下桥臂导通}\end{cases}\quad k=a,b,c \tag{3-24}$$

根据文献［10］，可知 LSC 在三相静止 ABC 坐标系中的数学模型为

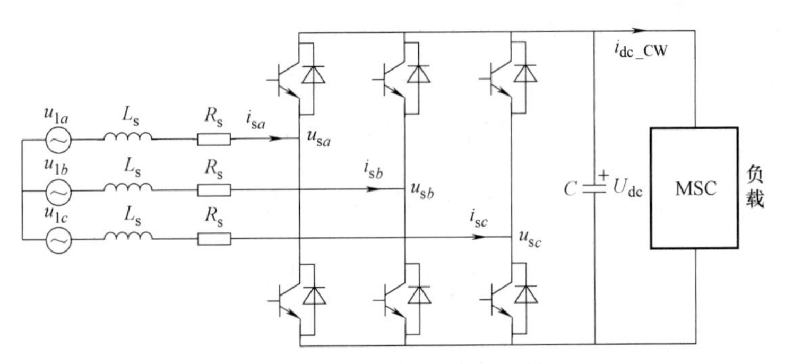

图 3.21　BDFIG 独立发电系统的 LSC 主电路

$$\begin{cases} u_{1a}-i_{sa}R_s-L_s\dfrac{di_{sa}}{dt}-S_aU_{dc}=u_{1b}-i_{sb}R_s-L_s\dfrac{di_{sb}}{dt}-S_bU_{dc} \\ u_{1b}-i_{sb}R_s-L_s\dfrac{di_{sb}}{dt}-S_bU_{dc}=u_{1c}-i_{sc}R_s-L_s\dfrac{di_{sc}}{dt}-S_cU_{dc} \\ C\dfrac{dU_{dc}}{dt}=S_ai_{sa}+S_bi_{sb}+S_ci_{sc}-i_{dc\_CW} \end{cases} \tag{3-25}$$

由于 LSC 中并未引出中线，因此根据基尔霍夫电流定律可知，无论 PW 三相电压是否平衡，LSC 交流侧三相电流之和应为 0，即

$$i_{sa}+i_{sb}+i_{sc}=0 \tag{3-26}$$

将式（3-26）代入式（3-25）可得

$$\begin{cases} L_s\dfrac{di_{sa}}{dt}=u_{1a}-i_{sa}R_s-\dfrac{u_{1a}+u_{1b}+u_{1c}}{3}-\left[S_a-\dfrac{S_a+S_b+S_c}{3}\right]U_{dc} \\ L_s\dfrac{di_{sb}}{dt}=u_{1b}-i_{sb}R_s-\dfrac{u_{1a}+u_{1b}+u_{1c}}{3}-\left[S_b-\dfrac{S_a+S_b+S_c}{3}\right]U_{dc} \\ L_s\dfrac{di_{sc}}{dt}=u_{1c}-i_{sc}R_s-\dfrac{u_{1a}+u_{1b}+u_{1c}}{3}-\left[S_c-\dfrac{S_a+S_b+S_c}{3}\right]U_{dc} \\ C\dfrac{dU_{dc}}{dt}=S_ai_{sa}+S_bi_{sb}+S_ci_{sc}-i_{dc\_CW} \end{cases} \tag{3-27}$$

LSC 交流侧三相线电压与开关函数 S_a、S_b 和 S_c 之间的关系为

$$\begin{cases} u_{sab}=(S_a-S_b)U_{dc} \\ u_{sbc}=(S_b-S_c)U_{dc} \\ u_{sca}=(S_c-S_a)U_{dc} \end{cases} \tag{3-28}$$

又由于线电压与相电压之间存在如下关系

$$\begin{cases} u_{sab}=u_{sa}-u_{sb} \\ u_{sbc}=u_{sb}-u_{sc} \\ u_{sca}=u_{sc}-u_{sa} \end{cases} \tag{3-29}$$

则根据式（3-28）与式（3-29）可以推导出

$$\begin{cases} u_{sa}=\left[S_a-\dfrac{S_a+S_b+S_c}{3}\right]U_{dc} \\ u_{sb}=\left[S_b-\dfrac{S_a+S_b+S_c}{3}\right]U_{dc} \\ u_{sc}=\left[S_c-\dfrac{S_a+S_b+S_c}{3}\right]U_{dc} \end{cases} \tag{3-30}$$

再将式（3-30）代入式（3-27）可得

$$\begin{cases} L_s\dfrac{di_{sa}}{dt}=u_{1a}-i_{sa}R_s-\dfrac{u_{1a}+u_{1b}+u_{1c}}{3}-u_{sa} \\ L_s\dfrac{di_{sb}}{dt}=u_{1b}-i_{sb}R_s-\dfrac{u_{1a}+u_{1b}+u_{1c}}{3}-u_{sb} \\ L_s\dfrac{di_{sc}}{dt}=u_{1c}-i_{sc}R_s-\dfrac{u_{1a}+u_{1b}+u_{1c}}{3}-u_{sc} \\ C\dfrac{dU_{dc}}{dt}=S_ai_{sa}+S_bi_{sb}+S_ci_{sc}-i_{dc\_CW} \end{cases} \tag{3-31}$$

利用2.4.1节中介绍的Clark变换和Park变换，将式（3-31）从三相静止坐标系变换到两相旋转 dq 坐标系，可得以PW电压角频率 ω_1 为旋转速度的 dq 坐标系中的LSC数学模型为

$$\begin{cases} u_{1d}=R_si_{sd}+L_s\dfrac{di_{sd}}{dt}-\omega_1L_si_{sq}+u_{sd} \\ u_{1q}=R_si_{sq}+L_s\dfrac{di_{sq}}{dt}+\omega_1L_si_{sd}+u_{sq} \\ C\dfrac{dU_{dc}}{dt}=\dfrac{3}{2}(S_di_{sd}+S_qi_{sq})-i_{dc\_CW} \end{cases} \tag{3-32}$$

式中，u_{1d} 和 u_{1q} 分别为PW电压的 d 轴和 q 轴分量；u_{sd} 和 u_{sq} 分别为LSC交流侧电压的 d 轴和 q 轴分量；i_{sd} 和 i_{sq} 分别为LSC交流侧电流的 d 轴和 q 轴分量；S_d 和 S_q 分别为开关函数的 d 轴和 q 轴分量。

当旋转坐标系的 d 轴与PW电压矢量对齐时，则有 $u_{1d}=U_1$，$u_{1q}=0$，其中 U_1 为PW相电压幅值，于是式（3-32）可简化为

$$\begin{cases} U_1=R_si_{sd}+L_s\dfrac{di_{sd}}{dt}-\omega_1L_si_{sq}+u_{sd} \\ 0=R_si_{sq}+L_s\dfrac{di_{sq}}{dt}+\omega_1L_si_{sd}+u_{sq} \\ C\dfrac{dU_{dc}}{dt}=\dfrac{3}{2}(S_di_{sd}+S_qi_{sq})-i_{dc\_CW} \end{cases} \tag{3-33}$$

令PW电压矢量为 $\boldsymbol{U}_1=u_{1d}+ju_{1q}$，LSC交流侧电流矢量为 $\boldsymbol{I}_s=i_{sd}+ji_{sq}$。由于坐标变换采

用的是幅值恒定原则，按照图中所示的电流正方向，则 LSC 输出的有功功率和无功功率为

$$\begin{cases} P_s = -\dfrac{3}{2}\mathrm{Re}\{\boldsymbol{U}_1\boldsymbol{I}_s^*\} \\ Q_s = -\dfrac{3}{2}\mathrm{Im}\{\boldsymbol{U}_1\boldsymbol{I}_s^*\} \end{cases} \tag{3-34}$$

上标“*”表示取复数的共轭，“Re”表示取复数的实部，“Im”表示取复数的虚部。将前面定义的 $\boldsymbol{U}_1$ 和 $\boldsymbol{I}_s$ 的表达式代入式（3-34）可得

$$\begin{cases} P_s = -\dfrac{3}{2}(u_{1d}i_{sd}+u_{1q}i_{sq}) \\ Q_s = -\dfrac{3}{2}(u_{1q}i_{sd}-u_{1d}i_{sq}) \end{cases} \tag{3-35}$$

若将 dq 旋转坐标系的 d 轴定向于 PW 电压矢量，即 $u_{1d}=\boldsymbol{U}_1$，$u_{1q}=0$，则式（3-35）可进一步简化为

$$\begin{cases} P_s = -\dfrac{3}{2}\boldsymbol{U}_1 i_{sd} \\ Q_s = \dfrac{3}{2}\boldsymbol{U}_1 i_{sq} \end{cases} \tag{3-36}$$

从式（3-36）可以看出，当 $\boldsymbol{U}_1$ 不变时，i_{sd} 和 i_{sq} 分别决定了 LSC 交流侧的有功功率和无功功率，因此称 i_{sd} 为 LSC 交流侧的有功电流，而 i_{sq} 为相应的无功电流。为了尽量减少系统的无功损耗，需要使 LSC 以单位功率因数运行，即使得 $Q_s=0$，因此其无功电流的参考值 $i_{sq}^*=0$。LSC 的交流侧与 PW 并联后一起向用电负载负载，当 $P_s<0$ 时，LSC 从 PW 侧吸收功率，此时它处于整流状态；当 $P_s>0$ 时，LSC 向用电负载输出功率，此时它工作于逆变状态。

由式（3-33）可进一步推导出

$$\begin{cases} u_{sd} = K_{sd}i_{sd}+D_{sd} \\ u_{sd} = K_{sd}i_{sd}+D_{sd} \end{cases} \tag{3-37}$$

式中，s 为微分算子；K_{sd} 代表了从 i_{sd} 到 u_{sd} 的开环一阶传递函数，$K_{sd}=K_{sq}=-(R_s+L_s s)$；$K_{sq}$ 代表了从 i_{sq} 到 u_{sq} 的开环一阶传递函数；D_{sd} 和 D_{sq} 分别代表 d 轴和 q 轴的扰动项，$D_{sd}=\omega_1 L_s i_{sq}+U_1$，$D_{sq}=-\omega_1 L_s i_{sd}$。

根据式（3-37）可以设计如图 3.22 所示的 LSC 电流内环，其中使用前馈量 $\omega_1 L_s i_{sq}$ 和 $-\omega_1 L_s i_{sd}$ 对 d 轴和 q 轴电流环之间的交叉耦合进行解耦，同时在 d 轴电流控制环中加入前馈量 $\boldsymbol{U}_1$ 来对 PW 电压幅值的扰动进行补偿，解耦后 d 轴电流环和 q 轴电流环可分别进行独立控制。

由于 LSC 以单位功率因数运行时 i_{sq} 为 0，再由方程组（3-32）的第三式可得

$$i_{sd} = K_{dc}U_{dc}+D_{dc} \tag{3-38}$$

式（3-38）中，$K_{dc}=\dfrac{2Cs}{3S_d}$代表了从 U_{dc} 到 i_{sd} 的开环一阶传递函数，$D_{dc}=\dfrac{2}{3S_d}i_{dc\_CW}$ 为扰

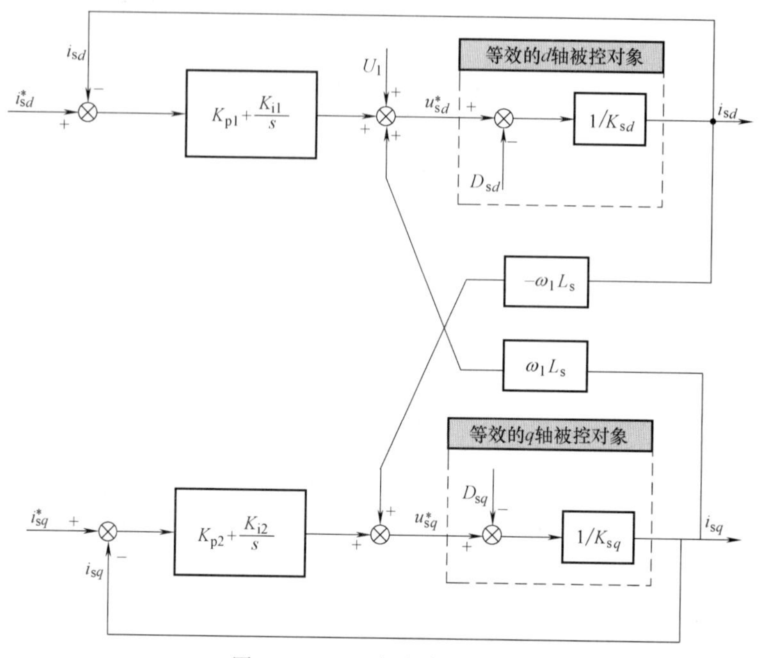

图 3.22　LSC 电流内环结构

动项。

如果忽略 LSC 线路电阻的功率损耗、IGBT 的开关损耗以及直流母线电容的功率损耗，则根据式（3-36）可得 LSC 交直流侧的功率平衡关系为

$$P_s = -\frac{3}{2}U_1 i_{sd} = U_{dc} i_{dc\_CW} = P_{CW} \tag{3-39}$$

式（3-39）中，P_{CW} 为 MSC 的输入有功功率。进一步由式（3-39）可得

$$i_{sd} = -\frac{2U_{dc} i_{c\_CW}}{3U_1} \tag{3-40}$$

根据式（3-38）与式（3-40）可设计如图 3.23 所示的直流母线电压控制环，图中根据式（3-40）设计了前馈补偿项，可实现对直流母线电压、直流侧负载电流以及 PW 电压幅值的扰动补偿。

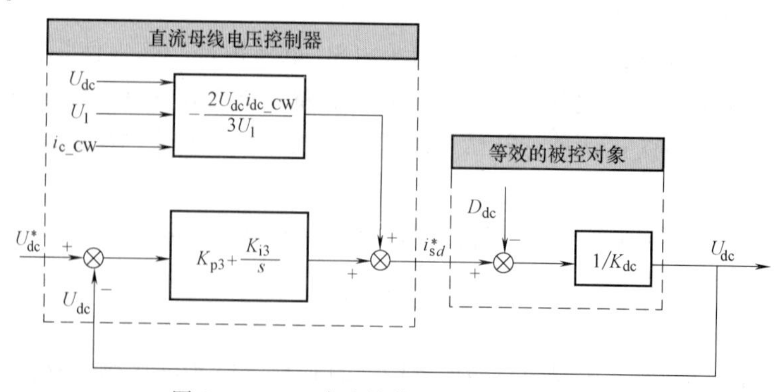

图 3.23　LSC 直流母线电压控制环结构图

根据图 3.22 示的电流内环和图 3.23 所示的直流母线电压控制环可得如图 3.24 所示的基于 PW 电压定向的 LSC 控制方法。图 3.24 中，PW 电压锁相环采用了文献［9］所提出的改进旋转 dq 坐标系锁相环（Improved dq Phase-Locked Loop，IdqPLL）。

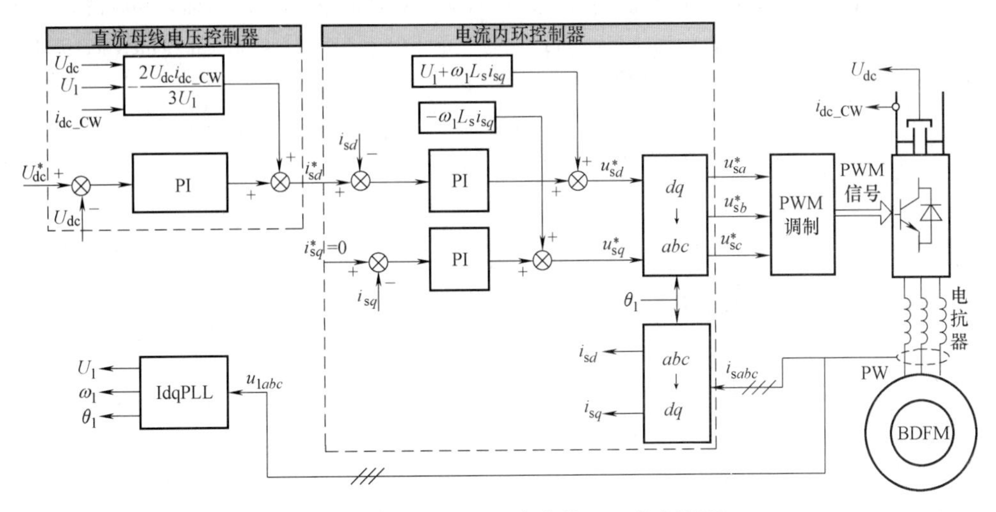

图 3.24　基于 PW 电压定向的 LSC 控制框图

3.5　小结

本章首先介绍了背靠背电力电子变流器的多种拓扑结构，包括两电平、三电平、带谐振环节、矩阵式以及 8 开关管式背靠背变流器；然后介绍常用的 PWM 调制技术，包括载波脉冲调制、空间矢量调制等；最后分别介绍了 BDFIG 独立发电系统中 MSC 和 LSC 的基本控制方法，更高性能的控制方法将在后续章节中介绍。

参考文献

［1］ 李时杰. 基于 Back-to-Back 变流技术的调速系统的研究［D］. 北京：中国科学院研究生院（电工研究所），2006.

［2］ CHOI J W，SUL S K. Resonant link bidirectional power converter. part I：resonant circuit［J］. IEEE Transactions on Power Electronics，1995，10（4）：479-484.

［3］ EJEA J B，SANCHIS E，FERRERES A，et al. High-frequency bi-directional three-phase rectifier based on a matrix converter topology with power factor correction［C］. Applied Power Electronics Conference and Exposition，2001：828-834.

［4］ Kim G T，LIPO T A. DC link voltage control of reduced switch VSI-PWM rectifier/inverter system［C］. 23rd International Conference on Industrial Electronics，Control，and Instrumentation，1997：833-838.

［5］ 陈坚，康勇. 电力电子学［M］. 3 版. 北京：高等教育出版社，2002.

［6］ HOLMES D G，LIPO T A. Pulse width modulation for power converters：principles and practice［M］. New Jersey：John Wiley & Sons，2003.

［7］ LIU Y，AI W，CHEN B，et al. Operation control of the brushless doubly-fed machine for stand-alone ship shaft generator systems［C］. 2015 IEEE International Conference on Industrial Technology（ICIT），2015：

800-805.

[8] LIU Y, AI W, CHEN B, et al. Control design of the brushless doubly-fed machine for stand-alone VSCF ship shaft generator systems [J]. Journal of Power Electronics, 2016, 16 (1): 259-267.

[9] LIU Y, XU W, BLAABJERG F. An improved synchronous reference frame phase-locked loop for stand-alone variable speed constant frequency power generation systems [C]. 2017 International Conference on Electrical Machines and Systems (ICEMS), 2017: 1-5.

第4章　常规负载下无刷双馈感应电机独立发电系统运行控制

4.1　引言

本章主要介绍了 BDFIG 独立发电系统带常规负载时的 MSC 控制策略，其中常规负载指的是三相对称线性负载。首先在第 2 章给出的旋转 dq 坐标系 BDFIG 动态模型的基础上，通过详细的数学推导展示了 MSC 的 CW 电流控制和 PW 电压控制原理，并介绍了 CW 侧 LC 滤波器设计防范，然后介绍了完整的基于 CW 电流定向的 MSC 控制方法，最后展示了在容量为 30kVA 的 BDFIG 实验平台上实验结果。本章所介绍的控制方法中对于 LSC 的控制，采用了 3.4.2 节所介绍的基本控制方案。

4.2　控制方案设计思路

BDFIG 独立发电系统采用了通过直流母线相连的两个背靠背 PWM 变流器来实现系统的运行控制，这两个变流器被连接在 CW 和 PW 之间，其中靠近 CW 的变流器被称为 MSC，靠近 PW 和负载的变流器被称为 LSC。MSC 用于为 CW 提供幅值和频率可变的交流励磁电流，而 LSC 的主要作用是实现功率的双向流动、维持直流母线电压稳定以及调节交流侧的功率因数。对称负载条件下 BDFIG 独立发电总体控制方法如图 4.1 所示，考虑到 MSC 和 LSC 是通过直流母线解耦的，故对这两个变流器分别进行控制。

对 MSC 采用基于 CW 电流定向的矢量解耦控制，其控制系统结构如图 4.1 的上半部分所示，主要包括 PW 电压幅值控制器、PW 电压频率控制器、CW 电流矢量控制器、LC 滤波器、转速计算模块和一个锁相环。PW 电压幅值控制器用来获取保持 PW 电压幅值恒定所需的 CW 电流幅值参考值；PW 电压频率控制器用来获取保持 PW 电压频率恒定所需的 CW 电流频率参考值；CW 电流矢量控制器则根据 CW 电流的幅值和频率参考值调节 CW 的三相励磁电流；LC 滤波器用来滤除变流器输出的 PWM 电压中的高频谐波含量，使得输入到 CW 的励磁电压尽可能接近正弦波；锁相环用来检测 PW 电压的幅值、频率和相位。LSC 的控制方法采用基于 PW 电压定向的电压和电流双闭环控制，其控制系统结构如图 4.1 的下半部分所示，主要包括直流母线电压控制器、电流内环控制器、电抗器和一个锁相环。直流母线电压控制器作为控制系统的外环用来调节直流母线电压并输出有功电流参考值；无功电流参考值根据交流侧所需要的功率因数来设定；电流内环控制器用来调节 LSC 交流侧的有功和无功电流；电抗器的作用是滤除 PWM 谐波电流，并增加系统的阻尼特性使控制系统更加稳定；锁相环用来检测 PW 电压的幅值、频率以及相位。

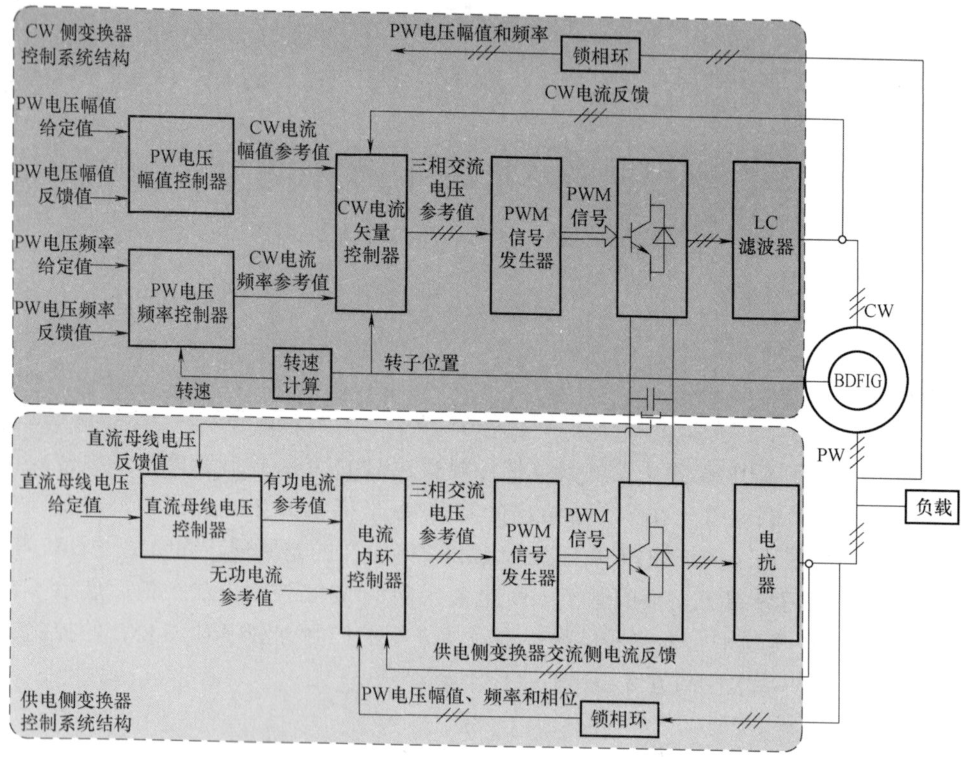

图 4.1 常规负载下 BDFIG 独立发电系统总体控制方法示意图

4.3 控制绕组电流控制方案

以往的 MSC 通常采用 PW 磁链或电压定向矢量控制[1-6]，这些控制方案均用于 BDFIG 并网发电，在并网发电中 PW 与电网直接相连，其磁链和电压均较为理想。然而，BDFIG 独立发电系统的 PW 并不与电网相连，在其运行过程中，系统的变速、变载运行会严重影响 PW 的磁链和电压，这使得传统的 PW 磁链或电压定向在 BDFIG 独立发电系统中难以达到满意的性能。鉴于此，所提出的控制方法是以 CW 同步旋转坐标系下的 BDFIG 数学模型为基础推导而出的，这意味着 dq 旋转坐标系的角速度 ω 应设定为 CW 电流的给定角频率 ω_2^*。在这种控制策略下坐标变换的参考角为 CW 电流的相位 θ_2^*，而 θ_2^* 是通过对 ω_2^* 积分获得的，因此其准确性要远高于所估计出的 PW 磁链或电压矢量角，这使得所提出的基于 CW 电流矢量定向的控制方法的鲁棒性要强于 PW 磁通或电压定向矢量控制方法。

定义 s 为微分算子，则 2.4.2 节中的 dq 旋转坐标系下的 BDFIG 动态模型可重写为

$$\begin{cases}u_{1d}=R_1 i_{1d}+s\psi_{1d}-\omega_2\psi_{1q}\\u_{1q}=R_1 i_{1q}+s\psi_{1q}+\omega_2\psi_{1d}\end{cases}\tag{4-1}$$

$$\begin{cases}\psi_{1d}=L_1 i_{1d}+L_{1r} i_{rd}\\\psi_{1q}=L_1 i_{1q}+L_{1r} i_{rq}\end{cases}\tag{4-2}$$

$$\begin{cases} u_{2d}=R_2 i_{2d}+s\psi_{2d}-[\omega_2-(p_1+p_2)\omega_r]\psi_{2q} \\ u_{2q}=R_2 i_{2q}+s\psi_{2q}+[\omega_2-(p_1+p_2)\omega_r]\psi_{2d} \end{cases} \tag{4-3}$$

$$\begin{cases} \psi_{2d}=L_2 i_{2d}+L_{2r} i_{rd} \\ \psi_{2q}=L_2 i_{2q}+L_{2r} i_{rq} \end{cases} \tag{4-4}$$

$$\begin{cases} u_{rd}=R_r i_{rd}+s\psi_{rd}-(\omega_2-p_1\omega_r)\psi_{rq} \\ u_{rq}=R_r i_{rq}+s\psi_{rq}+(\omega_2-p_1\omega_r)\psi_{rd} \end{cases} \tag{4-5}$$

$$\begin{cases} \psi_{rd}=L_r i_{rd}+L_{1r} i_{1d}+L_{2r} i_{2d} \\ \psi_{rq}=L_r i_{rq}+L_{1r} i_{1q}+L_{2r} i_{2q} \end{cases} \tag{4-6}$$

由式（2-6）可得，$\omega_2-p_1\omega_r=-(\omega_1-p_2\omega_r)$。并且注意到转子电压 $u_{rd}=u_{rq}=0$，于是式（4-5）可以重写为

$$0=R_r i_{rd}+s\psi_{rd}+(\omega_1-p_2\omega_r)\psi_{rq} \tag{4-7}$$

$$0=R_r i_{rq}+s\psi_{rq}-(\omega_1-p_2\omega_r)\psi_{rd} \tag{4-8}$$

将式（4-6）代入式（4-7）和式（4-8）可得

$$i_{rd}=-\frac{[L_r s^2+R_r s+L_r(\omega_1-p_2\omega_r)^2](L_{1r}i_{1d}+L_{2r}i_{2d})}{(R_r+L_r s)^2+L_r^2(\omega_1-p_2\omega_r)^2}-\frac{R_r(\omega_1-p_2\omega_r)(L_{1r}i_{1q}+L_{2r}i_{2q})}{(R_r+L_r s)^2+L_r^2(\omega_1-p_2\omega_r)^2} \tag{4-9}$$

$$\begin{aligned} i_{rq}=&\frac{\omega_1-p_2\omega_r}{R_r+L_r s}\left[1-\frac{L_r^2 s^2+L_r R_r s+L_r^2(\omega_1-p_2\omega_r)^2}{(R_r+L_r s)^2+L_r^2(\omega_1-p_2\omega_r)^2}\right](L_{1r}i_{1d}+L_{2r}i_{2d}) \\ &-\frac{1}{R_r+L_r s}(L_{1r}i_{1q}+L_{2r}i_{2q})\left[s+\frac{L_r R_r(\omega_1-p_2\omega_r)^2}{(R_r+L_r s)^2+L_r^2(\omega_1-p_2\omega_r)^2}\right] \end{aligned} \tag{4-10}$$

式（4-9）的第一项可变形为

$$-\frac{[s^2+(R_r/L_r)s+(\omega_1-p_2\omega_r)^2](L_{1r}i_{1d}+L_{2r}i_{2d})}{L_r[s^2+2(R_r/L_r)s+(\omega_1-p_2\omega_r)^2]}$$

由变形后的表达式可以看出这一项的零点和极点非常接近，因此其零点和极点可以彼此对消，于是式（4-9）的第一项可以简化为$-(L_{1r}i_{1d}+L_{2r}i_{2d})/L_r$。

式（4-9）第二项的分母中（$R_r+L_r s)^2$ 所占的比重较小，将其忽略后，式（4-9）的第二项可简化为$-[R_r(L_{1r}i_{1q}+L_{2r}i_{2q})]/[L_r^2(\omega_1-p_2\omega_r)]$。

于是式（4-9）可以最终简化为

$$i_{rd}=-\frac{L_{1r}i_{1d}+L_{2r}i_{2d}}{L_r}-\frac{R_r(L_{1r}i_{1q}+L_{2r}i_{2q})}{L_r^2(\omega_1-p_2\omega_r)} \tag{4-11}$$

类似地，式（4-10）可以简化为

$$i_{rq}=-(L_{1r}i_{1q}+L_{2r}i_{2q})/L_r \tag{4-12}$$

注意到 $\omega_2-(p_1+p_2)\omega_r=-\omega_1$，则式（4-3）可以重写为

$$u_{2d}=R_2 i_{2d}+s\psi_{2d}+\omega_1\psi_{2q} \tag{4-13}$$

$$u_{2q}=R_2 i_{2q}+s\psi_{2q}-\omega_1\psi_{2d} \tag{4-14}$$

将式（4-4）、式（4-11）和式（4-12）代入式（4-13）和式（4-14）可得

$$u_{2d}=K_{2d}i_{2d}+D_{2d} \tag{4-15}$$

$$u_{2q}=K_{2q}i_{2q}+D_{2q} \tag{4-16}$$

式（4-15）和式（4-16）中，$K_{2d}=K_{2q}=R_2+\sigma_2 L_2 s$，$D_{2d}=\alpha_1 i_{2q}+\alpha_2 i_{1d}+\alpha_3 i_{1q}$，$D_{2q}=\alpha_4 i_{2d}+\alpha_5 i_{1d}+\alpha_6 i_{1q}$；$\alpha_1=\dfrac{\omega_1(\omega_1-p_2\omega_r)(L_r^2L_2+L_{2r}^2L_r)-L_{2r}^2R_r s}{L_r^2(\omega_1-p_2\omega_r)}$，$\alpha_2=-\dfrac{L_{1r}L_{2r}s}{L_r}$，$\alpha_3=-\dfrac{L_{1r}L_{2r}[R_r s+L_r\omega_1(\omega_1-p_2\omega_r)]}{L_r^2(\omega_1-p_2\omega_r)}$，$\alpha_4=-\dfrac{\sigma_2 L_2 L_r\omega_1}{L_1}$，$\alpha_5=\dfrac{\omega_1 L_{1r}L_{2r}}{L_r}$，$\alpha_6=\dfrac{L_{1r}L_{2r}[\omega_1 R_r-L_r(\omega_1-P_2\omega_r)s]}{L_r^2(\omega_1-P_2\omega_r)}$；其中 $\sigma_2=1-L_{2r}^2/(L_2L_r)$ 为 CW 的漏感系数，K_{2d} 代表了从 i_{2d} 到 u_{2d} 的开环一阶传递函数，K_{2q} 代表了从 i_{2q} 到 u_{2q} 的开环一阶传递函数，D_{2d} 和 D_{2q} 代表了 d 轴分量和 q 轴分量之间的交叉扰动。

根据式（4-15）和式（4-16）可设计如图 4.2 所示的 CW 电流矢量解耦控制环，CW 电流矢量解耦控制环的目标是根据 CW 电流的幅值和频率参考值调节 CW 的励磁电流。当 $i_{2q}=0$ 时，i_{2d} 即为 CW 电流的幅值，因此可以将 i_{2q} 的参考值设定为 0，将 i_{2d} 的参考值设定为 I_2^*（PW 电压幅值控制器的输出）。将 dq 参考系的角速度 ω 设定为 CW 电流的角频率 ω_2 即隐含了对 CW 电流频率的控制。另外，D_{2d} 和 D_{2q} 被作为交叉前馈补偿应用于控制环中，其中 D_{2d} 中的 $\alpha_1 i_{2q}$ 项和 D_{2q} 中的 $\alpha_4 i_{2d}$ 项用于对 d、q 轴电流环之间的交叉耦合进行解耦，D_{2d} 和 D_{2q} 中的其他项用于对负载扰动所引起的 PW 电流扰动进行补偿。

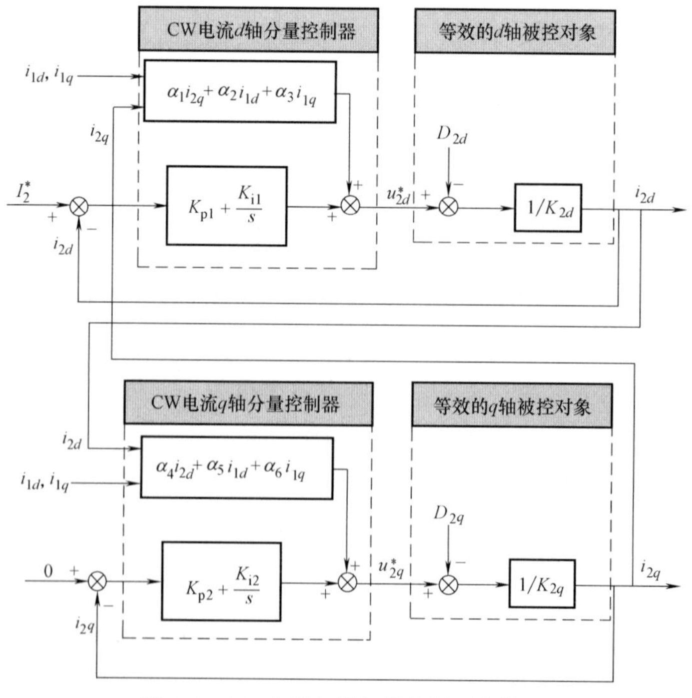

图 4.2　CW 电流矢量解耦控制环结构图

传统的用于并网发电的定子磁通或电压定向矢量控制均是采用 PW 磁链或电压进行矢量定向，然而独立发电系统的变速、变载运行对 PW 磁链和电压的影响较大，这使得采用传统的矢量定向方法难以达到满意的控制效果。本节所提方法中的矢量定向角度为 CW 电流矢量角 θ_2^*，在控制方法实现过程中，这是一个不依赖于电机参数的程序设定值，因此增强了控制系统的鲁棒性。此外，对于 BDFIG 独立发电系统而言，用电负载的变化会导致 PW 电流的变化，本节所提出的 CW 电流矢量控制器正好将 PW 电流用作前馈补偿，因此可以加快发电系统对用电负载变化的响应速度。

4.4　功率绕组电压控制方案

4.4.1　功率绕组电压幅值控制

在稳态条件下的平衡点，PW 磁链 ψ_{1d} 和 ψ_{1q} 可以被认为是恒定的，因此式（4-1）能被简化为

$$u_{1d}=R_1 i_{1d}-\omega_2\psi_{1q} \tag{4-17}$$

$$u_{1q}=R_1 i_{1q}+\omega_2\psi_{1d} \tag{4-18}$$

将式（4-2）、式（4-11）和式（4-12）代入式（4-17）和式（4-18），并令 $i_{2q}=0$，$i_{2d}=I_2$，则 u_{1d} 和 u_{1q} 能被进一步表示为

$$u_{1d}=R_1 i_{1d}+\frac{\omega_2(L_{1r}^2-L_1L_r)}{L_r}i_{1q} \tag{4-19}$$

$$u_{1q}=-\frac{\omega_2(L_{1r}^2-L_1L_r)}{L_r}i_{1d}+R_1 i_{1q}-\frac{\omega_2L_{1r}L_{2r}}{L_r}I_2 \tag{4-20}$$

式中，I_2 为 CW 电流的幅值。

根据式（4-19）与式（4-20），可得 PW 相电压的幅值为

$$\begin{aligned}U_1&=\sqrt{u_{1d}^2+u_{1q}^2}\\&=\left\{\left(\omega_2\frac{L_{1r}L_{2r}}{L_r}\right)^2I_2^2-\frac{2\omega_2L_{1r}L_{2r}}{L_r}\left[\left(\omega_2L_1-\frac{\omega_2L_{1r}^2}{L_r}\right)i_{1d}+R_1i_{1q}\right]I_2+\right.\\&\left.R_1^2(i_{1d}^2+i_{1q}^2)+\left(\omega_2L_1-\frac{\omega_2L_{1r}^2}{L_r}\right)^2(i_{1d}^2+i_{1q}^2)\right\}^{1/2}\end{aligned} \tag{4-21}$$

对于 CW 电流幅值的一个很小的变化量 ΔI_2，式（4-21）可以用如式（4-22）所示的泰勒展开式来近似表达

$$U_1(I_{2E}+\Delta I_2)=U_1(I_{2E})+\Delta I_2\left.\frac{\mathrm{d}U_1}{\mathrm{d}I_2}\right|_{I_2=I_{2E}} \tag{4-22}$$

式（4-22）中的下标 E 表示平衡状态。平衡点处的 PW 相电压幅值 U_1（I_{2E}）可被看作 PW 相电压幅值的设定值 U_1^*，于是，从式（4-21）和式（4-22）可得

$$\Delta U_1=U_1(I_{2E}+\Delta I_2)-U_1(I_{2E})=U_1(I_{2E}+\Delta I_2)-U_1{}^*=K_u\Delta I_2 \tag{4-23}$$

式中，K_u 代表了一个从 ΔI_2 到 ΔU_1 的线性化开环传递函数，$K_u=\omega_2L_{1r}L_{2r}[\omega_2L_{1r}L_{2r}I_{2E}+\omega_2$

$(L_{1r}^2-L_1L_r)i_{1d}-R_1L_ri_{1q}]$。

从式（4-21）可以推导出平衡点处的 CW 电流幅值为

$$I_{2E}=[(\beta_1 i_{1d}+R_1 i_{1q})+(2\beta_1 R_1 i_{1d}i_{1q}-R_1^2 i_{1d}^2-\beta_1^2 i_{1q}^2+(U_1^*)^2)^{1/2}]/\beta_2 \tag{4-24}$$

式中，$\beta_1=\omega_2 L_1-\dfrac{\omega_2 L_{1r}^2}{L_r}$；$\beta_2=\omega_2 L_{1r}L_{2r}/L_r$。

由于 ΔU_1 与 ΔI_2 之间存在如式（4-23）所示的关系，所以可以采用 PI 控制器来构建如图 4.3a 所示的 PW 电压幅值控制环。CW 电流幅值的参考值 I_2^* 可以采用如图 4.3b 所示的方式进行计算，图 4.3b 中的限幅模块用来限制计算出的 I_2^* 不超过 CW 电流的额定值。

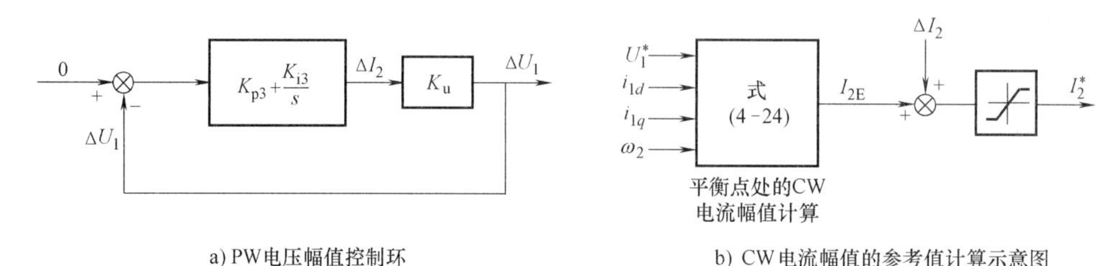

图 4.3　PW 电压幅值控制环和 CW 电流参考幅值计算示意图

4.4.2　功率绕组电压频率控制

由式（2-6）可以推导出

$$\omega_2=\omega_r(p_1+p_2)-\omega_1 \tag{4-25}$$

因此通常 CW 的频率 ω_2 可以直接由式（4-25）计算得出，然而，这样计算出的 ω_2 其精度严重依赖于电机转速的精度。电机转速可以通过编码器进行测量也可以通过观测器来获得，采用编码器进行测量时，由于编码器的精度有限以及电机运行过程中会存在转矩脉动和电磁干扰，这些都会使测量得到的转速中叠加了高频噪声，所以往往需要采用低通滤波器对转速进行滤波。但是，当转速快速变化时，滤波后的转速和原始转速相比会有较明显的幅值衰减和相位滞后，进而造成直接由式（4-25）计算出的 CW 频率不准确，最终会造成 PW 电压的频率偏离给定值，因此应该对 PW 电压的频率进行闭环控制。

由式（4-25）得到

$$\omega_1=-\omega_2+D_r \tag{4-26}$$

式中，D_r 可看作随 ω_r 变化的扰动项，$D_r=\omega_r(p_1+p_2)$。

由式（4-26）可知，ω_1 和 ω_2 之间具有一个线性的关系，因此可以采用如图 4.4 所示的

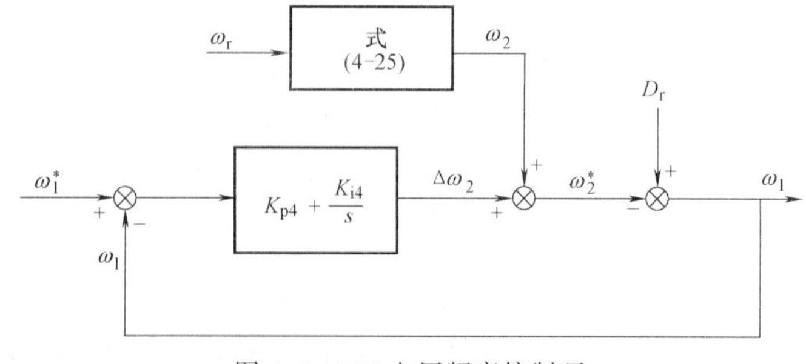

图 4.4　PW 电压频率控制环

PW 电压频率控制环来对 PW 电压的频率进行闭环控制。为了加快控制环的响应速度，式（4-25）的计算结果可以用作 PI 控制器的前馈量。

4.5 控制绕组侧 LC 滤波器设计和整体控制方案

4.5.1 控制绕组侧 LC 滤波器设计

在 4.3 节所述的控制方法中，CW 电压被视为理想的正弦电压。然而，MSC 的功率器件的高频开关动作会导致其输出的电压中含有大量的谐波。文献［7］研究表明，双边沿自然采样 PWM 调制下三相变流器输出的 PWM 线电压的解析式为

$$u_{\text{line\_pwm}}=\frac{\sqrt{3}}{2}u_{\text{dc}}M\cos\left(\omega_{\text{f}}t+\frac{\pi}{6}\right)+\frac{8u_{\text{dc}}}{\pi}\sum_{m=1}^{\infty}\sum_{n=-\infty}^{\infty}\frac{1}{m}J_{n}\left(m\frac{\pi}{2}M\right)\sin\left[(m+n)\frac{\pi}{2}\right]\sin\left(n\frac{\pi}{3}\right)\cdot\cos\left[m\omega_{\text{c}}t+n\left(\omega_{\text{f}}t-\frac{\pi}{3}\right)+\frac{\pi}{2}\right] \tag{4-27}$$

式中，u_{dc} 为三相变流器的直流母线电压；M 为调制比，ω_{f} 为基波分量频率；ω_{c} 为载波频率；m 和 n 为谐波次数变量；$J_n(x)$ 为变量 x 的 n 阶贝塞尔函数。

式（2-27）中第一项为基波分量，第二项为各次谐波分量之和。由式（4-27）第二项的表达式可以看出，三相变流器的输出的 PWM 线电压中不含低次谐波，只含有以载波频率及其整数倍频率为中心的边带谐波组，例如第一组主要的边带谐波会出现在以下频率：$\omega_{\text{c}}\pm2\omega_{\text{f}}$ 和 $\omega_{\text{c}}\pm4\omega_{\text{f}}$，第二组主要的边带谐波频率为：$2\omega_{\text{c}}\pm\omega_{\text{f}}$、$2\omega_{\text{c}}\pm5\omega_{\text{f}}$ 和 $2\omega_{\text{c}}\pm7\omega_{\text{f}}$。当三相变流器采用其他的调制方式时，其输出的 PWM 线电压的表达式与式（4-27）略有不同，但输出的 PWM 线电压中的谐波仍然是以载波频率及其整数倍频率为中心的边带谐波组。

BDFIG 的 PW 与 CW 之间存在交叉耦合，CW 电压含有大量的谐波将会使得 CW 电流的质量变差，进而会使得感应出的 PW 电压也含有较多谐波，尤其是当 BDFIG 独立发电系统空载运行的时候。因此，应该在 MSC 与 CW 之间加入一个 LC 滤波器来滤除 PWM 电压中所含有的大量谐波，最终使得输入到 CW 端的电压具有尽可能好的正弦性。

LC 滤波器的幅频特性如图 4.5 所示，其中 ω_{res} 为 LC 滤波器的谐振频率，$\omega_{\text{h,min}}$ 和 $\omega_{\text{f,max}}$ 分别为 MSC 输出的 PWM 电压的最小谐波频率与最大基波频率。为了使 LC 滤波器的输出电压更接近于正弦波并避免产生谐振，LC 滤波器的谐振频率应该远小于输入其中的 PWM 电压的最小谐波频率，同时还要远大于该 PWM 电压的基波频率[8]。然而，由 BDFIG 的原理可知，要保持 PW 电压的频率不变，CW 电压的频率应该随着电机转速的变化而变化，这就意味着 MSC 输出的 PWM 电压的基波频率随着电机转速的变化而变化。根据折衷原则，如图 4.5 所示，选取谐振频率所对应的横坐标为 PWM 电压的最小谐波频率与最大基波频率所对应横坐标的平均值，由于图 4.5 中的横坐标为对数坐标，于是 LC 滤波器谐振频率的选取可由式（4-28）决定：

$$\lg\frac{\omega_{\text{res}}}{\omega_{\text{res}}}=\frac{1}{2}\left(\lg\frac{\omega_{\text{f,max}}}{\omega_{\text{res}}}+\lg\frac{\omega_{\text{h,min}}}{\omega_{\text{res}}}\right) \tag{4-28}$$

式中，$\omega_{h,min}$ 约等于 MSC 的载波频率 ω_c，$\omega_{f,max}$ 可将 BDFIG 实际运行的转速范围和 PW 电压频率的期望值代入式（4-25）计算得出。

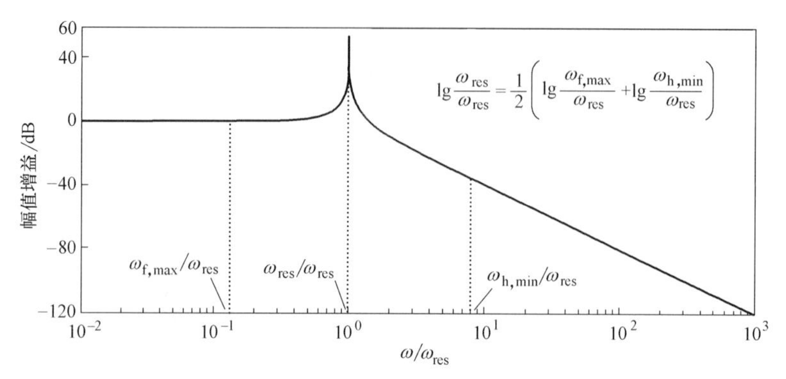

图 4.5　LC 滤波器的幅频特性

由式（4-28）可得

$$\omega_{res}=\sqrt{\omega_{f,max}\omega_{h,min}} \tag{4-29}$$

式（4-29）表明 LC 滤波器的谐振频率 ω_{res} 为 $\omega_{f,max}$ 和 $\omega_{h,min}$ 的几何平均值。

此外，LC 滤波器的电感上的基波压降 $\Delta U_{Lfilter}$ 应该在一定的范围内。此处，$\Delta U_{Lfilter}$ 的最大值被设定为 MSC 的额定输出相电压的 5% ~ 6%，因此可得如下表达式

$$\max\{\Delta U_{Lfilter}\}=\omega_{f,max}L_{filter}I_{2max}=(5\%\sim6\%)U_{VSIN} \tag{4-30}$$

式中，U_{VSIN} 为 MSC 的额定输出相电压；L_{filter} 为 LC 滤波器的相电感；I_{2max} 为 CW 的最大相电流。

根据电路理论，LC 滤波器的谐振频率 ω_{res} 可表示为

$$\omega_{res}=1/\sqrt{L_{filter}C_{filter}} \tag{4-31}$$

式中，C_{filter} 为 LC 滤波器的相电容。

由式（4-29）~式（4-31）即可确定 LC 滤波器的参数 L_{filter} 和 C_{filter}。

为了验证对变流器输出的 PWM 线电压分析结果的正确性，以及本节所提出的 LC 滤波器设计方案的性能，在 Matlab/Simulink 中进行了仿真。仿真过程中，直流母线电压 u_{dc} 设定为 650V，调制比 M 设定为 0.18，基波分量频率设定为 10Hz，载波频率设定为 8kHz，三相变流器中的电力电子器件选为 IGBT，调制方式采用双边沿自然采样 PWM 调制，LC 滤波器的参数 L_{filter} 和 C_{filter} 分别为 1.46mH 和 70μF。仿真结果如图 4.6 所示，其中图 4.6a 为未滤波的 PWM 线电压波形及其 FFT 分析结果，从中可以看出其主要谐波成分确实是以 8kHz 及其整数倍频率为中心的边带谐波组，这与前面分析的结果一致，并且其基波幅值为 101.7V，总谐波畸变率（Total Harmonic Distortion，THD）为 267.05%。图 4.6b 为滤波后的线电压波形及其 FFT 分析结果，从中可以看出滤波后的电压是比较理想的正弦波，其基波幅值为 92.49V，基波幅值的衰减率仅为 9.1%，THD 下降到 5.09%，由此可见依据本节的方法设计出的 LC 滤波器对于 PWM 电压具有很好的滤波性能。

4.5.2 整体控制方案

根据图 4.1 中给出的 MSC 控制系统结构以及图 4.3 所示的 PW 电压幅值控制环、图 4.4

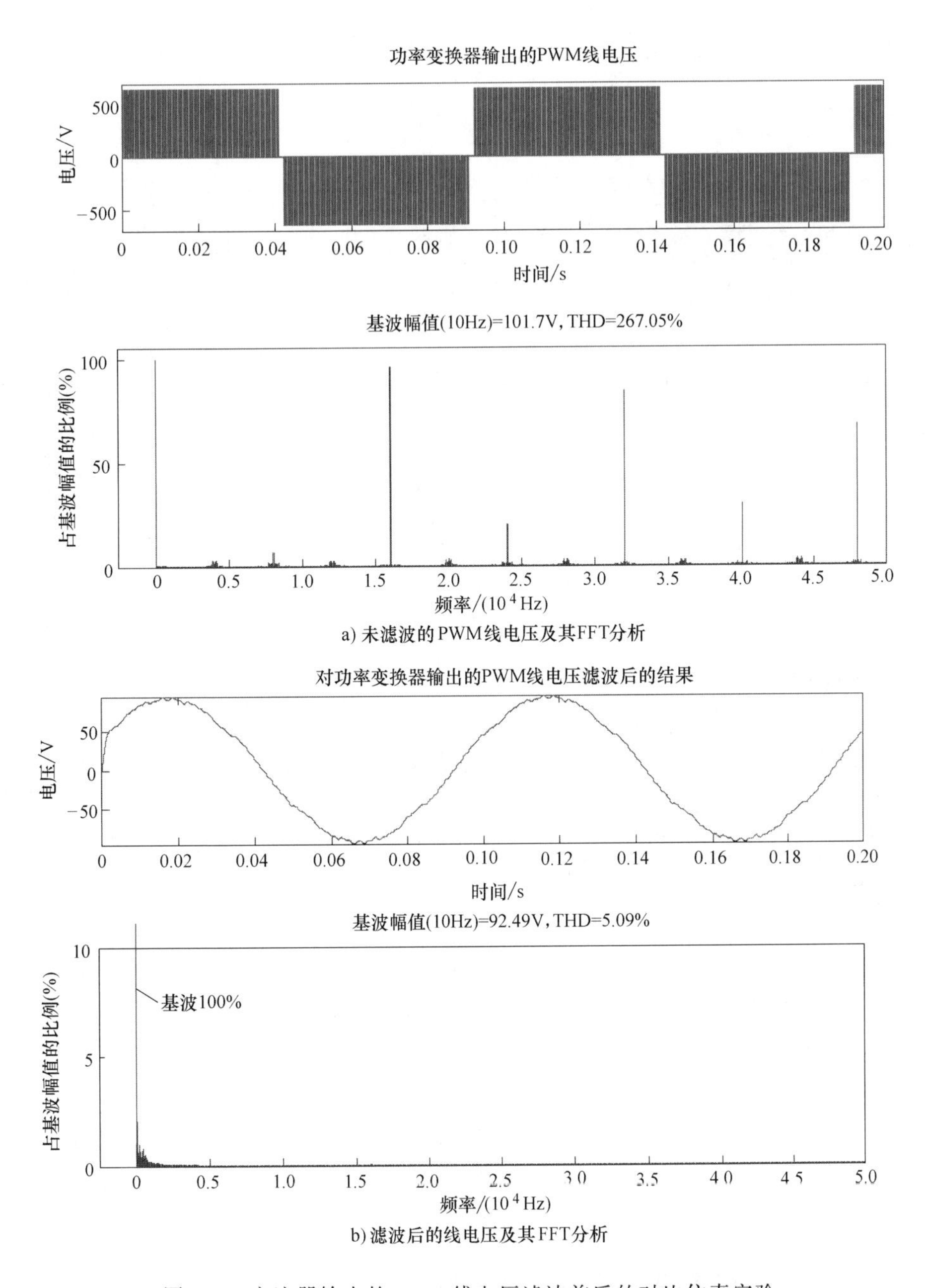

图 4.6　变流器输出的 PWM 线电压滤波前后的对比仿真实验

所示的 PW 电压频率控制环以及图 4.2 所示的 CW 电流矢量解耦控制环，可得如图 4.7 所示的基于 CW 电流定向的 MSC 控制方法[9]。图 4.7 中，PW 电压锁相环采用了文献［10］提出的改进旋转坐标系锁相环（Improved dqPLL，IdqPLL），当交流电压幅值跌落时这种锁相环的响应速度不会受到影响。所提出的 MSC 控制策略中，BDFIG 转速是通过对位置信号进行差分运算得到，然而由于旋转编码器的精度有限以及硬件控制板的控制周期存在抖动，这会使得差分运算的结果中出现大量高频噪声，因此图 4.7 中加入了一个低通滤波器（Low-Pass Filter，LPF）来对差分运算的结果进行滤波。

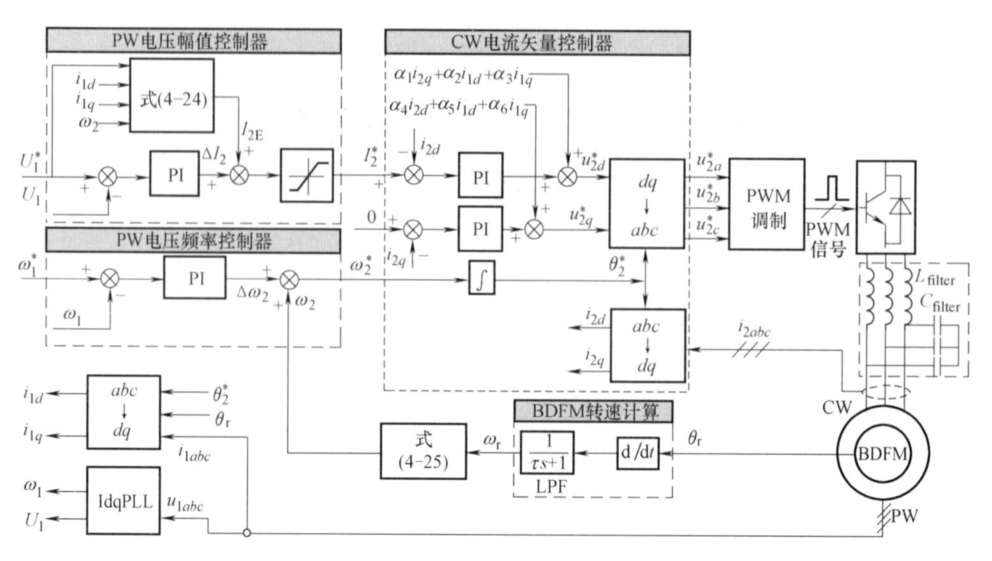

图 4.7　基于 CW 电流定向的 MSC 控制框图

4.6　实验结果

本节所有实验都是在一台容量为 30kVA 的绕线转子 BDFIG 上进行的，实验平台的具体细节见附录中的“实验平台 1”部分。

4.6.1　控制绕组侧 LC 滤波器性能实验

为了验证 CW 侧 LC 滤波器的性能，分别在不带 LC 滤波器和带 LC 滤波器这两种情况下做了发电实验，记录了 CW 线电压、CW 相电流和 PW 线电压的波形，并对 PW 线电压进行了谐波分析，两次实验过程中，发电系统均空载运行，并且 BDFIG 的转速保持在 600r/min，实验结果如图 4.8 所示。从图 4.8 可以看出，CW 侧没有 LC 滤波器时，CW 线电压为 PWM 波，CW 相电流和 PW 线电压均含有大量的谐波；此时 PW 线电压中谐波的频率主要集中在 7.95~40.1kHz，PW 线电压的总谐波畸变率高达 77.5%。当 CW 侧有 LC 滤波器时，CW 线电压波形已经接近正弦，CW 相电流和 PW 线电压中的谐波明显减少，此时 PW 线电压的 THD 降低至 2.83%。

4.6.2　控制绕组电流矢量控制器性能实验

CW 电流矢量控制器是 MSC 控制的最核心环节，为了验证 CW 电流矢量控制器的性能，分别在 BDFIG 处于次同步速和超同步速时进行了仿真和实验测试。

测试 1：在该测试中，BDFIG 处于次同步速运行，转速为 600r/min。在 50ms 处，i_{2d} 的参考值从 0A 阶跃变化为 10A，i_{2q} 的参考值一直保持为 0A，根据式（4-25），ω_2 的给定值为-62.8rad/s。图 4.9a 是仿真和实验测试结果，从图中可以看出仿真和实验结果几乎完全一致。其中，i_{2d} 有 7.53%的超调，上升时间为 6ms，调节时间为 26ms。

测试 2：在该测试中，BDFIG 处于超同步速运行，转速为 1200r/min。i_{2d} 和 i_{2q} 的参考

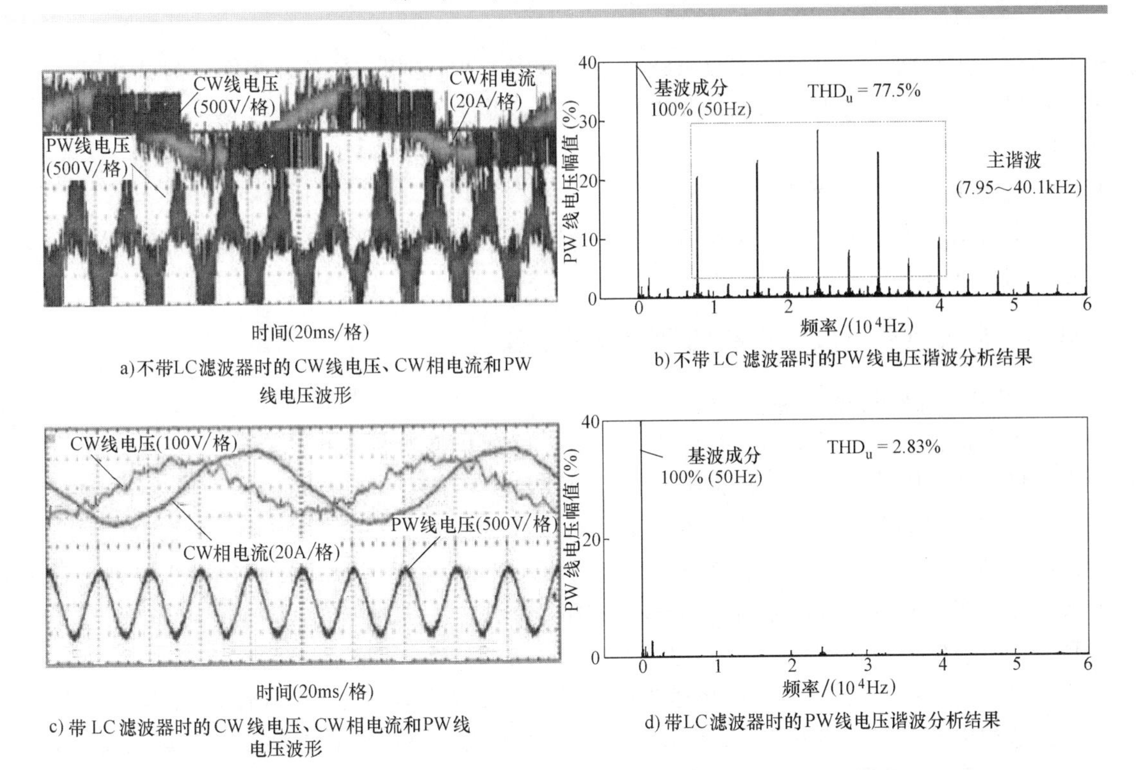

a) 不带LC滤波器时的CW线电压、CW相电流和PW线电压波形

b) 不带LC滤波器时的PW线电压谐波分析结果

c) 带LC滤波器时的CW线电压、CW相电流和PW线电压波形

d) 带LC滤波器时的PW线电压谐波分析结果

图 4.8 CW侧带LC滤波器和不带LC滤波器时的实验波形和PW线电压谐波分析结果对比

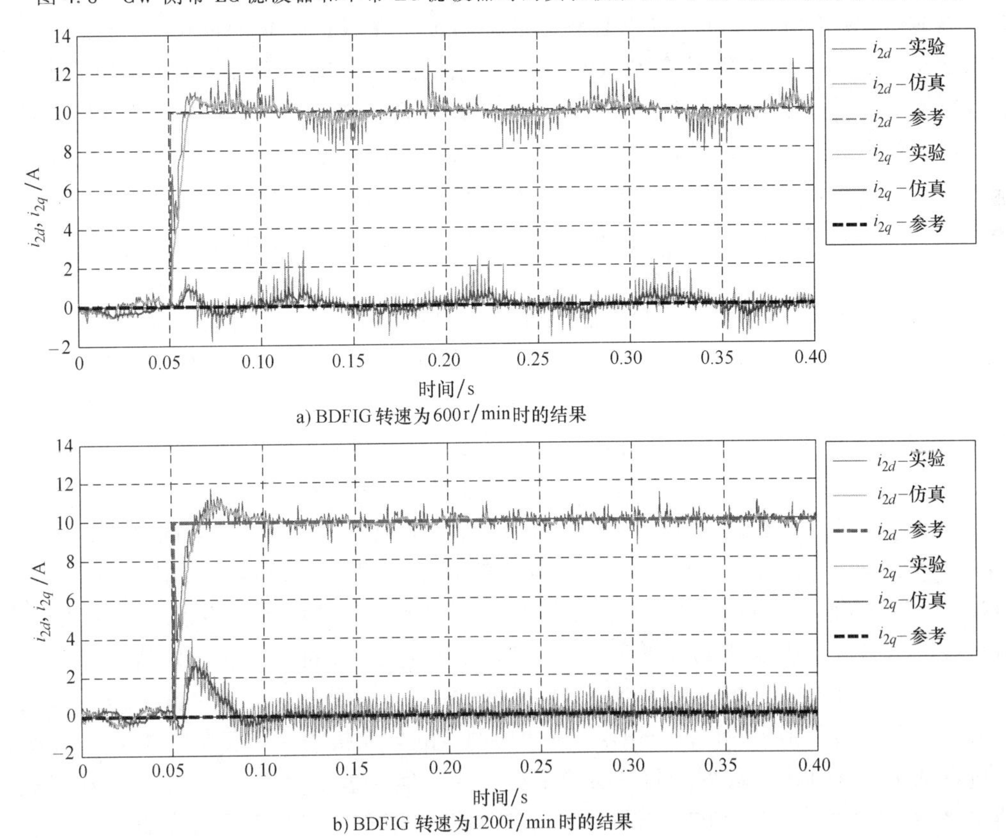

a) BDFIG转速为600r/min时的结果

b) BDFIG转速为1200r/min时的结果

图 4.9 CW电流矢量控制器的仿真和实验结果

值与测试 1 中相同，ω_2 的给定值为 188.4rad/s。图 4.9b 是相应的仿真和实验测试结果，从图中可以看出仿真和实验结果也是几乎完全一致。其中，i_{2d} 的超调量为 8.06%，上升时间为 11.2ms，调节时间为 38ms。此外，在 i_{2q} 上有一个峰值为 3A 的电流波动，随着 i_{2d} 趋于稳定，i_{2q} 也逐渐趋于稳定。

在上述的两个测试中，仿真和结果实验结果的高度一致性证明了本节所提出的 CW 电流矢量控制器的有效性。

4.6.3 常规负载下发电系统的运行控制实验

1. 发电系统变载变速运行实验

为了验证独立发电系统的动态性能，分别在三种典型对称线性负载（即阻性负载、感应电动机负载和阻感性负载）条件下进行了变载和变速实验。

（1）带阻性负载实验。首先在发电系统的负载不变而 BDFIG 转速变化的情况下进行实验。在该实验中，发电系统带有 3.2kW 的阻性负载，发电系统输出线电压（即 PW 电压）有效值和频率的给定参考值分别为 400V、50Hz。BDFIG 的初始转速为 650r/min，通过调节原动机使 BDFIG 转速从 0.5s 开始线性增加，在 1.5s 时达到自然同步转速 750r/min，并继续增加，在 2s 时达到 800r/min。在转速变化过程中，实验结果如图 4.10 所示。图 4.10a 为转速突变过程中的 CW 相电流波形，可以看出随着电机转速升高到自然同步转速点 750r/min，CW 电流的频率逐渐降低至 0Hz，即在自然转速点，MSC 输出的是直流电；转速从 750r/min 继续升高时，CW 电流改变了相序并且频率逐渐增加。在转速升高的过程中，CW 电流的幅值逐渐变小，从 28.9A 下降到约 27.1A，CW 电流幅值的变化趋势与 2.6.2 节的分析结果相吻合。图 4.10b 显示了 CW 电流的 d 轴和 q 轴分量，图 4.10c ~ 图 4.10e 分别是转速变化过程中的 PW 线电压、PW 线电压幅值和频率，可以看出在转速急剧升高的过程中，PW 电压的波形较好，其幅值和频率都能很好地跟踪相应的参考值，PW 电压幅值和频率的稳态误差都不超过±1%。此外，如图 4.10f 所示，通过 LSC 的控制，直流母线电压基本稳定在参考值 650V。

接下来，在发电系统的负载变化而 BDFIG 转速不变的情况下进行实验。在该实验中，BDFIG 转速保持为 600r/min，发电系统输出线电压（即 PW 电压）有效值和频率的给定参考值分别为 400V、50Hz。在大约 1.15s 处，负载功率从 8.0kW 阶跃变化为 3.2kW，实验结果如图 4.11 所示。从图 4.11a ~ b 可以看出，当负载突然减小时，CW 电流幅值迅速降低，从 46.4A 降低至 34.9A，其 d 轴分量有 12% 的超调，q 轴分量有波动，其峰值达到了 3A，经过大约 200ms 变为 0。图 4.11c ~ d 表明在控制系统调节过程中，PW 线电压幅值有大约 8.8% 的超调，调节时间约为 250ms。PW 电压的频率一直比较稳定，如图 4.11e 所示。图 4.11f 给出了发电系统运行过程中的直流母线电压波形，从图中可以看出，当负载变化时，直流母线电压出现了小幅的电压跌落（约 2.5V），经过 30ms 即恢复至设定值。

（2）带电动机负载实验。在该实验中，发电系统输出线电压（即 PW 电压）有效值和频率的给定参考值分别为 380V、50Hz，所使用的负载电动机为一台额定功率为 5.5kW 的三相感应电动机，其具体参数列于附录实验平台 2 中，实验波形如图 4.12 所示。在负载电动机通电之前，BDFIG 转速为 675r/min。在 t_1 时刻，使用Y-△启动器启动负载电动机，此时负载电动机的定子绕组呈Y形联结，其启动电流高达 26.5A，为了维持 PW 电压恒定，CW

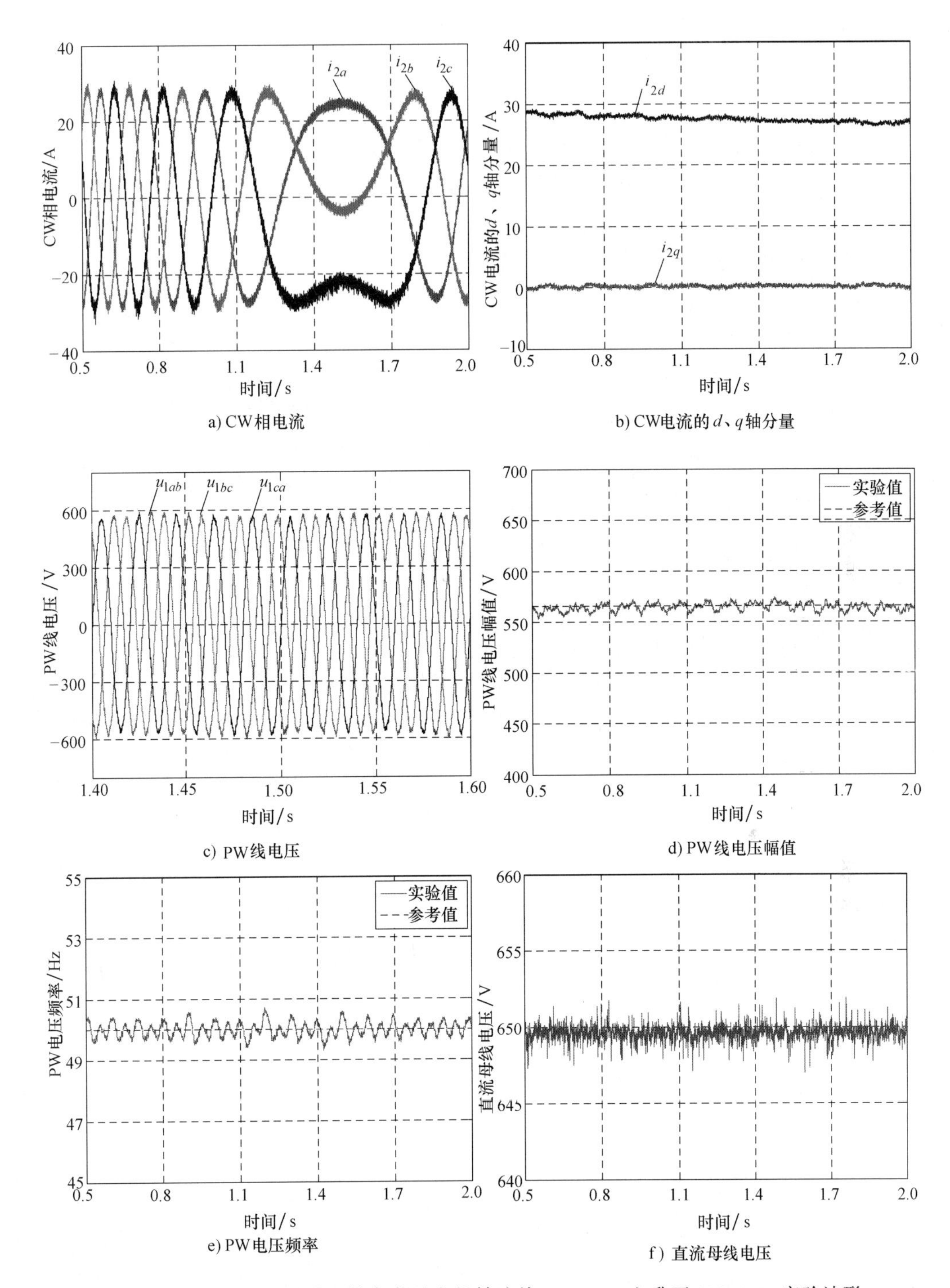

a) CW相电流　　b) CW电流的d、q轴分量

c) PW线电压　　d) PW线电压幅值

e) PW电压频率　　f) 直流母线电压

图 4.10　带 3.2kW 对称阻性负载且电机转速从 650r/min 上升至 800r/min 实验波形

电流幅值迅速增大，待负载电动机的转速稳定后 CW 电流幅值又迅速减小。在 t_2 时刻，Y-△启动器将负载电动机的定子绕组切换为△形联结，整个启动过程结束，负载电动机转速稳定后 CW 电流幅值保持在 35.5A。在 t_1 和 t_2 时刻，由于负载电动机的启动，PW 线电压的有效值和频率不可避免地出现了瞬态波动（有效值的波动在其参考值的−12%~10%范围内，

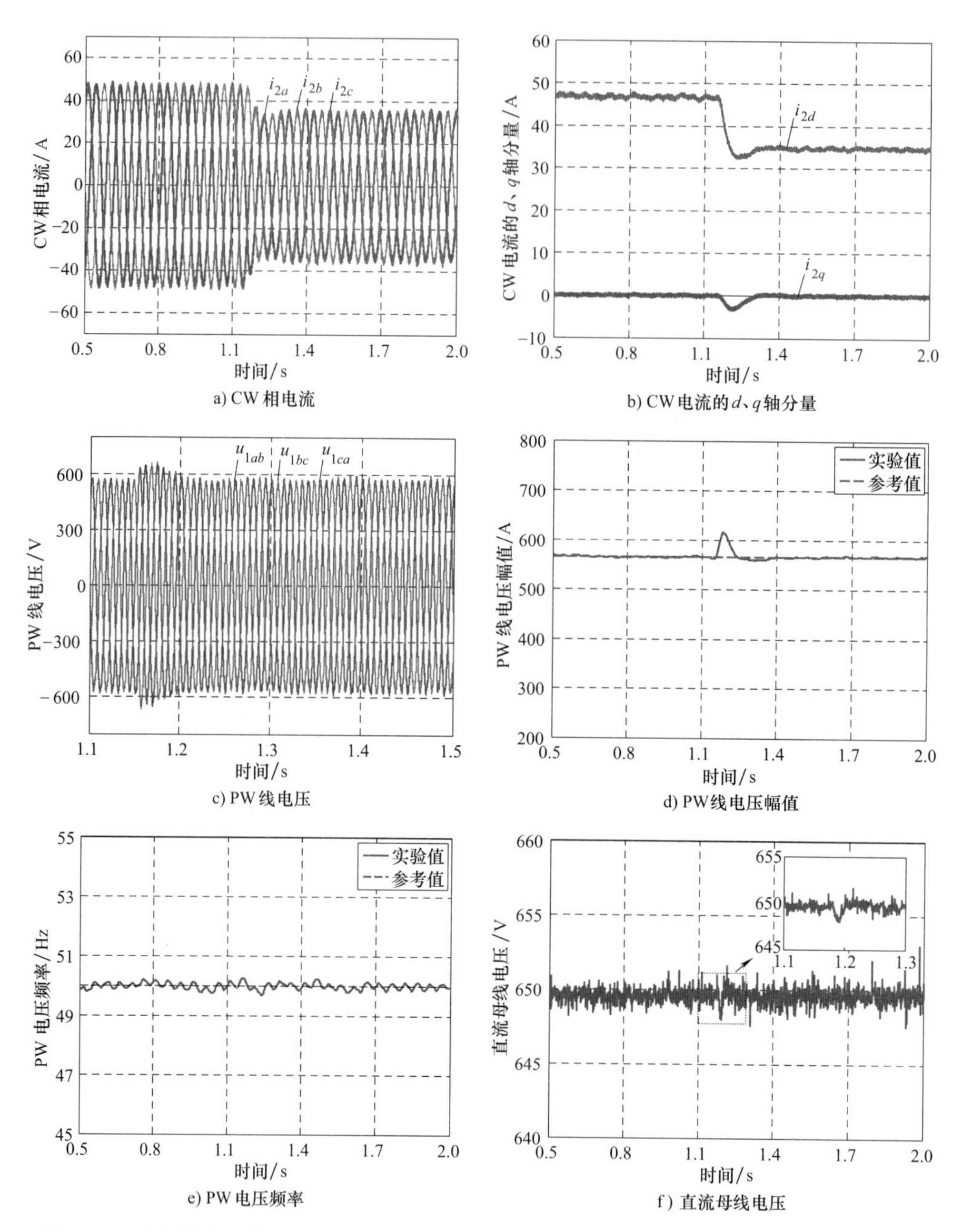

图 4.11　电机转速保持为 600r/min 且对称阻性负载从 8kW 阶跃变化为 3.2kW 的实验波形

频率的波动在其参考值的-3.5%~2%范围内)，然而它们在 5~6 个 PW 电压周期内即可恢复至参考值。从 t_3 到 t_4 时刻，负载电动机的负载转矩从 0 增加到 38N·m（略微超过了负载电动机的额定转矩)。在这个过程中，CW 电流的幅值逐渐上升至 45.6A，PW 线电压的有效值和频率均保持稳定。从 t_5 到 t_6 时刻，BDFIG 转速从 675r/min 上升至 860r/min，即从次同步速过渡到超同步速。从图 4.12a 可以看出，在自然同步点处 CW 电流实现了平滑过渡。此外，如图 4.12f 所示，在 BDFIG 转速快速变化的过程中，PW 线电压的有效值和频率都几乎保持恒定。图 4.12g 是直流母线电压波形，在电动机Y联结启动时，直流母线电压先跌落至

641V，再上升至657V，然后趋于稳定，波动范围仅为其参考值的-1.4%~1.1%，整个调节时间约400ms；紧接着，当电动机切换为△联结启动时，直流母线电压的波动明显减小，调节时间也缩短至约200ms。图4.12g所示的波形表明了LSC具有良好的控制性能。

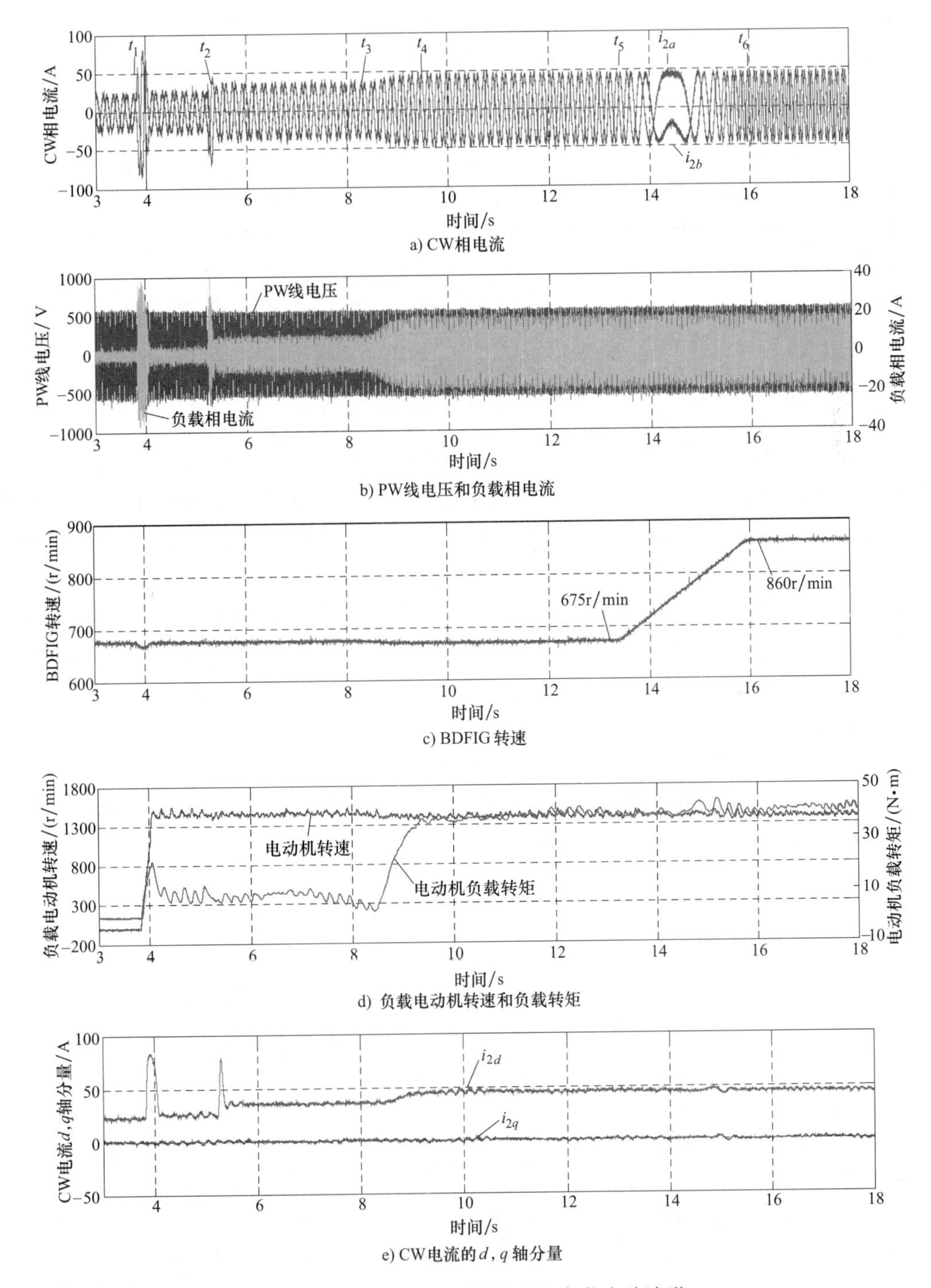

图4.12　带5.5kW感应电动机负载实验波形

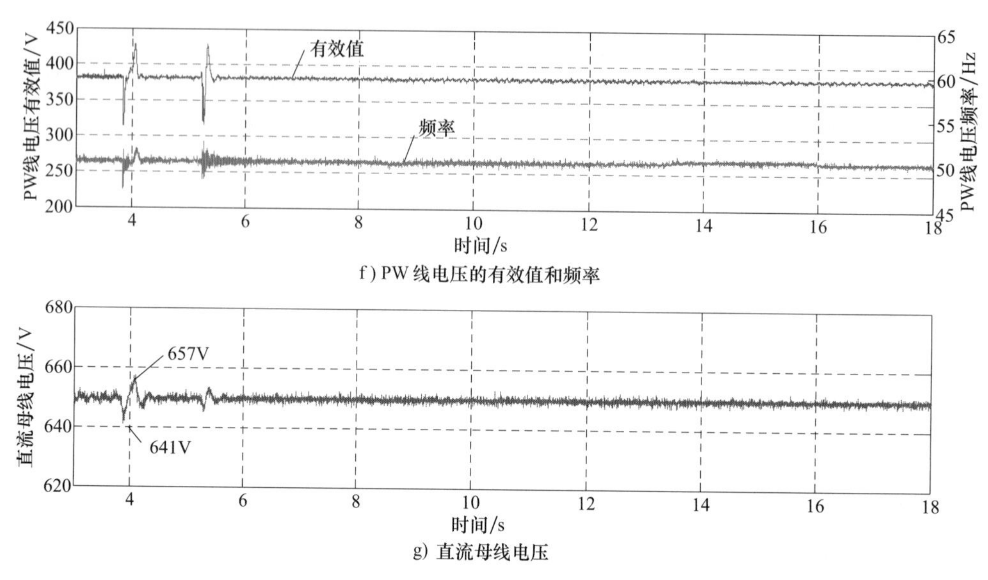

f) PW线电压的有效值和频率

g) 直流母线电压

图 4.12　带 5.5kW 感应电动机负载实验波形（续）

（3）带阻感负载实验。在该实验中，发电系统输出线电压（即 PW 电压）有效值和频率的给定参考值分别为 380V、50Hz，所使用的阻感负载的视在功率为 18kVA，功率因数为 0.7，实验波形如图 4.13 所示。在 t_7 时刻，阻感负载被接入独立发电系统，在控制系统的调节下，CW 相电流幅值迅速升高以使得 PW 线电压保持稳定。CW 电流的 d 轴分量增大至 56.9A，q 轴分量几乎一直保持为 0。相对于实验系统中的原型 BDFIG 来说，本次实验所使用的阻感负载功率较大且功率因数较低，因此 PW 线电压的有效值不可避免跌落至参考值的 86%，PW 电压的频率有一个从 48~52Hz 的暂态波动。然而，从图 4.13c 所示的 PW 线电压和负载相电流在 4.35~4.55s 的局部放大图可以看出，PW 电压能在 2~3 个周期内恢复至参考值。此外，从图 4.13c 还可看出，PW 线电压与负载相电流之间的相位差为 75.3°，这意味着 PW 相电压与负载相电流之间的相位差为 45.3°，这正好与负载的功率因数 0.7 相吻合。从 t_8~t_9 时刻，BDFIG 的转速从 685r/min 呈直线上升至 860r/min，从图 4.13a 可以看出，在这个过程中 CW 相电流也实现了从 BDFIG 的次同步速运行到超同步速运行的平滑过渡。在 BDFIG 转速变化的过程中，PW 线电压的有效值和频率几乎保持恒定。在 t_{10} 时刻，将阻感负载从独立发电系统切除。此时，PW 线电压的有效值和频率都有暂时的升高，但是通过控制系统的调节，它们能在 2~3 个 PW 电压周期内恢复至参考值。图 4.13g 是直流母线电压波形，在突加负载时直流母线电压有一个 4V 的电压跌落，跌落幅度仅为其参考值的 0.6%，整个调节时间约 380ms，由此可见 LSC 具有良好的直流母线电压控制性能。

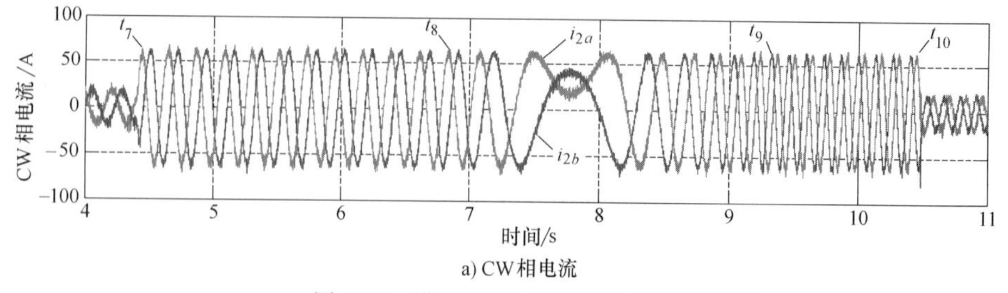

a) CW相电流

图 4.13　带 18kVA 阻感性负载实验波形

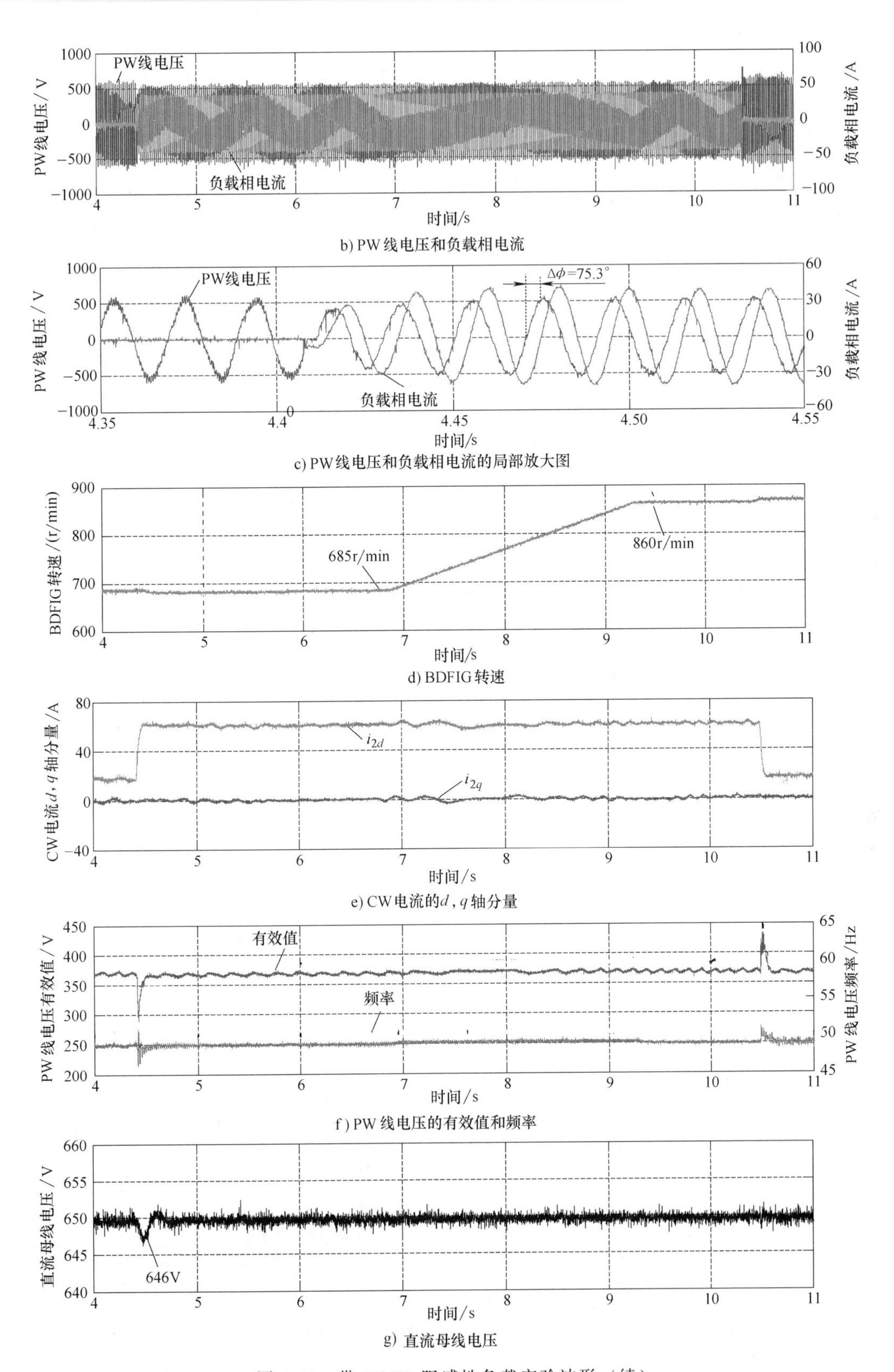

图 4.13　带 18kVA 阻感性负载实验波形（续）

2. 发电系统输出电压谐波分析

输出电压的谐波含量是衡量发电系统性能的一项重要指标。图 4.14 给出了独立发电系统带三种不同的负载（即阻性负载、电动机负载和阻感性负载）时输出线电压的波形及其谐波分析结果。从图 4.14 中可以看出，在三种不同的负载条件下输出线电压中最显著的谐波都是 5 次谐波，且 THD 均较小，分别为 0.56%、0.55%、0.54%，远远低于图 4.8d 所示的发电系统空载时的谐波畸变率。

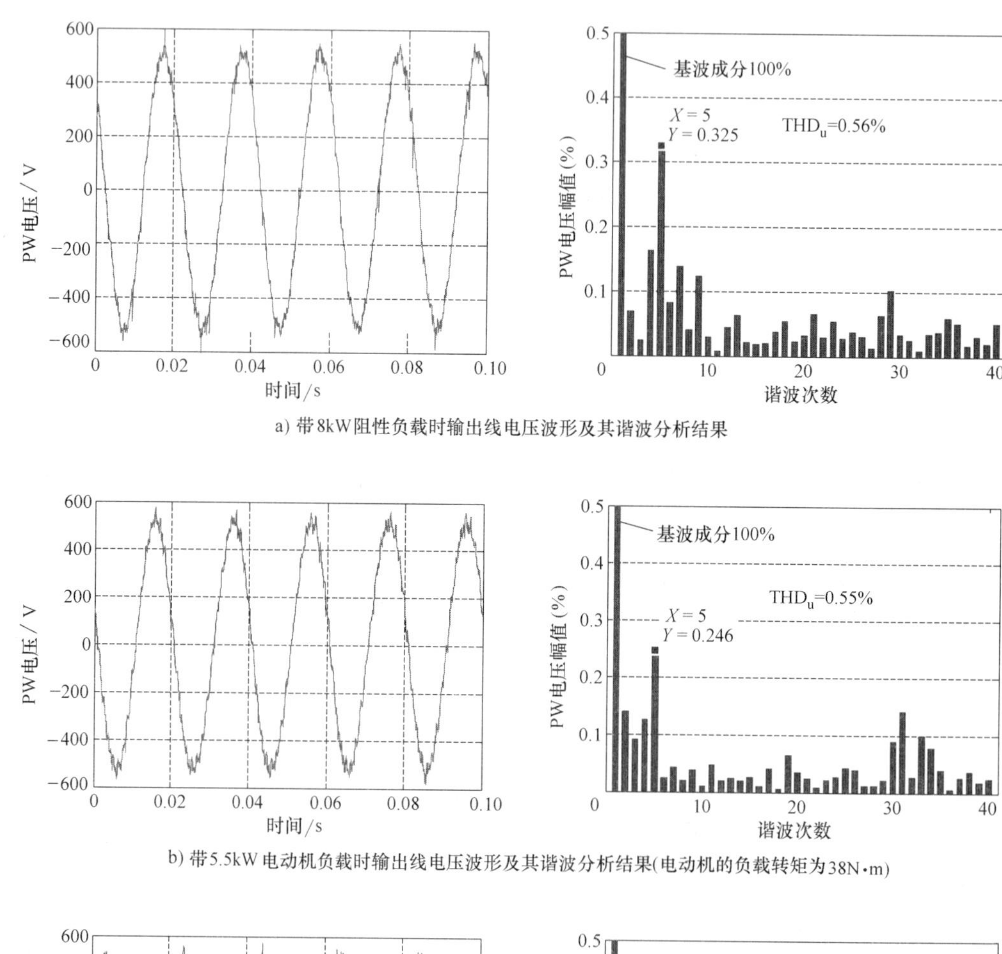

a) 带 8kW 阻性负载时输出线电压波形及其谐波分析结果

b) 带5.5kW 电动机负载时输出线电压波形及其谐波分析结果(电动机的负载转矩为38N·m)

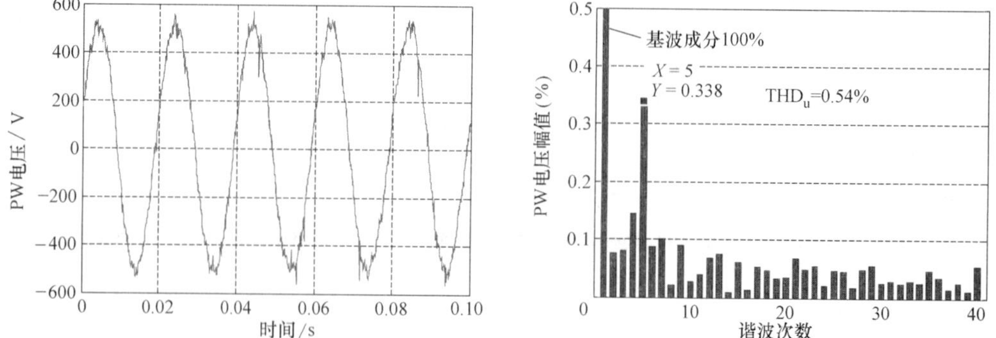

c) 带18kVA阻感性负载时输出线电压波形及其谐波分析结果(阻感负载的功率因数为0.7)

图 4.14　带载时输出线电压波形及其谐波分析

4.7　小结

本章提出了常规负载下 BDFIG 独立发电系统各个控制环节的设计原理，并展示了在一台容量 30kVA 的 BDFIG 上进行实验验证的结果。控制环节的设计工作包括：根据 CW 同步旋转坐标系下的 BDFIG 数学模型首先推导了转子电流与 PW 电流和 CW 电流之间的耦合关系，然后进一步推导了 CW 的 d、q 轴电流与 d、q 轴电压之间的关系，并据此设计了 CW 电流定向矢量解耦控制环；紧接着设计了带前馈补偿的 PW 电压幅值控制环与 PW 电压频率控制环；分析了在 CW 侧添加 LC 滤波器的必要性，并提出了简捷实用的 CW 侧 LC 滤波器参数设计方法；最后提出了完整的基于 CW 电流定向的 MSC 控制方法。在实验验证部分，分别进行了 CW 侧 LC 滤波器性能实验，CW 电流控制器性能实验，以及发电系统在纯阻性负载、感应电动机负载和阻感性负载下的变载变速运行实验，实验结果均验证了控制系统较好的动态和稳态性能。最后对三种负载条件下的输出电压谐波也进行了分析，结果显示了较低的谐波畸变率。

参考文献

[1] SPEE R, BHOWMIK S. Novel control strategies for variable-speed doubly fed wind power generation systems [J]. Renewable Energy, 1995, 6 (8): 907-915.

[2] XU L, TANG Y. A novel wind-power generating system using field orientation controlled doubly-excited brushless reluctance machine [C]. IEEE Industry Applications Society Annual Meeting, Houston, 1992: 408-413.

[3] 刘其辉. 变速恒频风力发电系统运行与控制研究 [D]. 杭州：浙江大学，2005.

[4] VALENCIAGA F, PULESTON P F. Variable structure control of a wind energy conversion system based on a brushless doubly fed reluctance generator [J]. IEEE Transactions on Energy Conversion, 2007, 22 (2): 499-506.

[5] SHAO S, ABDI E, BARATI F, et al. Vector control of the brushless doubly-fed machine for wind power generation [C]. IEEE International Conference on Sustainable Energy Technologies, 2008: 322-327.

[6] SHAO S, ABDI E, BARATI F, et al. Stator-flux-oriented vector control for brushless doubly-fed induction generator [J]. IEEE Transactions on Industrial Electronics, 2009, 56 (10): 4220-4228.

[7] HOLMES D G, LIPO T A. Pulse width modulation for power converters: principles and practice [M]. 1st ed. New Jersey: Wiley-IEEE Press, 2003.

[8] STEIMER P K, STEINKE J K. A reliable, interface-friendly medium voltage drive based on the robust IGCT and DTC technologies [C]. 34th IEEE IAS Annual Meeting, Phoenix, 1999: 1505-1512.

[9] LIU Y, AI W, CHEN B, et al. Control design and experimental verification of the brushless doubly-fed machine for stand-alone power generation applications [J]. IET Electric Power Applications, 2016, 10 (1): 25-35.

[10] LIU Y, XU W, BLAABJERG F. An improved synchronous reference frame phase-locked loop for stand-alone variable speed constant frequency power generation systems [C]. 2017 International Conference on Electrical Machines and Systems (ICEMS), 2017: 1-5.

第5章 特殊负载下无刷双馈感应电机独立发电系统运行控制

5.1 引言

本章首先介绍特殊负载对 BDFIG 独立发电系统的影响，这些特殊负载引起的不平衡和畸变电压会影响到系统的运行性能和效率，降低连接到发电系统的其他正常负载的运行性能；然后针对不对称负载条件，提出了基于正反转同步旋转坐标系的负序电压补偿方法；随后针对非线性负载条件，提出了基于不同变流器的四种低次谐波抑制方法：基于 MSC 的谐波抑制、基于 LSC 的谐波抑制、考虑变流器额定电压的协同抑制、统一双变流器协同抑制。每一小节都给出了控制方案的详细实验结果，以验证控制方案的有效性。

5.2 特殊负载对独立发电系统的影响

BDFIG 独立发电系统的运行控制已经在第 4 章详尽阐述了，其对应的系统工况为常规负载条件下。但是在实际系统中，除了理想的三相对称负载外，还包含非线性负载以及不对称负载等特殊负载[1,2]。这些特殊负载的接入会影响到 BDFIG 独立发电系统的运行性能，导致发电电压畸变，降低连接到发电系统的其他正常负载的运行性能。因此，研究特殊负载下 BDFIG 独立发电系统的运行控制是非常具有实用价值和意义的[3,4]。为此，本节首先分析 BDFIG 独立发电系统中特殊负载的存在形式以及对系统的影响。

不对称负载在实际发电系统中是广泛存在的，难以避免的。如图 5.1 所示，以船舶发电系统为例，实际的船舶系统用电负载包括三相负载和单相负载。为了从总体上平衡三相发电系统的三相负载，单相负载会按照功率平均分配的原则均衡地分布在 U、V、W 三相中。理论上来说，单相负载进行了功率均衡分布就不会对发电系统产生不良影响。但实际使用过程中，由于无法保证均衡分布的单相负载工作的同步性，整个船舶的整体用电负载仍可能呈现为三相不对称状态。另外，由于制造工艺等问题，PW 的三相内阻抗也有可能会出现不对称现象，此时即使没有不对称负载存在，发电系统也仍然会呈现出与负载不对称类似的后果。

不对称负载的接入会使 BDFIG 独立发电系统的输出电压三相不对称。如图 5.2 所示，假设气隙磁场在 BDFIG 的 PW 感应产生三相对称的空载电动势，而不对称负载的存在必然引起不对称负载电流的出现。根据基尔霍夫电压定律，不对称负载电流流经内阻抗所产生的不对称压降将使电机的 PW 端的三相电压出现不对称现象[5]。

随着功率半导体的普及，各种电力电子设备被广泛应用在负载侧。一方面各种类型的电

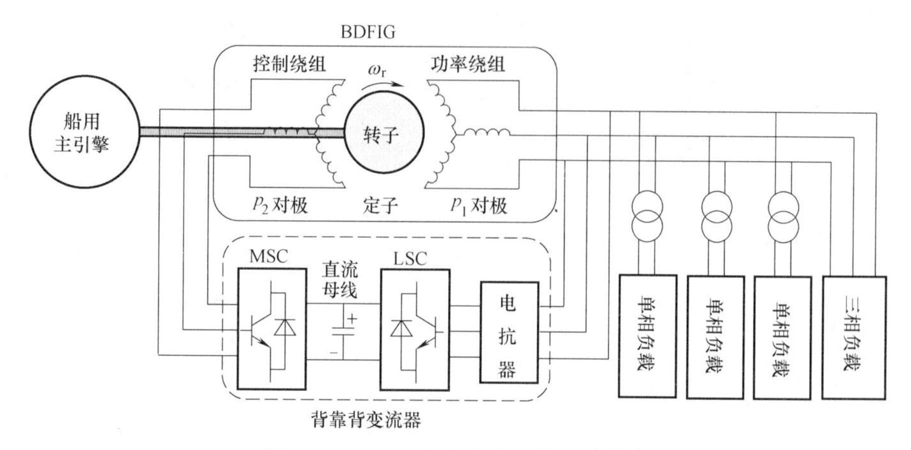

图 5.1　BDFIG 独立发电系统基本结构

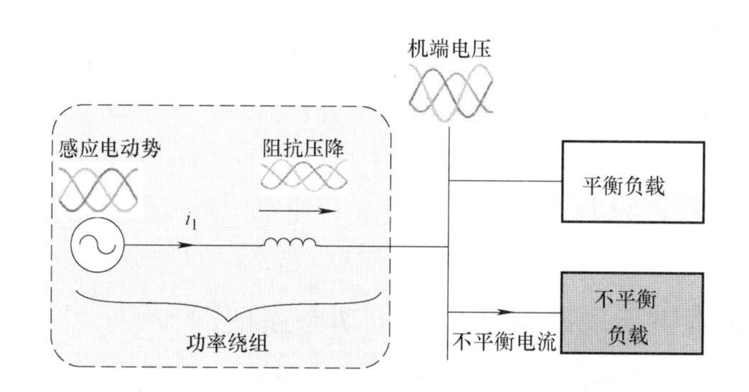

图 5.2　不对称负载下 BDFIG 独立发电系统

力电子设备为电能的转换和使用提供了方便；另一方面，电力电子设备的出现也给发电系统维持高质量发电电压带来挑战。以交、直流转换中被广泛使用到的整流设备（二极管整流桥、六脉波晶闸管等）为例，它们凭借着简单的电力电子器件（不控、半控器件）以及控制方案经常出现在交流发电系统负载侧。这些设备在负载侧表现为非线性负载特性，会导致发电系统的公共耦合点处电压出现畸变。带有非线性负载的无刷双馈感应发电系统如图 5.3 所示，由于这些负载的非线性特性，发电系统会产生非线性负载电流。非线性负载电流的谐波谱分析表明除了基波电流成分，还含有大量的奇数次谐波成分，其谐波频率为基波频率的 $6n\pm1$ 倍。类似地，假设气隙磁场在无刷感应电机的 PW 感应产生三相正弦的空载电动势，这些非线性负载电流会在内阻抗产生谐波电压降。根据基尔霍夫电压定律，最后公共耦合点处的电压为空载电动势和电压降落之差，因此公共耦合点处电压包含谐波成分，对外表现为畸变波形。

非线性负载所导致公共耦合点处的畸变电压主要有两方面危害：对于连接在公共耦合点处其他负载而言，电压质量下降，其中的谐波电压成分会导致谐波电流的存在，从而引入了额外的谐波功率消耗；而且，畸变的发电电压会降低其他负载的运行性能，甚至有可能损害用电设备。另一方面，从无刷双馈感应发电系统出发，额外的谐波成分会导致发电机出现额外的谐波功率损耗，降低发电系统的效率。而且畸变电压导致无刷双馈电机转矩不再恒定，表现为叠加了谐波转矩分量的波动转矩。毫无疑问，波动转矩会加重转轴的机械应力从而损

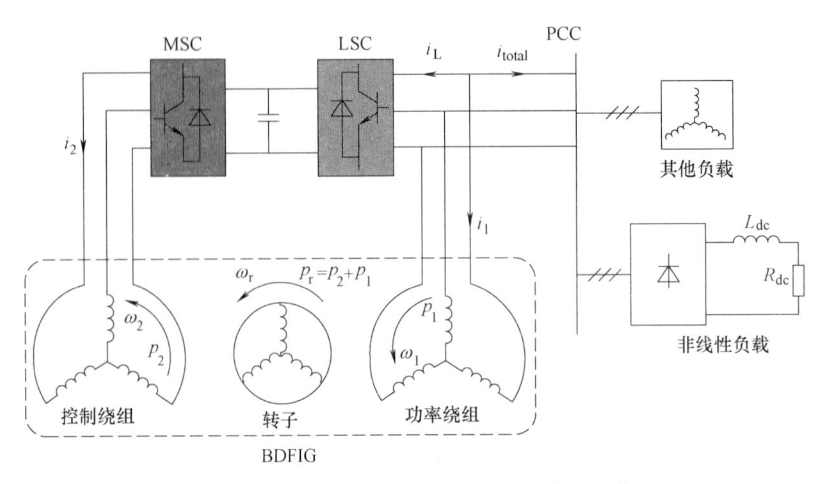

图 5.3　非线性负载下 BDFIG 独立发电系统

害转轴的寿命，长期的波动转矩甚至会导致连接转轴出现断裂。因此，非线性负载下 BDFIG 独立发电系统的低次谐波抑制方法具有很高的研究价值。

5.3　不对称负载下负序电压补偿

5.3.1　不对称负载下无刷双馈感应电机动态模型[6]

在不对称负载条件下，BDFIG 的 PW 中会出现不对称三相电流，不对称三相电流在 PW 的各相内阻抗上产生不同的压降，进而使得发电系统的输出电压（即 PW 电压）出现不对称，不对称的 PW 电压和电流通过转子的磁耦合作用会使得 CW 电流产生畸变。由瞬时对称分量法可知，一组不对称的三相电压、电流或磁链都可以分解为三相对称的正序分量、负序分量及零序分量之和。考虑到实际应用中 BDFIG 独立发电系统与负载相连时均采用三相三线制，这使得系统中无零序分量通路，因此在后续的建模过程中忽略了零序分量。

定义 s 为微分算子，且令式（2-47）~式（2-52）中的 $\omega=0$，则可得不对称负载条件下两相静止 $\alpha\beta$ 坐标系中 BDFIG 的动态模型为[20]

$$\begin{cases} u_{1\alpha}=R_1 i_{1\alpha}+s\psi_{1\alpha} \\ u_{1\beta}=R_1 i_{1\beta}+s\psi_{1\beta} \end{cases} \tag{5-1}$$

$$\begin{cases} \psi_{1\alpha}=L_1 i_{1\alpha}+L_{1r} i_{r\alpha} \\ \psi_{1\beta}=L_1 i_{1\beta}+L_{1r} i_{r\beta} \end{cases} \tag{5-2}$$

$$\begin{cases} u_{2\alpha}=R_2 i_{2\alpha}+s\psi_{2\alpha}+(p_1+p_2)\omega_r\psi_{2\alpha} \\ u_{2\beta}=R_2 i_{2\beta}+s\psi_{2\beta}-(p_1+p_2)\omega_r\psi_{2\beta} \end{cases} \tag{5-3}$$

$$\begin{cases} \psi_{2\alpha}=L_2 i_{2\alpha}+L_{2r} i_{r\alpha} \\ \psi_{2\beta}=L_2 i_{2\beta}+L_{2r} i_{r\beta} \end{cases} \tag{5-4}$$

$$\begin{cases} u_{r\alpha}=R_r i_{r\alpha}+s\psi_{r\alpha}+p_1\omega_r\psi_{r\alpha} \\ u_{r\beta}=R_r i_{r\beta}+s\psi_{r\beta}-p_1\omega_r\psi_{r\beta} \end{cases} \tag{5-5}$$

$$\begin{cases}\psi_{\mathrm{r}\alpha}=L_{\mathrm{r}}i_{\mathrm{r}\alpha}+L_{1\mathrm{r}}i_{1\alpha}+L_{2\mathrm{r}}i_{2\beta}\\ \psi_{\mathrm{r}\beta}=L_{\mathrm{r}}i_{\mathrm{r}\beta}+L_{1\mathrm{r}}i_{1\beta}+L_{2\mathrm{r}}i_{2\beta}\end{cases}\tag{5-6}$$

式（5-1）~式（5-6）中，$u_{x\alpha}=u_{x\alpha+}+u_{x\alpha-}$，$u_{x\beta}=u_{x\beta+}+u_{x\beta-}$，$i_{x\alpha}=i_{x\alpha+}+i_{x\alpha-}$，$i_{x\beta}=i_{x\beta+}+i_{x\beta-}$，$\psi_{x\alpha}=\psi_{x\alpha+}+\psi_{x\alpha-}$，$\psi_{x\beta}=\psi_{x\beta+}+\psi_{x\beta-}$，其中 x 为 1、2 或 r，1、2 和 r 分别代表 PW、CW 和转子，下标“+”和“-”分别表示正序分量和负序分量。

对两相静止 $\alpha\beta$ 坐标系中 PW、CW 和转子的电压、电流和磁链的正序和负序空间矢量分别作如下定义：

$$\begin{cases}\boldsymbol{U}_{x\alpha\beta+}=u_{x\alpha+}+\mathrm{j}u_{x\beta+}\\ \boldsymbol{U}_{x\alpha\beta-}=u_{x\alpha-}+\mathrm{j}u_{x\beta-}\end{cases}\tag{5-7}$$

$$\begin{cases}\boldsymbol{I}_{x\alpha\beta+}=i_{x\alpha+}+\mathrm{j}i_{x\beta+}\\ \boldsymbol{I}_{x\alpha\beta-}=i_{x\alpha-}+\mathrm{j}i_{x\beta-}\end{cases}\tag{5-8}$$

$$\begin{cases}\boldsymbol{\psi}_{x\alpha\beta+}=\psi_{x\alpha+}+\mathrm{j}\psi_{x\beta+}\\ \boldsymbol{\psi}_{x\alpha\beta-}=\psi_{x\alpha-}+\mathrm{j}\psi_{x\beta-}\end{cases}\tag{5-9}$$

式（5-7）~式（5-9）中，x 为 1、2 或 r。

根据前面给出的 $u_{x\alpha}$、$u_{x\beta}$、$i_{x\alpha}$、$i_{x\beta}$、$\psi_{x\alpha}$ 和 $\psi_{x\beta}$（x 为 1、2 或 r）的表达式以及式（5-7）~式（5-9）给出的两相静止 $\alpha\beta$ 坐标系中 PW、CW 和转子的电压、电流和磁链的正序和负序空间矢量，可以得出如下关系：

$$\boldsymbol{U}_{x\alpha\beta}=u_{x\alpha}+\mathrm{j}u_{x\beta}=\boldsymbol{U}_{x\alpha\beta+}+\boldsymbol{U}_{x\alpha\beta-}\tag{5-10}$$

$$\boldsymbol{I}_{x\alpha\beta}=i_{x\alpha}+\mathrm{j}i_{x\beta}=\boldsymbol{I}_{x\alpha\beta+}+\boldsymbol{I}_{x\alpha\beta-}\tag{5-11}$$

$$\boldsymbol{\psi}_{x\alpha\beta}=\psi_{x\alpha}+\mathrm{j}\psi_{x\beta}=\boldsymbol{\psi}_{x\alpha\beta+}+\boldsymbol{\psi}_{x\alpha\beta-}\tag{5-12}$$

式（5-10）~式（5-12）中，x 为 1、2 或 r。

根据式（5-10）~式（5-12），式（5-1）~式（5-6）可以简化为如下形式：

$$\begin{cases}\boldsymbol{U}_{1\alpha\beta}=R_1\boldsymbol{I}_{1\alpha\beta}+s\boldsymbol{\psi}_{1\alpha\beta}\\ \boldsymbol{\psi}_{1\alpha\beta}=L_1\boldsymbol{I}_{1\alpha\beta}+L_{1\mathrm{r}}\boldsymbol{I}_{\mathrm{r}\alpha\beta}\end{cases}\tag{5-13}$$

$$\begin{cases}\boldsymbol{U}_{2\alpha\beta}=R_2\boldsymbol{I}_{2\alpha\beta}+s\boldsymbol{\psi}_{2\alpha\beta}-\mathrm{j}(p_1+p_2)\omega_{\mathrm{r}}\boldsymbol{\psi}_{2\alpha\beta}\\ \boldsymbol{\psi}_{2\alpha\beta}=L_2\boldsymbol{I}_{2\alpha\beta}+L_{2\mathrm{r}}\boldsymbol{I}_{\mathrm{r}\alpha\beta}\end{cases}\tag{5-14}$$

$$\begin{cases}\boldsymbol{U}_{\mathrm{r}\alpha\beta}=R_{\mathrm{r}}\boldsymbol{I}_{\mathrm{r}\alpha\beta}+s\boldsymbol{\psi}_{\mathrm{r}\alpha\beta}-\mathrm{j}p_1\omega_{\mathrm{r}}\boldsymbol{\psi}_{\mathrm{r}\alpha\beta}\\ \boldsymbol{\psi}_{\mathrm{r}\alpha\beta}=L_{\mathrm{r}}\boldsymbol{I}_{\mathrm{r}\alpha\beta}+L_{1\mathrm{r}}\boldsymbol{I}_{1\alpha\beta}+L_{2\mathrm{r}}\boldsymbol{I}_{2\alpha\beta}\end{cases}\tag{5-15}$$

根据式（2-6）可知，要产生正序的 PW 电压，则相应的 CW 电流频率 ω_2^+ 为

$$\omega_2^+=\omega_{\mathrm{r}}(p_1+p_2)-\omega_1\tag{5-16}$$

而要产生负序的 PW 电压，则相应的 CW 电流频率 ω_2^- 为

$$\omega_2^-=\omega_{\mathrm{r}}(p_1+p_2)+\omega_1\tag{5-17}$$

对式（5-16）与式（5-17）两端进行积分可得

$$\theta_2^+=(p_1+p_2)\theta_r-\theta_1 \tag{5-18}$$

$$\theta_2^-=(p_1+p_2)\theta_r+\theta_1 \tag{5-19}$$

由式（5-18）与式（5-19）可知

$$\theta_2^-=\theta_2^++2\theta_1 \tag{5-20}$$

于是可定义两个旋转坐标系如图 5.4 所示，其中一个以 ω_2^+ 角速度旋转，称为正序坐标系，其两个坐标轴分别以 d^+、q^+表示；另一个以 ω_2^- 角速度旋转，称为负序坐标系，其两个坐标轴分别以 d^-、q^-表示。

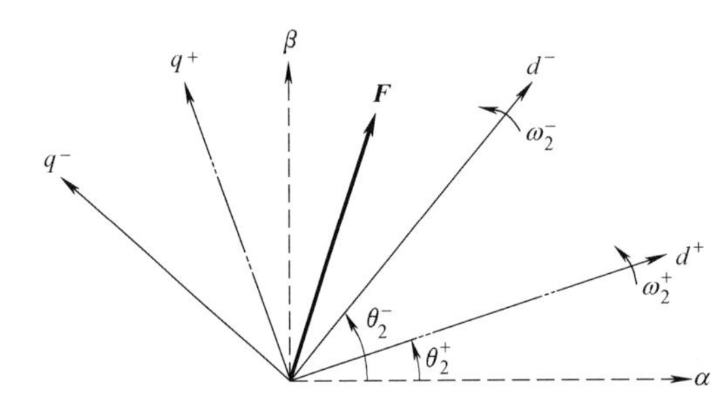

图 5.4　两相静止 $\alpha\beta$ 坐标系与正、负序坐标系 dq^+、dq^-之间的空间位置关系

根据如图 5.4 所示的两相静止 $\alpha\beta$ 坐标系与正、负序坐标系 dq^+、dq^-之间的空间位置关系以及欧拉公式（$e^{j\gamma}=\cos\gamma+j\sin\gamma$）可得

$$\boldsymbol{F}_{\alpha\beta}=\boldsymbol{F}_{dq}^{+}\mathbf{e}^{j\theta_2^+},\quad \boldsymbol{F}_{\alpha\beta}=\boldsymbol{F}_{dq}^{-}\mathbf{e}^{j\theta_2^-} \tag{5-21}$$

式（5-21）中，$\boldsymbol{F}$ 代表 PW、CW 和转子的电压、电流和磁链矢量，上标中的“+”和“−”分别代表该变量为正序坐标系和负序坐标系中的变量。

根据式（5-10）~式（5-12）以及式（5-21），可将两相静止 $\alpha\beta$ 坐标系中的 PW、CW 和转子的电压、电流和磁链矢量用正、负序坐标系中的相应正、负序分量表示如下：

$$\boldsymbol{U}_{1\alpha\beta}=\boldsymbol{U}_{1dq+}^{+}e^{j\theta_2^+}+\boldsymbol{U}_{1dq-}^{-}e^{j\theta_2^-},\boldsymbol{U}_{2\alpha\beta}=\boldsymbol{U}_{2dq+}^{+}e^{j\theta_2^+}+\boldsymbol{U}_{2dq-}^{-}e^{j\theta_2^-},\boldsymbol{U}_{r\alpha\beta}=\boldsymbol{U}_{rdq+}^{+}e^{j\theta_2^+}+\boldsymbol{U}_{rdq-}^{-}e^{j\theta_2^-} \tag{5-22}$$

$$\boldsymbol{I}_{1\alpha\beta}=\boldsymbol{I}_{1dq+}^{+}e^{j\theta_2^+}+\boldsymbol{I}_{1dq-}^{-}e^{j\theta_2^-},\boldsymbol{I}_{2\alpha\beta}=\boldsymbol{I}_{2dq+}^{+}e^{j\theta_2^+}+\boldsymbol{I}_{2dq-}^{-}e^{j\theta_2^-},\boldsymbol{I}_{r\alpha\beta}=\boldsymbol{I}_{rdq+}^{+}e^{j\theta_2^+}+\boldsymbol{I}_{rdq-}^{-}e^{j\theta_2^-} \tag{5-23}$$

$$\boldsymbol{\psi}_{1\alpha\beta}=\boldsymbol{\psi}_{1dq+}^{+}e^{j\theta_2^+}+\boldsymbol{\psi}_{1dq-}^{-}e^{j\theta_2^-},\boldsymbol{\psi}_{2\alpha\beta}=\boldsymbol{\psi}_{2dq+}^{+}e^{j\theta_2^+}+\boldsymbol{\psi}_{2dq-}^{-}e^{j\theta_2^-},\boldsymbol{\psi}_{r\alpha\beta}=\boldsymbol{\psi}_{rdq+}^{+}e^{j\theta_2^+}+\boldsymbol{\psi}_{rdq-}^{-}e^{j\theta_2^-} \tag{5-24}$$

式（5-22）~式（5-24）中，$\boldsymbol{U}_{1dq+}^{+}=u_{1d+}^{+}+ju_{1q+}^{+}$，$\boldsymbol{U}_{1dq-}^{-}=u_{1d-}^{-}+ju_{1q-}^{-}$，$\boldsymbol{U}_{2dq+}^{+}=u_{2d+}^{+}+ju_{2q+}^{+}$，$\boldsymbol{U}_{2dq-}^{-}=u_{2d-}^{-}+ju_{2q-}^{-}$，$\boldsymbol{U}_{rdq+}^{+}=u_{rd+}^{+}+ju_{rq+}^{+}$，$\boldsymbol{U}_{rdq-}^{-}=u_{rd-}^{-}+ju_{rq-}^{-}$，$\boldsymbol{I}_{1dq+}^{+}=i_{1d+}^{+}+ji_{1q+}^{+}$，$\boldsymbol{I}_{1dq-}^{-}=i_{1d-}^{-}+ji_{1q-}^{-}$，$\boldsymbol{I}_{2dq+}^{+}=i_{2d+}^{+}+ji_{2q+}^{+}$，$\boldsymbol{I}_{2dq-}^{-}=i_{2d-}^{-}+ji_{2q-}^{-}$，$\boldsymbol{I}_{rdq+}^{+}=i_{rd+}^{+}+ji_{rq+}^{+}$，$\boldsymbol{I}_{rdq-}^{-}=i_{rd-}^{-}+ji_{rq-}^{-}$，$\boldsymbol{\psi}_{1dq+}^{+}=\psi_{1d+}^{+}+j\psi_{1q+}^{+}$，$\boldsymbol{\psi}_{1dq-}^{-}=\psi_{1d-}^{-}+j\psi_{1q-}^{-}$，$\boldsymbol{\psi}_{2dq+}^{+}=\psi_{2d+}^{+}+j\psi_{2q+}^{+}$，$\boldsymbol{\psi}_{2dq-}^{-}=\psi_{2d-}^{-}+j\psi_{2q-}^{-}$，$\boldsymbol{\psi}_{rdq+}^{+}=\psi_{rd+}^{+}+j\psi_{rq+}^{+}$，$\boldsymbol{\psi}_{rdq-}^{-}=\psi_{rd-}^{-}+j\psi_{rq-}^{-}$，其中电压、电流和磁链变量的上标中的“+”和“−”分别代表该变量为正序坐标系和负序坐标系中的变量，下标中的“+”和“−”分别代表该变量为正序分量和负序分量。

将式（5-22）~式（5-24）代入式（5-13）~式（5-15），经过整理可得正、负序坐标系中不对称负载条件下 BDFIG 的动态模型为

$$\begin{cases}\boldsymbol{U}_{1dq+}^{+}=R_1\boldsymbol{I}_{1dq+}^{+}+s\boldsymbol{\psi}_{1dq+}^{+}+\mathrm{j}\omega_2^{+}\boldsymbol{\psi}_{1dq+}^{+}\\ \boldsymbol{\psi}_{1dq+}^{+}=L_1\boldsymbol{I}_{1dq+}^{+}+L_{1\mathrm{r}}\boldsymbol{I}_{\mathrm{r}dq+}^{+}\\ \boldsymbol{U}_{2dq+}^{+}=R_2\boldsymbol{I}_{2dq+}^{+}+s\boldsymbol{\psi}_{2dq+}^{+}+\mathrm{j}[\omega_2^{+}-(p_1+p_2)\omega_\mathrm{r}]\boldsymbol{\psi}_{1dq+}^{+}\\ \boldsymbol{\psi}_{2dq+}^{+}=L_2\boldsymbol{I}_{2dq+}^{+}+L_{2\mathrm{r}}\boldsymbol{I}_{\mathrm{r}dq+}^{+}\\ \boldsymbol{U}_{\mathrm{r}dq+}^{+}=R_\mathrm{r}\boldsymbol{I}_{\mathrm{r}dq+}^{+}+s\boldsymbol{\psi}_{\mathrm{r}dq+}^{+}+\mathrm{j}(\omega_2^{+}-p_1\omega_\mathrm{r})\boldsymbol{\psi}_{1dq+}^{+}\\ \boldsymbol{\psi}_{\mathrm{r}dq+}^{+}=L_\mathrm{r}\boldsymbol{I}_{\mathrm{r}dq+}^{+}+L_{1\mathrm{r}}\boldsymbol{I}_{1dq+}^{+}+L_{2\mathrm{r}}\boldsymbol{I}_{2dq+}^{+}\end{cases}\tag{5-25}$$

$$\begin{cases}\boldsymbol{U}_{1dq-}^{-}=R_1\boldsymbol{I}_{1dq-}^{-}+s\boldsymbol{\psi}_{1dq-}^{-}+\mathrm{j}\omega_2^{-}\boldsymbol{\psi}_{1dq-}^{-}\\ \boldsymbol{\psi}_{1dq-}^{-}=L_1\boldsymbol{I}_{1dq-}^{-}+L_{1\mathrm{r}}\boldsymbol{I}_{\mathrm{r}dq-}^{-}\\ \boldsymbol{U}_{2dq-}^{-}=R_2\boldsymbol{I}_{2dq-}^{-}+s\boldsymbol{\psi}_{2dq-}^{-}+\mathrm{j}[\omega_2^{-}-(p_1+p_2)\omega_\mathrm{r}]\boldsymbol{\psi}_{1dq-}^{-}\\ \boldsymbol{\psi}_{2dq-}^{-}=L_2\boldsymbol{I}_{2dq-}^{-}+L_{2\mathrm{r}}\boldsymbol{I}_{\mathrm{r}dq-}^{-}\\ \boldsymbol{U}_{\mathrm{r}dq-}^{-}=R_\mathrm{r}\boldsymbol{I}_{\mathrm{r}dq-}^{-}+s\boldsymbol{\psi}_{\mathrm{r}dq-}^{-}+\mathrm{j}(\omega_2^{+}-p_1\omega_\mathrm{r})\boldsymbol{\psi}_{1dq-}^{-}\\ \boldsymbol{\psi}_{\mathrm{r}dq-}^{-}=L_\mathrm{r}\boldsymbol{I}_{\mathrm{r}dq-}^{-}+L_{1\mathrm{r}}\boldsymbol{I}_{1dq-}^{-}+L_{2\mathrm{r}}\boldsymbol{I}_{2dq-}^{-}\end{cases}\tag{5-26}$$

从式（5-25）与式（5-26）不难看出，正、负序坐标系中的正、负序电磁量之间不存在耦合关系，因此可以分别在正、负序坐标系中对 CW 电流的正、负序分量进行独立调节以实现输出电压的控制目标。

5.3.2 基于正反转同步旋转坐标系的负序电压补偿[7]

将式（5-25）与式（5-26）中的各个电磁量都用其 dq 分量的形式来表示，则式（5-25）与式（5-26）可进一步改写为

$$\begin{cases}u_{1d+}^{+}=R_1i_{1d+}^{+}+s\psi_{1d+}^{+}+\omega_2^{+}\psi_{1d+}^{+}\\ u_{1q+}^{+}=R_1i_{1q+}^{+}+s\psi_{1q+}^{+}-\omega_2^{+}\psi_{1q+}^{+}\\ \psi_{1d+}^{+}=L_1i_{1d+}^{+}+L_{1\mathrm{r}}i_{\mathrm{r}d+}^{+}\\ \psi_{1q+}^{+}=L_1i_{1q+}^{+}+L_{1\mathrm{r}}i_{\mathrm{r}q+}^{+}\\ u_{2d+}^{+}=R_2i_{2d+}^{+}+s\psi_{2d+}^{+}-[\omega_2^{+}-(p_1+p_2)\omega_\mathrm{r}]\psi_{2q+}^{+}\\ u_{2q+}^{+}=R_2i_{2q+}^{+}+s\psi_{2q+}^{+}+[\omega_2^{+}-(p_1+p_2)\omega_\mathrm{r}]\psi_{2d+}^{+}\\ \psi_{2d+}^{+}=L_2i_{2d+}^{+}+L_{2\mathrm{r}}i_{\mathrm{r}d+}^{+}\\ \psi_{2q+}^{+}=L_2i_{2q+}^{+}+L_{2\mathrm{r}}i_{\mathrm{r}q+}^{+}\\ u_{\mathrm{r}d+}^{+}=R_\mathrm{r}i_{\mathrm{r}d+}^{+}+s\psi_{\mathrm{r}d+}^{+}-(\omega_2^{+}-p_1\omega_\mathrm{r})\psi_{\mathrm{r}q+}^{+}\\ u_{\mathrm{r}q+}^{+}=R_\mathrm{r}i_{\mathrm{r}q+}^{+}+s\psi_{\mathrm{r}q+}^{+}+(\omega_2^{+}-p_1\omega_\mathrm{r})\psi_{\mathrm{r}d+}^{+}\\ \psi_{\mathrm{r}d+}^{+}=L_\mathrm{r}i_{\mathrm{r}d+}^{+}+L_{1\mathrm{r}}i_{1d+}^{+}+L_{2\mathrm{r}}i_{2d+}^{+}\\ \psi_{\mathrm{r}q+}^{+}=L_\mathrm{r}i_{\mathrm{r}q+}^{+}+L_{1\mathrm{r}}i_{1q+}^{+}+L_{2\mathrm{r}}i_{2q+}^{+}\end{cases}\tag{5-27}$$

$$\begin{cases}u_{1d-}^{-}=R_1 i_{1d-}^{-}+s\psi_{1d-}^{-}+\omega_2^{-}\psi_{1d-}^{-}\\u_{1q-}^{-}=R_1 i_{1q-}^{-}+s\psi_{1q-}^{-}-\omega_2^{-}\psi_{1q-}^{-}\\\psi_{1d-}^{-}=L_1 i_{1d-}^{-}+L_{1r} i_{rd-}^{-}\\\psi_{1q-}^{-}=L_1 i_{1q-}^{-}+L_{1r} i_{rq-}^{-}\\u_{2d-}^{-}=R_2 i_{2d-}^{-}+s\psi_{2d-}^{-}-[\omega_2^{-}-(p_1+p_2)\omega_r]\psi_{2q-}^{-}\\u_{2q-}^{-}=R_2 i_{2q-}^{-}+s\psi_{2q-}^{-}+[\omega_2^{-}-(p_1+p_2)\omega_r]\psi_{2d-}^{-}\\\psi_{2d-}^{-}=L_2 i_{2d-}^{-}+L_{2r} i_{rd-}^{-}\\\psi_{2q-}^{-}=L_2 i_{2q-}^{-}+L_{2r} i_{rq-}^{-}\\u_{rd-}^{-}=R_r i_{rd-}^{-}+s\psi_{rd-}^{-}-(\omega_2^{-}-p_1\omega_r)\psi_{rq-}^{-}\\u_{rq-}^{-}=R_r i_{rq-}^{-}+s\psi_{rq-}^{-}+(\omega_2^{-}-p_1\omega_r)\psi_{rd-}^{-}\\\psi_{rd-}^{-}=L_r i_{rd-}^{-}+L_{1r} i_{1d-}^{-}+L_{2r} i_{2d-}^{-}\\\psi_{rq-}^{-}=L_r i_{rq-}^{-}+L_{1r} i_{1q-}^{-}+L_{2r} i_{2q-}^{-}\end{cases} \tag{5-28}$$

比较式（5-27）与式（4-1）~式（4-6）不难发现，除了上、下标中的“+”外，正序坐标系中的 BDFIG 动态方程与 4.3 节中对称负载条件下 BDFIG 的动态模型是一致的。此外，式（5-16）所示的 ω_2^+ 的计算式与第 4 章中 ω_2 的计算式（4-25）是一致的。于是，可采用与 4.4 节和 4.5 节中相同的方法来推导相应变量之间的关系，从而设计正序 PW 电压的幅值和频率控制环，以及正序 CW 电流的矢量控制环。

根据式（4-23），可写出正序 PW 电压幅值增量与正序 CW 电流幅值增量之间的关系为

$$\Delta U_1^+=K_u^+\Delta I_2^+ \tag{5-29}$$

式（5-29）中，$K_u^+=\omega_2^+L_{1r}L_{2r}[\omega_2^+L_{1r}L_{2r}I_{2E}^+ +\omega_2^+(L_{1r}^2-L_1L_r)i_{1d+}^+-R_1L_r i_{1q+}^+]$；$\Delta U_1^+$ 为正序 PW 电压幅值增量；ΔI_2^+ 为正序 CW 电流幅值增量；其中 I_{2E}^+ 为平衡点处的正序 CW 电流幅值。

根据式（4-24），可写出平衡点处正序 CW 电流幅值 I_{2E}^+ 的表达式为

$$I_{2E}^+=\{(\beta_1^+i_{1d+}^+ +R_1i_{1q+}^+)+[2\beta_1^+R_1i_{1d+}^+i_{1q+}^+-R_1^2(i_{1d+}^+)^2-(\beta_1^+)^2(i_{1q+}^+)^2+U_1^{+*}]^{1/2}\}/\beta_2^+ \tag{5-30}$$

式中，$\beta_1^+=\omega_2^+L_1-\dfrac{\omega_2^+L_{1r}^2}{L_r}$；$\beta_2^+=\omega_2^+L_{1r}L_{2r}/L_r$。

根据式（4-26），可写出正序 PW 频率与正序 CW 频率之间的关系为

$$\omega_1=-\omega_2^+ +D_r^+ \tag{5-31}$$

式中，D_r^+ 可看作随 ω_r 变化的扰动项，$D_r^+=\omega_r(p_1+p_2)$。

根据式（4-15）与式（4-16），可写出正序 CW 电压的 dq 分量与正序 CW 电流的 dq 分量之间的关系为

$$u_{2d+}^+=K_{2d+}^+i_{2d+}^+ +D_{2d+}^+ \tag{5-32}$$

$$u_{2q+}^+=K_{2q+}^+i_{2q+}^+ +D_{2q+}^+ \tag{5-33}$$

式（5-32）与式（5-33）中，$K_{2d+}^{+}=K_{2q+}^{+}=R_2+\sigma_2 L_2 s$；$D_{2d+}^{+}=\alpha_1^{+}i_{2q+}^{+}+\alpha_2^{+}i_{1d+}^{+}+\alpha_3^{+}i_{1q+}^{+}$；$D_{2q+}^{+}=\alpha_4^{+}i_{2d+}^{+}+\alpha_5^{+}i_{1d+}^{+}+\alpha_6^{+}i_{1q+}^{+}$；$K_{2d+}^{+}$代表了从 i_{2d+}^{+} 到 u_{2d+}^{+}的开环一阶传递函数；K_{2q+}^{+}代表了从 i_{2q+}^{+} 到 u_{2q+}^{+}的开环一阶传递函数；D_{2d+}^{+}和 D_{2q+}^{+}代表了正序 d 轴分量和正序 q 轴分量之间的交叉扰动；其中，$\alpha_1^{+}=\dfrac{\omega_1(\omega_1-p_2\omega_r)(L_r^2L_2+L_{2r}^2L_r)-L_{2r}^2R_r s}{L_r^2(\omega_1-p_2\omega_r)}$，$\alpha_2^{+}=-\dfrac{L_{1r}L_{2r}s}{L_r}$，$\alpha_3^{+}=-\dfrac{L_{1r}L_{2r}[R_r s+L_r\omega_1(\omega_1-p_2\omega_r)]}{L_r^2(\omega_1-p_2\omega_r)}$，$\alpha_4^{+}=-\dfrac{\sigma_2L_2L_r\omega_1}{L_1}$，$\alpha_5^{+}=\dfrac{\omega_1L_{1r}L_{2r}}{L_r}$，$\alpha_6^{+}=\dfrac{L_{1r}L_{2r}[\omega_1R_r-L_r(\omega_1-p_2\omega_r)s]}{L_r^2(\omega_1-p_2\omega_r)}$；$\sigma_2$ 为 CW 的漏感系数，$\sigma_2=1-L_{2r}^2/(L_2L_r)$。

比较式（5-28）与式（4-1）~式（4-6）可以看出，除了上、下标中的“-”外，正序坐标系中的 BDFIG 动态方程与 4.3 节中对称负载条件下 BDFIG 的动态模型是一致的。此外，还应注意到式（5-1）所示 ω_2^{-} 的计算式与第 4 章中 ω_2 的计算式（4-25）不同。再采用与 4.4 节和 4.5 节中相同的推导方法，可得出相应变量之间的关系，推导过程此处不再赘述。

负序 PW 电压幅值增量与负序 CW 电流幅值增量之间的关系为

$$\Delta U_1^{-}=K_u^{-}\Delta I_2^{-} \tag{5-34}$$

式中，ΔU_1^{-} 为负序 PW 电压幅值增量；ΔI_2^{-} 为负序 CW 电流幅值增量；$K_u^{-}=\omega_2^{-}L_{1r}L_{2r}[\omega_2^{-}L_{1r}L_{2r}I_{2E}^{-}+\omega_2^{-}(L_{1r}^2-L_1L_r)i_{1d-}^{-}-R_1L_ri_{1q-}^{-}]$，$I_{2E}^{-}$ 为平衡点处的负序 CW 电流幅值。

平衡点处负序 CW 电流幅值 I_{2E}^{-} 的表达式为

$$I_{2E}^{-}=\{(\beta_1^{-}i_{1d-}^{-}+R_1i_{1q-}^{-})+[2\beta_1^{-}R_1i_{1d-}^{-}i_{1q-}^{-}-R_1^2(i_{1d-}^{-})^2-(\beta_1^{-})^2(i_{1q-}^{-})^2+U_1^{-*}]^{1/2}\}/\beta_2^{-} \tag{5-35}$$

式中，$\beta_1^{-}=\omega_2^{-}L_1-\dfrac{\omega_2^{-}L_{1r}^2}{L_r}$，$\beta_2^{-}=\omega_2^{-}L_{1r}L_{2r}/L_r$。

负序 CW 电压的 dq 分量与负序 CW 电流的 dq 分量之间的关系为

$$u_{2d-}^{-}=K_{2d-}^{-}i_{2d-}^{-}+D_{2d-}^{-} \tag{5-36}$$

$$u_{2q-}^{-}=K_{2q-}^{-}i_{2q-}^{-}+D_{2q-}^{-} \tag{5-37}$$

式（5-32）与式（5-33）中，K_{2q-}^{-}代表了从 i_{2q-}^{-}到 u_{2q-}^{-}的开环一阶传递函数；K_{2d-}^{-}代表了从 i_{2d-}^{-}到 u_{2d-}^{-}的开环一阶传递函数，且 $K_{2d-}^{-}=K_{2q-}^{-}=R_2+\sigma_2L_2s$；$D_{2d-}^{-}$和 D_{2q-}^{-}代表了负序 d 轴分量和负序 q 轴分量之间的交叉扰动，且 $D_{2d-}^{-}=\alpha_1^{-}i_{2q-}^{-}+\alpha_2^{-}i_{1d-}^{-}+\alpha_3^{-}i_{1q-}^{-}$，$D_{2q-}^{-}=\alpha_4^{-}i_{2d-}^{-}+\alpha_5^{-}i_{1d-}^{-}+\alpha_6^{-}i_{1q-}^{-}$；$\alpha_1^{-}=-\dfrac{\omega_1(\omega_1+p_2\omega_r)(L_r^2L_2+L_{2r}^2L_r)+L_{2r}^2R_r s}{L_r^2(\omega_1+p_2\omega_r)}$，$\alpha_2^{-}=-\dfrac{L_{1r}L_{2r}s}{L_r}$，$\alpha_3^{-}=\dfrac{L_{1r}L_{2r}[R_r s+L_r\omega_1(\omega_1+p_2\omega_r)]}{L_r^2(\omega_1+p_2\omega_r)}$，$\alpha_4^{-}=-\dfrac{\sigma_2L_2L_r\omega_1}{L_1}$，$\alpha_5^{-}=-\dfrac{\omega_1L_{1r}L_{2r}}{L_r}$，$\alpha_6^{-}=-\dfrac{L_{1r}L_{2r}[\omega_1R_r+L_r(\omega_1+p_2\omega_r)s]}{L_r^2(\omega_1+p_2\omega_r)}$；$\sigma_2=1-L_{2r}^2/(L_2L_r)$ 为 CW 的漏感系数。

根据式（5-11）、式（5-20）与式（5-21）可得

$$\boldsymbol{I}_{2dq}^{+}=\boldsymbol{I}_{2dq+}^{+}+\boldsymbol{I}_{2dq-}^{-}\mathrm{e}^{\mathrm{j}2\theta_1} \tag{5-38}$$

$$\boldsymbol{I}_{2dq}^{-}=\boldsymbol{I}_{2dq-}^{-}+\boldsymbol{I}_{2dq+}^{+}\mathrm{e}^{-\mathrm{j}2\theta_1} \tag{5-39}$$

从式（5-38）可看出，在正序坐标系中，CW 电流的正序分量表现为直流量，而其负序分量表现为 2 倍 PW 电压频率的交流量；同样地，从式（5-39）可知，在负序坐标系中，CW 电流的负序分量表现为直流量，而其正序分量表现为 2 倍 PW 电压频率的交流量。因此，可以采用陷波滤波器分别从 $\boldsymbol{I}_{2dq}^{+}$ 和 $\boldsymbol{I}_{2dq}^{-}$ 中剔除所含的交流量，从而获得正序坐标系中的 CW 电流正序分量 $\boldsymbol{I}_{2dq+}^{+}$ 和负序坐标系中的 CW 电流负序分量 $\boldsymbol{I}_{2dq-}^{-}$。

从文献［8］可知，将 PW 电流从两相静止 $\alpha\beta$ 坐标系变换到 dq 旋转坐标系的参考角度为 $\theta_2-(p_1+p_2)\theta_r+p_2\gamma$，其中 γ 为 PW 与 CW 之间的机械角度偏差，则 PW 电流从两相静止 $\alpha\beta$ 坐标系变换到正序坐标系的参考角为 $\theta_1^{+}=\theta_2^{+}-(p_1+p_2)\theta_r+p_2\gamma$，从两相静止 $\alpha\beta$ 坐标系变换到正序坐标系的参考角为 $\theta_1^{-}=\theta_2^{-}-(p_1+p_2)\theta_r+p_2\gamma$。再根据式（5-18）与式（5-19）可知，$\theta_1^{-}=\theta_1^{+}+2\theta_1$。于是，式（5-38）和式（5-39）类似，可获得关于 PW 电流的如下表达式：

$$\boldsymbol{I}_{1dq}^{+}=\boldsymbol{I}_{1dq+}^{+}+\boldsymbol{I}_{1dq-}^{-}\mathrm{e}^{\mathrm{j}2\theta_1} \tag{5-40}$$

$$\boldsymbol{I}_{1dq}^{-}=\boldsymbol{I}_{1dq-}^{-}+\boldsymbol{I}_{1dq+}^{+}\mathrm{e}^{-\mathrm{j}2\theta_1} \tag{5-41}$$

从式（5-40）与式（5-41）可以看出，在正序与负序坐标系中，PW 电流均为一个直流量与一个交流量的和，该交流量的频率为 PW 电压频率 2 倍，于是也可以采用陷波滤波器分别从 $\boldsymbol{I}_{1dq}^{+}$ 和 $\boldsymbol{I}_{1dq}^{-}$ 中剔除所含的交流量，从而获得正序坐标系中的 PW 电流正序分量 $\boldsymbol{I}_{1dq+}^{+}$ 和负序坐标系中的 PW 电流负序分量 $\boldsymbol{I}_{1dq-}^{-}$。

陷波滤波器的 s 域表达式为

$$H_{\mathrm{notch}}(s)=\frac{s^2+\omega_0^2}{s^2+k\omega_0+\omega_0^2} \tag{5-42}$$

式中，ω_0 为截止频率，当 PW 电压的额定频率为 50Hz 时，$\omega_0=2\omega_1=200\pi$ rad/s；k 为阻尼系数，折衷考虑滤波效果和系统的稳定性，一般取 $k=\sqrt{2}$。

在控制算法具体实现过程中，需要先采用双线性变换 $s=\frac{2}{T}\times\frac{1-z^{-1}}{1+z^{-1}}$（$T$ 为采样周期）将式（5-42）从 s 域变换到 z 域，然后再获得其离散形式。

与第 4 章中的设计方法类似，根据式（5-29）~式（5-37），可设计如图 5.5 所示的不对称负载下 BDFIG 独立发电系统的 MSC 控制方法示意图。该控制方法是基于正、负序双旋转 dq 坐标系，其中正序控制器根据 PW 电压的正序幅值和频率的参考值和反馈值调节正序的三相励磁电压，负序控制器根据 PW 电压的负序幅值的参考值和反馈值调节负序的三相励磁电压，正、负序励磁电压相加即得最终的励磁电压。负序控制器中不需要对 PW 电压的频率进行控制，这时如果正序控制器对频率实现了很好的跟踪，那么也自然实现了负序频率的跟踪，对正序频率和负序频率的跟踪是一致的。此外，图 5.5 所示的控制方法中使用了文献［9］所提出的二阶广义积分器锁相环（Second Order Generalized Integrator Phase-Locked Loop，SOGI-PLL）来估计 PW 电压的正序幅值、频率、相位以及负序幅值，二阶广义积分器（SOGI）将在 5.4.1 节中详细介绍。

图 5.5 中，正序控制器中的限幅器 1 和负序控制器中的限幅器 2 用来限制计算出的 CW 电流不超过额定值，其中限幅器 1 具有更高的优先级，即

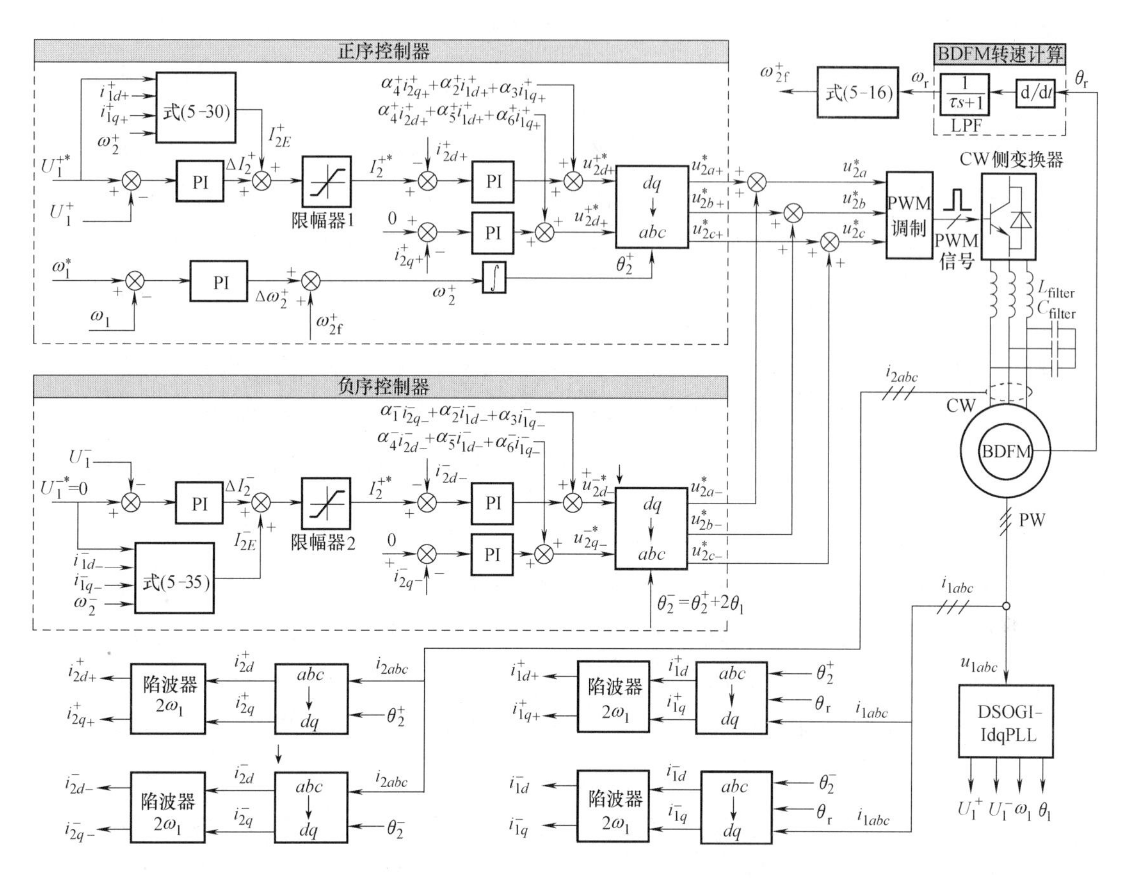

图 5.5　不对称负载下基于正、负序双旋转坐标系的负序电压补偿方法框图

$$
\begin{cases} I_2^{+*} \leqslant I_{2,\text{rated}} \\ I_2^{-*} \leqslant \sqrt{(I_{2,\text{rated}})^2-(I_2^{+*})^2} \end{cases} \tag{5-43}
$$

式中，$I_{2,\text{rated}}$ 为 CW 电流的额定幅值。

由于已经从改进 MSC 控制方法的角度来抑制了 PW 电压的不对称，因此对于 LSC 仍可采用与 3.4.2 节中相同的控制方法。

为了验证所提出的负序电压补偿方法的有效性，在不对称负载下分别采用常规负载下的控制方法与本节所提出的控制方法进行对比实验，并对输出电压的不对称度分析。实验平台具体细节见附录 A。

该实验中所用到的不对称负载，其 A 相为 25Ω 阻性负载，采用两个阻值为 50Ω、额定功率为 3kW 的电阻并联；其 B 相和 C 相均为 100Ω 阻性负载，均采用两个阻值为 200Ω、额定功率为 2kW 的电阻并联。发电系统输出线电压（即 PW 电压）有效值和频率的给定参考值分别为 380V、50Hz，进行实验时 BDFIG 的转速保持为 930r/min。采用两种控制方法进行对比实验，其中控制方法 1 为图 4.7 所示方法，控制方法 2 为图 5.5 所示方法。通过实验结果的对比来验证在不对称负载条件下，控制方法 2 对输出电压不平衡抑制的有效性。

采用控制方法 1 的实验结果如图 5.6 所示。由于负载的不对称，导致负载电流不对称，进而使得 PW 电压出现不对称，如图 5.6a 和 b 所示。图 5.6c 为锁相环估计的 PW 线电压有效值和频率，从中可以看出有效值和频率均含有 100Hz（即 2 倍额定 PW 电压频率）的波动，有效值的波动幅度约为 10V，频率的波动幅度约为 0.5Hz。PW 电压和电流的不对称通过 BDFIG 转子的耦合使得 CW 相电流产生了畸变，相应地，CW 电流的 d、q 轴分量中也存在一定程度的波动，如图 5.6d 和 e 所示。作为 LSC 的交流侧输入，PW 电压的质量对 LSC 的控制性有较大影响。由于 PW 电压的不对称，使得直流母线电压在 LSC 的调节下不能达到稳定，而是出现了如图 5.6f 所示的 2 倍额定 PW 电压频率的波动，波动幅度约为 10V。

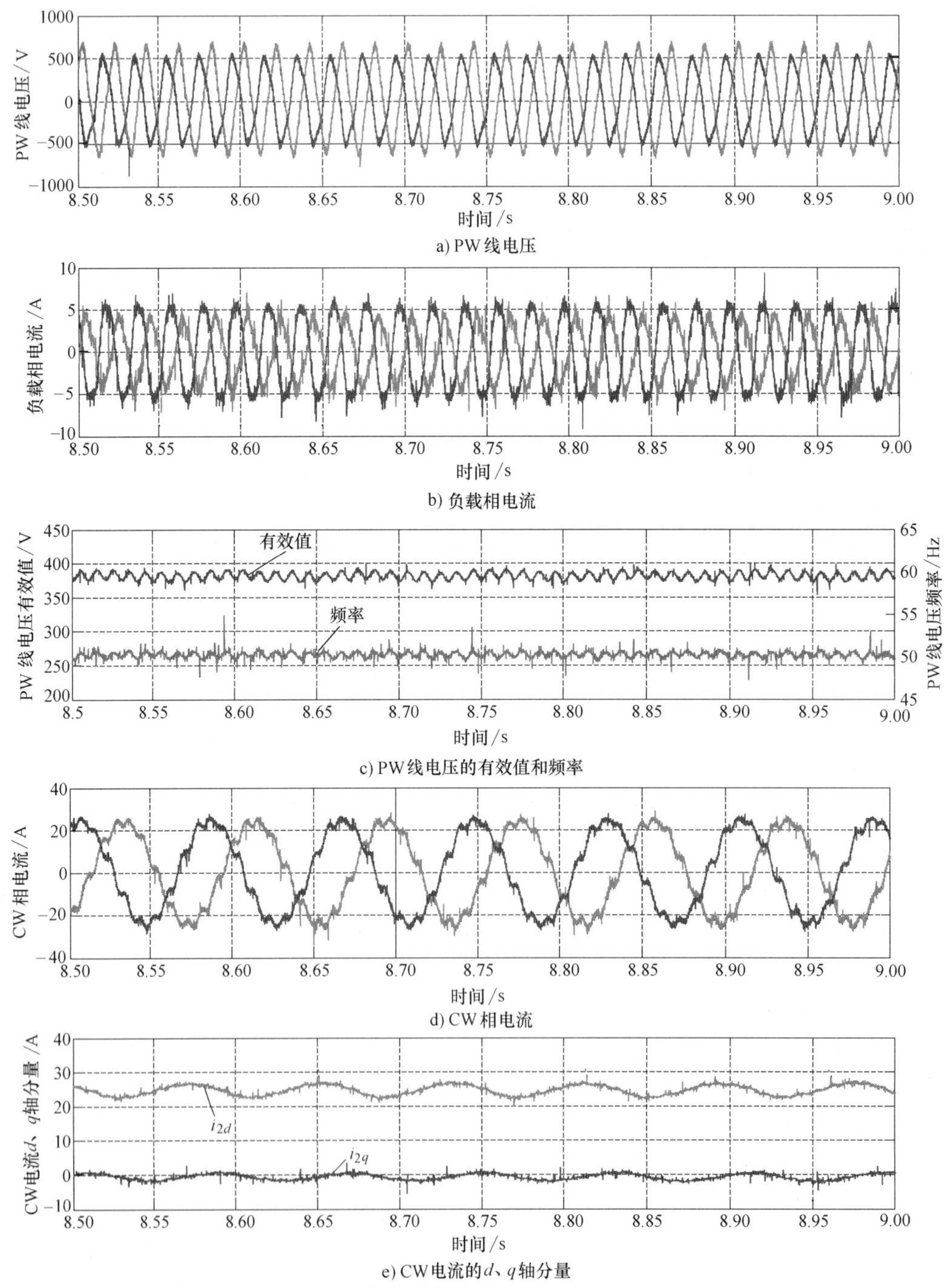

图 5.6　不对称负载下采用控制方法 1 的实验结果

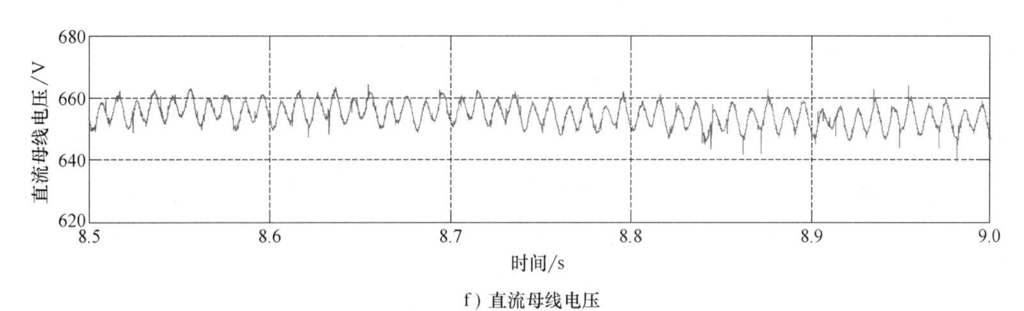

f）直流母线电压

图 5.6　不对称负载下采用控制方法 1 的实验结果（续）

采用控制方法 2 的实验结果如图 5.7 所示。为了抑制 PW 电压的不平衡，控制方法 2 在 CW 电流中注入了负序分量。图 5.7e 给出了 CW 电流的 d、q 轴分量，其中正序 d 轴分量约为 24.5A，负序 d 轴分量约为 6.5A，正、负序的 q 轴分量均为 0。由于 d、q 轴分量的存在，CW 相电流表现为在基波的基础上叠加了一定量的谐波，如图 5.7d 所示。由图 5.7a 可知采用控制方法 2 后的 PW 线电压波形已经达到平衡；锁相环估计的 PW 线电压有效值和频率中已经没有了 2 倍额定 PW 电压频率的波动，如图 5.7c 所示；然而，由于负载的特性未变，负载电流仍然是不对称的，如图 5.7b 所示。图 5.7f 为直流母线电压波形，由于 PW 电压已经对称，直流母线电压中 2 倍额定 PW 电压频率的波动也消除了，在 LSC 的控制下，它很好地稳定在给定值 650V 处。

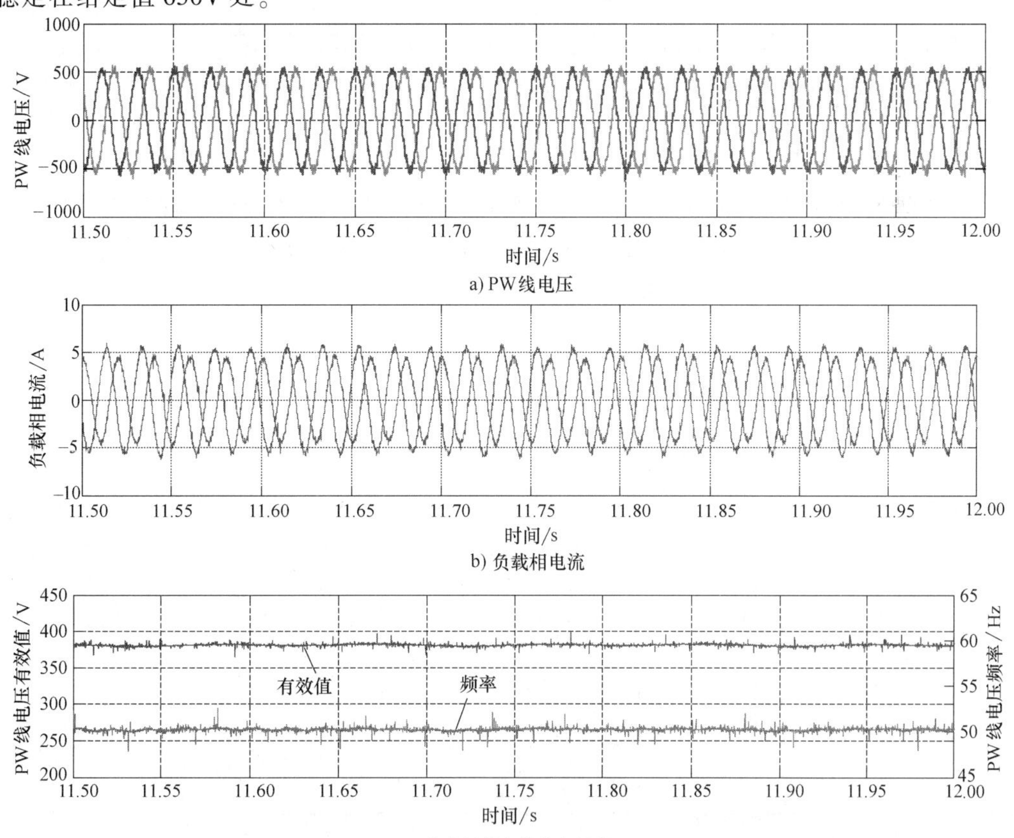

图 5.7　不对称负载下采用控制方法 2 的实验结果

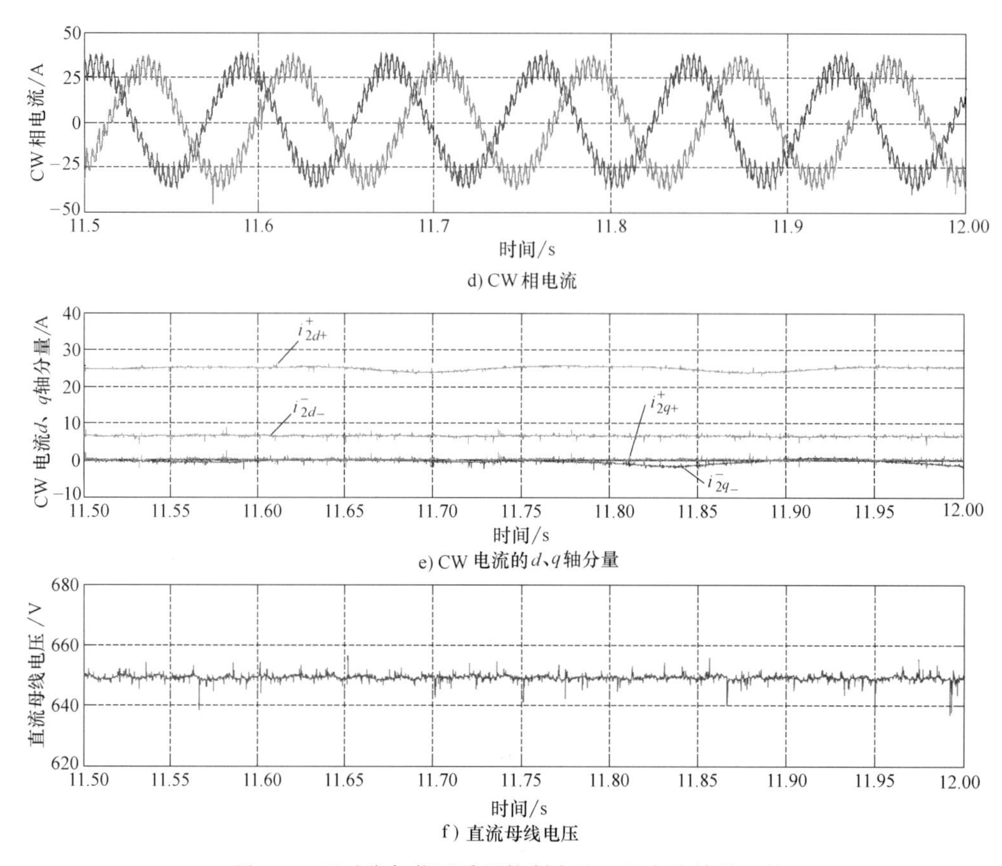

图 5.7　不对称负载下采用控制方法 2 的实验结果（续）

为了定量地分析在不对称负载条件下控制方法 2 对输出电压不对称的抑制能力，有必要对采用前述两种控制方法时的输出电压不对称度（Unbalance Factor，UF）进行计算与对比。

根据文献［10］，发电系统的输出电压（即 PW 电压）的不对称度可按如下方式计算：

$$UF(\%)=\frac{U_1^-}{U_1^+}\times 100\% \tag{5-44}$$

式中，U_1^+ 和 U_1^- 分别为 PW 电压正序分量的有效值和负序分量的有效值。

根据文献［10］，U_1^+ 和 U_1^- 还可根据 PW 线电压的有效值分别计算出来，具体计算方式如下：

$$\begin{cases} U_1^+=\sqrt{\left(A_\mathrm{m}^2+\dfrac{4A_\mathrm{s}^2}{\sqrt{3}}\right)\Big/ 2}\,,\ U_1^-=\sqrt{\left(A_\mathrm{m}^2-\dfrac{4A_\mathrm{s}^2}{\sqrt{3}}\right)\Big/ 2} \\ A_\mathrm{m}^2=\dfrac{U_{1ab}^2+U_{1bc}^2+U_{1ca}^2}{3} \\ A_\mathrm{s}^2=\sqrt{p(p-U_{1ab})(p-U_{1bc})(p-U_{1ca})} \\ p=\dfrac{U_{1ab}+U_{1bc}+U_{1ca}}{2} \end{cases} \tag{5-45}$$

式中，U_{1ab}、U_{1bc} 和 U_{1ca} 为三个 PW 线电压的有效值。

采用示波器分别测量在两种控制方法下稳态时 PW 线电压的有效值，并利用式（5-45）计算其正负序分量以及不对称度，测量和计算结果见表 5.1。从表 5.1 可看出，采用控制方法 1 时，输出电压的不对称度很高，达到了 14.3%；采用控制方法 2 后，输出电压不对称度显著降低，仅为 0.85%。由此可见，控制方法 2 对不对称负载所引起的输出电压不对称具有良好的抑制能力。

表 5.1　两种控制方法下稳态时 PW 线电压和其正负序分量的有效值以及不对称度

控制方法 1 （常规负载下的控制方法）	控制方法 2 （本节所提出的控制方法）
$U_{1ab}=448\text{V}$	$U_{1ab}=382\text{V}$
$U_{1bc}=366\text{V}$	$U_{1bc}=378\text{V}$
$U_{1ca}=368\text{V}$	$U_{1ca}=368\text{V}$
$U_1^+=392\text{V}$	$U_1^+=379\text{V}$
$U_1^-=56.2\text{V}$	$U_1^-=3.22\text{V}$
$UF(\%)=14.3\%$	$UF(\%)=0.85\%$

5.4　非线性负载下低次谐波抑制

正如 5.2 节所述，非线性负载在 BDFIG 独立发电系统中会导致公共耦合点处电压畸变，进而产生谐波电流和转矩脉动，从而降低发电系统效率并损害电机转轴，因此非线性负载下的谐波抑制是非常重要的。由于畸变电压主要包含奇数次谐波分量，其谐波频率为基波频率的 $6n\pm1$ 倍[11,12]。考虑到实际发电系统谐波标准以及谐波分量幅值随频率增加而衰减的现象，本节重点讨论 5 次、7 次谐波（低次谐波）抑制方法，所提出的方法也可以扩展到任意次谐波分量抑制。

为了研究 BDFIG 独立发电系统的低次谐波抑制方法，有必要先分析非线性负载下 PW 电压畸变机理。由于直流母线电容的解耦，控制系统的背靠背变流器可以简化为两个独立电压源。BDFIG 的转子绕组磁场调制能力可以使 PW 和 CW 发生间接电磁耦合，因此，转子绕组可以视为一个特殊的“变压器”，其对于 PW 和 CW 的影响可以用流控电压源来近似。基于上述简化近似，BDFIG 独立发电系统等效电路如图 5.8 所示。

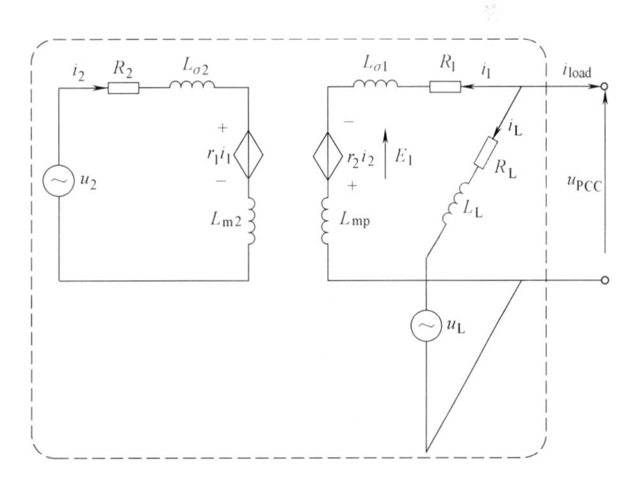

图 5.8　BDFIG 独立发电系统等效电路

根据图 5.8，公共耦合点处的电压可以表示为

$$u_{PCC}=E_1-R_1i_1-L_1si_1$$
$$=E_1-(R_1i_{1\_f}+L_1si_{1\_f})-(R_1\sum i_{1\_h}+L_1s\sum i_{1\_h})\quad h=6n\pm1\quad n=1,2,3,\cdots \tag{5-46}$$

式中，s 为微分算子。

由（5-46）可知，公共耦合点处的电压可以分为三部分。第一部分为 E_p，它是 CW 电流励磁感应产生的，可以理解为 PW 的空载感应电动势，其幅值和频率由 CW 电流的幅值和频率所决定，换句话说，MSC 可以控制 E_1 的幅值和频率。第二部分为内阻抗电压降的基波分量，i_{1_f} 为 PW 电流的基波分量。第三部分为内阻抗电压降的谐波部分，由于非线性负载的存在，负载电流必然包含大量的谐波成分，未加入任何谐波抑制策略之前，PW 电流也会含有大量奇数次谐波成分，正是由于 PW 电流中谐波成分在内阻抗引起的谐波电压降，公共耦合点处的电压才发生畸变。

通过上述分析可知，非线性负载下 BDFIG 的低次谐波抑制的关键在于补偿谐波电压降。基于此，主动的低次谐波抑制可以分为两个主要方向：首先，低次谐波抑制的实现可以通过空载感应电动势的谐波分量与谐波电压降相抵消，如下式所示：

$$E_{1h}=R_1\sum i_{1\_h}+L_1s\sum i_{1\_h}\quad h=6n\pm1\quad n=1,2,3,\cdots \tag{5-47}$$

其次，PW 电流谐波分量的消除也可以实现低次谐波抑制。结合图 5.8 进一步来说，通过 LSC 注入与负载电流谐波分量相反的谐波电流便可以消除 PW 电流的谐波分量，如下式所示：

$$i_{Lh}^{*}=i_{loadh} \tag{5-48}$$

根据控制策略实施的变流器不同，独立 BDFIG 系统的主动低次谐波抑制又可以分为以下三大类：

（1）根据空载感应电动势的谐波分量与谐波电压降相抵消的原理，低次谐波抑制策略完全由 MSC 实现，通过 MSC 调节 CW 电流的频率和幅值从而产生合适的空载感应电动势谐波分量[8-10]。

（2）根据 LSC 注入与负载电流相反的谐波电流分量的原理，低次谐波抑制策略全部由 LSC 实现。将有源滤波器的概念应用于 LSC，PW 电流不受外部非线性负载电流的影响[11-13]。

（3）结合以上原理，并考虑到系统容量、控制优化等因素，低次谐波抑制策略可以由 MSC 和 LSC 共同实现，这种协调控制策略可以更好地利用系统容量[14]。

本章将介绍四种低次谐波抑制策略，分别为基于 MSC 的谐波抑制、基于 LSC 的谐波抑制、考虑变流器额定电压的协同抑制和统一双变流器协同抑制。

5.4.1 基于电机侧变流器的抑制方法[15]

首先根据 BDFIG 的动态模型可以得到 PW、CW 和转子绕组谐波分量的关系式如下：

$$u_{1\_h}^{h}=R_1i_{1\_h}^{h}+s\psi_{1\_h}^{h}+j\omega_{1\_h}\psi_{1\_h}^{h} \tag{5-49}$$

$$\psi_{1\_h}^{h}=L_1i_{1\_h}^{h}+L_{1r}i_{r\_h}^{h} \tag{5-50}$$

$$u_{2\_h}^{h}=R_2i_{2\_h}^{h}+s\psi_{2\_h}^{h}+j[\omega_{1\_h}-(p_1+p_2)\omega_r]\psi_{2\_h}^{h} \tag{5-51}$$

$$\psi_{2\_h}^{h}=L_2i_{2\_h}^{h}+L_{2r}i_{r\_h}^{h} \tag{5-52}$$

$$u_{r\_h}^{h}=R_r i_{r\_h}^{h}+s\psi_{r\_h}^{h}+\mathrm{j}(\omega_{1\_h}-p_1\omega_r)\psi_{r\_h}^{h} \tag{5-53}$$

$$\psi_{r\_h}^{h}=L_r i_{r\_h}^{h}+L_{2r}i_{2\_h}^{h}+L_{1r}i_{1\_h}^{h} \tag{5-54}$$

式中，上标 h 代表 h 次同步旋转参考坐标系，下标 h 代表 BDFIG 的 h 次谐波分量；ω_{1_h} 为 h 次谐波分量的角频率，具体来说，5 次谐波分量的角频率 $\omega_{1\_5}=-5\omega_1$，7 次谐波分量的角频率 $\omega_{1\_7}=7\omega_1$。

BDFIG 的 h 次谐波分量的频率之间关系式为

$$\omega_{1\_h}=(p_1+p_1)\omega_r-\omega_{2\_h} \tag{5-55}$$

1. 谐波同步参考坐标系下的谐波电压环

对于 5 次同步旋转坐标系下的 5 次谐波矢量而言，各个绕组电压、电流和磁链分量的关系式如下：

$$u_{1\_5}^{5}=R_1 i_{1\_5}^{5}+p\psi_{1\_5}^{5}-\mathrm{j}5\omega_1\psi_{1\_5}^{5} \tag{5-56}$$

$$\psi_{1\_5}^{5}=L_1 i_{1\_5}^{5}+L_{1r}i_{r\_5}^{5} \tag{5-57}$$

$$u_{2\_5}^{5}=R_2 i_{2\_5}^{5}+s\psi_{2\_5}^{5}+\mathrm{j}[-5\omega_1-(p_1+p_2)\omega_r]\psi_{2\_5}^{5} \tag{5-58}$$

$$\psi_{2\_5}^{5}=L_2 i_{2\_5}^{5}+L_{2r}i_{r\_5}^{5} \tag{5-59}$$

$$u_{r\_5}^{5}=R_r i_{r\_5}^{5}+p\psi_{r\_5}^{5}+\mathrm{j}(-5\omega_1-p_1\omega_r)\psi_{r\_5}^{5} \tag{5-60}$$

$$\psi_{r\_5}^{5}=L_r i_{r\_5}^{5}+L_{2r}i_{2\_5}^{5}+L_{1r}i_{1\_5}^{5} \tag{5-61}$$

由于转子绕组是短接的，处于短路状态。转子绕组两端电压为 0，并将转子绕组磁链表达式（5-61）代入电压表达式（5-60），得

$$0=R_r i_{r\_5}^{5}+p(L_r i_{r\_5}^{5}+L_{2r}i_{2\_5}^{5}+L_{1r}i_{1\_5}^{5})+\mathrm{j}(-5\omega_1-p_1\omega_r)(L_r i_{r\_5}^{5}+L_{2r}i_{2\_5}^{5}+L_{1r}i_{1\_5}^{5}) \tag{5-62}$$

为了得到转子绕组电流与 CW 和 PW 电流的关系，将式（5-62）转换到 s 域，则

$$i_{r\_5}^{5}=-\frac{s(L_{2r}i_{2\_5}^{5}+L_{1r}i_{1\_5}^{5})+\mathrm{j}(-5\omega_1-p_1\omega_r)(L_{2r}i_{2\_5}^{5}+L_{1r}i_{1\_5}^{5})}{R_r+sL_r+\mathrm{j}(-5\omega_1-p_1\omega_r)L_r} \tag{5-63}$$

将式（5-63）中分母位置进行变换，得

$$\begin{aligned}i_{r\_5}^{5}\approx&-\frac{L_{2r}}{L_r}\frac{s^2+(R_r/L_r)s+(-5\omega_1-p_1\omega_r)^2}{s^2+2(R_r/L_r)s+(R_r/L_r)^2+(-5\omega_1-p_1\omega_r)^2}i_{2\_5}^{5}-\mathrm{j}\frac{R_r(-5\omega_1-p_1\omega_r)L_{2r}}{(R_r+L_rs)^2+(-5\omega_2-p_2\omega_r)^2L_r^2}i_{2\_5}^{5}\\&-\frac{L_{1r}}{L_r}\frac{s^2+(R_r/L_r)s+(-5\omega_1-p_1\omega_r)^2}{s^2+2(R_r/L_r)s+(R_r/L_r)^2+(-5\omega_1-p_1\omega_r)^2}i_{1\_5}^{5}-\mathrm{j}\frac{R_r(-5\omega_1-p_1\omega_r)L_{1r}}{(R_r+L_rs)^2+(-5\omega_1-p_1\omega_r)^2L_r^2}i_{1\_5}^{5}\end{aligned} \tag{5-64}$$

考虑到实际的 BDFIG 参数，R_r/L_r 的范围一般为 1~200，而（$-5\omega_1-p_1\omega_r$）的绝对值通常大于 2000，因此（$-5\omega_1-p_1\omega_r)^2\gg(R_r/L_r)^2$，则传递函数

$$G_1(s)=\frac{s^2+(R_r/L_r)s+(-5\omega_1-p_1\omega_r)^2}{s^2+2(R_r/L_r)s+(R_r/L_r)^2+(-5\omega_1-p_1\omega_r)^2}$$

的零点和极点非常接近，可以近似简化为单位增益

$$G_1(s)=\frac{s^2+(R_r/L_r)s+(-5\omega_1-p_1\omega_r)^2}{s^2+2(R_r/L_r)s+(R_r/L_r)^2+(-5\omega_1-p_1\omega_r)^2}\approx 1 \tag{5-65}$$

则式（5-64）可以进一步化简为

$$i_{r\_5}^5\approx-\frac{L_{2r}}{L_r}i_{2\_5}^5-\frac{L_{1r}}{L_r}i_{1\_5}^5+D_1+D_2 \tag{5-66}$$

式中，D_2 代表着 CW 电流的交叉扰动；而 D_1 代表着 PW 电流的交叉扰动，其具体表达式为

$$D_2=-\mathrm{j}\frac{R_r(-5\omega_1-p_1\omega_r)L_{2r}}{(R_r+L_rs)^2+(-5\omega_1-p_1\omega_r)^2L_r^2}i_{2\_5}^5 \tag{5-67}$$

$$D_1=-\mathrm{j}\frac{R_r(-5\omega_1-p_1\omega_r)L_{1r}}{(R_r+L_rs)^2+(-5\omega_1-p_1\omega_r)^2L_r^2}i_{1\_5}^5 \tag{5-68}$$

当系统处于稳态时，扰动的终值为 s 算子趋近 0 时的极限值，即为

$$D_{2\_稳态}=-\mathrm{j}\frac{R_r(-5\omega_1-p_1\omega_r)L_{2r}}{R_r^2+(-5\omega_1-p_1\omega_r)^2L_r^2}i_{2\_5}^5 \tag{5-69}$$

$$D_{1\_稳态}=-\mathrm{j}\frac{R_r(-5\omega_1-p_1\omega_r)L_{1r}}{R_r^2+(-5\omega_1-p_1\omega_r)^2L_r^2}i_{1\_5}^5 \tag{5-70}$$

从之前的数值范围可知，扰动的稳态值与式（5-66）的前两项相比可以被忽略。在忽略 PW 和 CW 的交叉扰动后，式（5-66）可以最终简化为

$$i_{r\_5}^5\approx-\frac{L_{2r}}{L_r}i_{2\_5}^5-\frac{L_{1r}}{L_r}i_{1\_5}^5 \tag{5-71}$$

将 PW 磁链表达式（5-57）代入电压关系式（5-56），可以得到 PW 的 5 次谐波电压分量的表达式为

$$u_{1\_5}^5=R_1i_{1\_5}^5+s(L_1i_{1\_5}^5+L_{1r}i_{r\_5}^5)-\mathrm{j}5\omega_1(L_1i_{1\_5}^5+L_{1r}i_{r\_5}^5) \tag{5-72}$$

在 5 次同步旋转坐标系下的 5 次谐波分量的稳态值为直流值，因此微分项的稳态值为 0，而电阻 R_1 上的压降在谐波电压中占比很小，可以近似忽略。最终，稳态时 PW 的 5 次谐波电压可近似为

$$u_{1\_5}^5\approx-\mathrm{j}5\omega_1(L_1i_{1\_5}^5+L_{1r}i_{r\_5}^5) \tag{5-73}$$

由于转子绕组电流不是被控变量，将式（5-71）代入式（5-73），则稳态下 PW 的 5 次谐波电压可表达为 CW 电流的函数为

$$u_{1\_5}^5\approx\mathrm{j}5\omega_1\frac{L_{1r}L_{2r}}{L_r}i_{2\_5}^5-\mathrm{j}5\omega_1\frac{L_1L_r-L_{1r}^2}{L_r}i_{1\_5}^5 \tag{5-74}$$

将式（5-74）分解到 dq 轴分量，得

$$u_{1d\_5}^5\approx-5\omega_1\frac{L_{1r}L_{2r}}{L_r}i_{2q\_5}^5+5\omega_1\frac{L_1L_r-L_{1r}^2}{L_r}i_{1q\_5}^5 \tag{5-75}$$

$$u_{1q\_5}^{5} \approx 5\omega_1 \frac{L_{1r}L_{2r}}{L_r} i_{2d\_5}^{5} - 5\omega_1 \frac{L_1 L_r - L_{1r}^2}{L_r} i_{1d\_5}^{5} \tag{5-76}$$

最终，5 次同步旋转坐标系下 CW 的 5 次谐波电流和 PW 的 5 次谐波电压关系如式（5-75）和式（5-76）所示。基于此，5 次同步旋转坐标系下 PW 的 5 次谐波电压控制框图如图 5.9 所示。

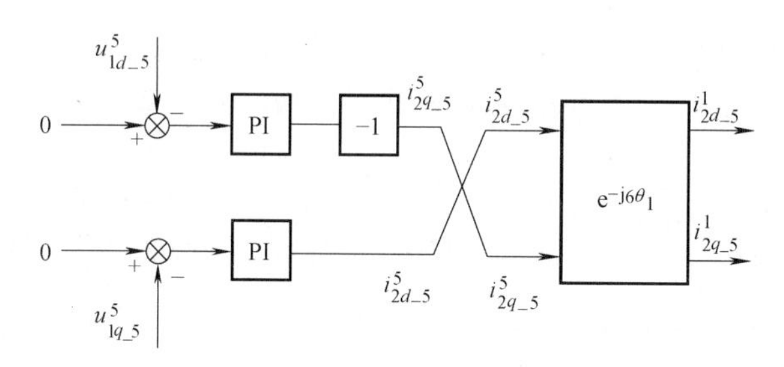

图 5.9　5 次同步旋转坐标系下 PW 的 5 次谐波电压控制框图

5 次同步旋转坐标系下 PW 的 5 次谐波电压与 CW 的 5 次谐波电流为线性关系，因此可以用 PI 控制器来调节 PW 谐波电压。该 PI 控制器的参考值设为 0，反馈值为 PW 的 5 次谐波电压的实际采样值，输出为 5 次同步旋转参考坐标系下 CW 电流的 5 次谐波分量。同时，由于本节采用的电流控制器是在基波同步坐标系下实现的，PI 控制器的输出结果需要经过坐标变换到基波同步旋转坐标系下。同一个物理量在 5 次同步旋转坐标系和基波同步旋转坐标系下的关系为

$$F = F_{dq\_5}^{5} e^{-j5\omega_1 t} = = F_{dq\_5}^{1} e^{j\omega_1 t} \tag{5-77}$$

则从 5 次同步旋转坐标系到基波同步旋转坐标系的转换可通过如下变换式实现：

$$\begin{bmatrix} x_{d\_5}^{1} \\ x_{q\_5}^{1} \end{bmatrix} = T \begin{bmatrix} x_{d\_5}^{5} \\ x_{q\_5}^{5} \end{bmatrix} = \begin{bmatrix} \cos(6\theta) & \sin(6\theta) \\ -\sin(6\theta) & \cos(6\theta) \end{bmatrix} \begin{bmatrix} x_{d\_5}^{5} \\ x_{q\_5}^{5} \end{bmatrix} \tag{5-78}$$

式中，x 代表电流、电压和磁链等物理量；$\theta = \omega_1 t$。

至此，5 次同步旋转坐标系下 PW 的 5 次谐波电压控制环推导已经全部完成，7 次同步旋转坐标系下 PW 的 7 次谐波电压控制环的推导与之类似。值得注意的是，此时 7 次同步旋转坐标系的角频率为 $7\omega_1$，即 $\omega_{1\_7} = 7\omega_1$。BDFIG 的转速范围一般不超过自然同步转速的 ±30%，此时关系式 $(7\omega_1 - p_1\omega_r)^2 \gg (R_r/L_r)^2$ 成立，然后采用与式（5-56）~式（5-76）类似的推导过程，即可得如图 5.10 所示 7 次同步旋转坐标系下 PW 的 7 次谐波电压控制框图，此处不再赘述。

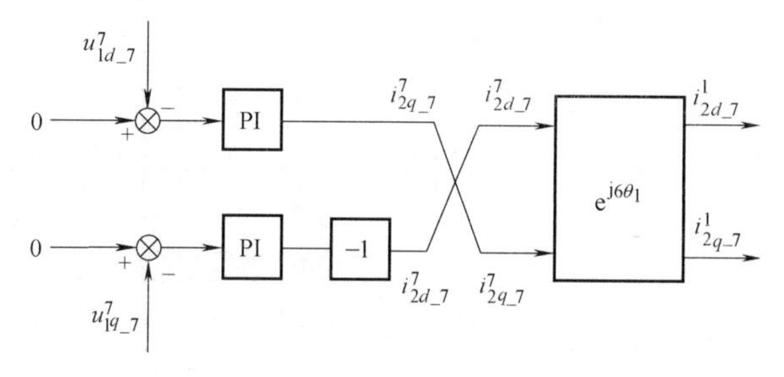

图 5.10　7 次同步旋转坐标系下 PW 的 7 次谐波电压控制框图

类似地，从 7 次同步旋转坐标系到基波同步旋转坐标系的转换可通过如下变换式实现：

$$\begin{bmatrix} x_{d\_7}^{1} \\ x_{q\_7}^{1} \end{bmatrix} = T\begin{bmatrix} x_{d\_7}^{7} \\ x_{q\_7}^{7} \end{bmatrix} = \begin{bmatrix} \cos(-6\theta) & \sin(-6\theta) \\ -\sin(-6\theta) & \cos(-6\theta) \end{bmatrix}\begin{bmatrix} x_{d\_7}^{7} \\ x_{q\_7}^{7} \end{bmatrix} \tag{5-79}$$

式中，x 代表电流、电压和磁链等物理量；$\theta=\omega_1 t$。

2. 基波同步参考坐标系下的电流环

CW 电流环模型可以简化为一阶滞后环节。选取 CW 电流、PW 磁链和转子绕组磁链为状态变量，则 BDFIG 的状态方程可以从动态方程获得。根据 BDFIG 的状态方程，CW 电流的状态表达式如下：

$$\frac{\mathrm{d}i_2}{\mathrm{d}t}=\beta_1 u_2-\mathrm{j}[\omega_1-(p_1+p_2)\omega_r]i_2-\beta_2 i_2+\beta_3\psi_r+\beta_4\psi_1+\mathrm{j}\beta_5 p_2\omega_r\psi_r+$$
$$\mathrm{j}\beta_6(p_1+p_2)\omega_r\psi_1+\beta_7 u_1 \tag{5-80}$$

式中

$$\beta_1=(L_1L_r-L_{1r}^2)/\alpha,\ \alpha=L_1L_2L_r-L_2L_{pr}^2-L_{1r}L_{2r}^2$$
$$\beta_2=[(L_1L_r-L_{1r}^2)R_2+(L_1^2L_{2r}^2R_r+L_{1r}^2L_{2r}^2R_1)/(L_1L_r-L_{1r}^2)]/\alpha$$
$$\beta_3=(L_1^2L_{2r}R_r+L_{1r}^2L_{2r}R_1)/[\alpha(L_1L_r-L_{1r}^2)]$$
$$\beta_4=-(L_1L_{2r}R_rL_{1r}+L_{1r}L_{2r}R_1L_r)/[\alpha(L_1L_r-L_{1r}^2)]$$
$$\beta_5=L_1L_{2r}/\alpha$$
$$\beta_6=-\beta_7=-L_{1r}L_{2r}/\alpha$$

将转子绕组磁链和 PW 磁链项视为扰动，在基波同步旋转坐标系下，控制绕组电流简化模型可以表示为

$$u_2=R_{eq}i_2+L_{eq}\frac{\mathrm{d}i_2}{\mathrm{d}t}+\mathrm{j}[\omega_1-(p_1+p_2)\omega_r]L_{eq}i_2 \tag{5-81}$$

式中，$R_{eq}=R_2+\dfrac{L_1^2L_{2r}^2R_r+L_{1r}^2L_{2r}^2R_1}{(L_1L_r-L_{1r}^2)^2}$，$L_{eq}=L_2-\dfrac{L_{1r}L_{2r}^2}{L_1L_r-L_{1r}^2}$。

图 5.11 给出了 CW 电流环典型结构图，其中的 $G_c(s)$ 代表着电流控制器传递函数，$G_d(s)=1/(Ts+1)$代表着控制系统的计算延迟。通常计算延迟取开关周期的 1.5 倍，即 $T=1.5/f_{PWM}$，其中 f_{PWM} 为 IGBT 的开关频率。根据式（5-81），CW 可以用 $L(s)=1/(L_{eq}s+R_{eq})$来代替。同时电流环存在着 d、q 轴间的交叉耦合扰动、PW 电压扰动等，在分析电流控制器的时候，扰动项的影响暂不考虑。

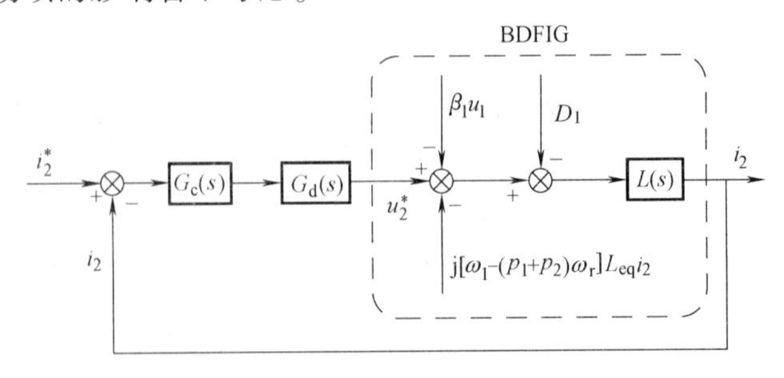

图 5.11 CW 电流环典型结构图

为了减少电流控制器数目以及避免使用各种 CW 电流提取模块，本节采用基于基波同步旋转坐标系下的单电流控制器来实现电流环控制。基于基波同步旋转坐标系下的单电流控制器不仅要处理 PW 电压幅值控制器输出的基波电流参考值，而且还要处理来自谐波电压控制环输出的谐波电流参考值。为了设计好单电流控制器，CW 电流各种分量的频率信息需要首先确定，根据 PW 和 CW 的频率关系式（5-55），可以得到表 5.2 所示的静止坐标系下各个谐波分量对应的角频率。

表 5.2 静止坐标系下 PW 和 CW 谐波分量角频率

分　量	PW 角频率/(rad/s)	CW 角频率/(rad/s)
基波分量	ω_1	$\omega_{2\text{-f}}=(p_1+p_2)\omega_r-\omega_1$
负序 5 次谐波分量	$-5\omega_1$	$\omega_{2\_5}=(p_1+p_2)\omega_r+5\omega_1$
正序 7 次谐波分量	$7\omega_1$	$\omega_{2\_7}=(p_1+p_2)\omega_r-7\omega_1$

BDFIG 动态模型从静止坐标系到基波同步旋转坐标系的变换公式为

$$x^{\alpha\beta\_PW}=e^{j\theta_1^*}x^{dq} \tag{5-82}$$

$$x^{\alpha\beta\_CW}=e^{j(\theta_g-\theta_1^*)}\bar{x}^{dq} \tag{5-83}$$

式中，$\theta_g=(p_1+p_2)\theta_r-p_2\gamma$，其中 γ 为 PW 和 CW 两套绕组间的机械角度差；上标 $\alpha\beta\_PW$ 代表 PW 静止坐标系，上标 $\alpha\beta\_CW$ 代表 CW 静止坐标系；dq 代表基波同步旋转坐标系。

结合式（5-82）和式（5-83）以及表 5.2，可以得到基波同步旋转坐标系下各个谐波分量对应的频率，见表 5.3。

表 5.3 基波同步旋转坐标系下 PW 和 CW 谐波分量角频率

分　量	PW 角频率/(rad/s)	CW 角频率/(rad/s)
基波分量	0	0
负序 5 次谐波分量	$-6\omega_1$	$+6\omega_1$
正序 7 次谐波分量	$6\omega_1$	$-6\omega_1$

由表 5.3 可知，由于谐波分量的存在，基波同步参考坐标系下的 CW 电流不再只含直流量，还包含频率为 6 倍基波频率的交流分量。PI 控制器被广泛用于电流内环控制器，它对于直流量具有良好的调节和跟踪能力，但对较高频率的参考信号存在着稳态误差以及相位延迟。换句话说，由于系统开关频率和带宽的限制，PI 控制器在较高频率点无法提供无限大的开环增益，因此无法保证交流信号的零稳态误差跟踪[21,22]。考虑到非线性负载下的低次谐波抑制中 CW 电流频率信息，基于 PI 控制器的电流环无法获得零误差的稳态跟踪效果。为了加强电流环的跟踪效果，谐振控制器可以用来提高 PI 控制器对特定频率交流参考信号的跟踪能力[16]。因此，本节电流环采用比例积分谐振（Proportional Integral Resonant，PIR）控制器，其传递函数为

$$G_{PIR}=K_p+\frac{K_i}{s}+\frac{K_r s}{s^2+\omega_R^2} \tag{5-84}$$

式中，s 为拉普拉斯算子；K_p、K_i 和 K_r 分别为比例增益、积分增益和谐振增益；ω_R 为谐振

角频率。

PIR 控制器由 PI 控制器和谐振控制器（即 R 控制器）组成，式（5-84）的第三项为 R 控制器的 s 域表达形式。当 $s=\mathrm{j}\omega_R$ 时，R 控制器传递函数的幅值增益为无穷大，基于 R 控制器在谐振频率点的无穷大幅值增益，控制器必然能对谐振角频率交流信号提供零稳态误差跟踪性能。同时应该注意到，这种理想的 R 控制器只能在谐振频率点处获得无穷大的幅值增益，并且开环幅值增益在谐振频率点附近迅速衰减。由于控制器离散化以及系统频率变化的原因引起的谐振频率变化，R 控制器的性能会受到影响。在实际应用中，为了降低控制器的谐振频率敏感性，截止频率 ω_{cut} 被引入到 R 控制器。截止频率的引入一方面降低了幅值增益大小，使无穷大增益变为有限增益；另一方面扩大了高谐振增益的频率范围。带有截止频率的 PIR 控制器传递函数形式为

$$G_{PIR}=K_p+\frac{K_i}{s}+\frac{2K_r\omega_{cut}s}{s^2+2\omega_{cut}s+\omega_R^2} \tag{5-85}$$

式中，ω_{cut} 为截止频率，截止频率通常在 5~20rad/s 范围内选择[17]。

接下来，根据表 5.4 提供的 BDFIG 的仿真参数，结合式（5-81）所示的 CW 电流简化模型，对基于 PI 和 PIR 控制器的 CW 电流环性能进行仿真分析。将基波频率设置为 50Hz，根据表 5.3 可知，此时 PIR 控制器谐振频率为 300Hz。

表 5.4 BDFIG 的仿真参数

参　数	数　值
PW 和 CW 极对数	1、3
PW、CW 和转子绕组电阻/Ω	0.4034、0.2680、0.3339
PW、CW 和转子绕组自感/H	0.4749、0.03216、0.2252
PW、CW 和转子绕组之间的互感/H	0.3069、0.02584
额定功率因数	0.8（滞后）
自然同步转速/(r/min)	750
转速范围/(r/min)	600~1200
PW 电压、电流额定值	380V、45A
CW 电压、电流额定值	350V、40A
转子绕组类型	绕线转子

图 5.12 给出了基于 PI 和 PIR 控制器的 CW 电流环的开环和闭环传递函数伯德图，其中图 5.12a 为开环传递函数伯德图，图 5.12b 为闭环传递函数伯德图。相关参数如下：$K_p=20$，$K_i=1200$，$K_r=40$，$\omega_{cut}=5\mathrm{rad/s}$。由图 5.12a 可知，PI 控制器在 300Hz 处无法提供足够大的幅值增益，而采用 PIR 控制器的电流环可以在 300Hz 处调节幅值增益。由闭环传递函数伯德图可知，采用 PI 控制器的电流环在 300Hz 处的幅频响应不是 0dB 和 0°，这意味着基于 PI 控制器的电流环对于 300Hz 交流参考信号的调节存在稳态误差。而基于 PIR 控制器的电流环在 300Hz 处的幅频响应接近 0dB 和 0°。另外，基于 PIR 控制器的闭环传递函数伯德图在靠近 300Hz 处存在一个谐振尖峰，这是谐振控制器相位突变所导致。根据上述分析可知，R 控制器可以增强电流环的特定频率交流信号跟踪能力。

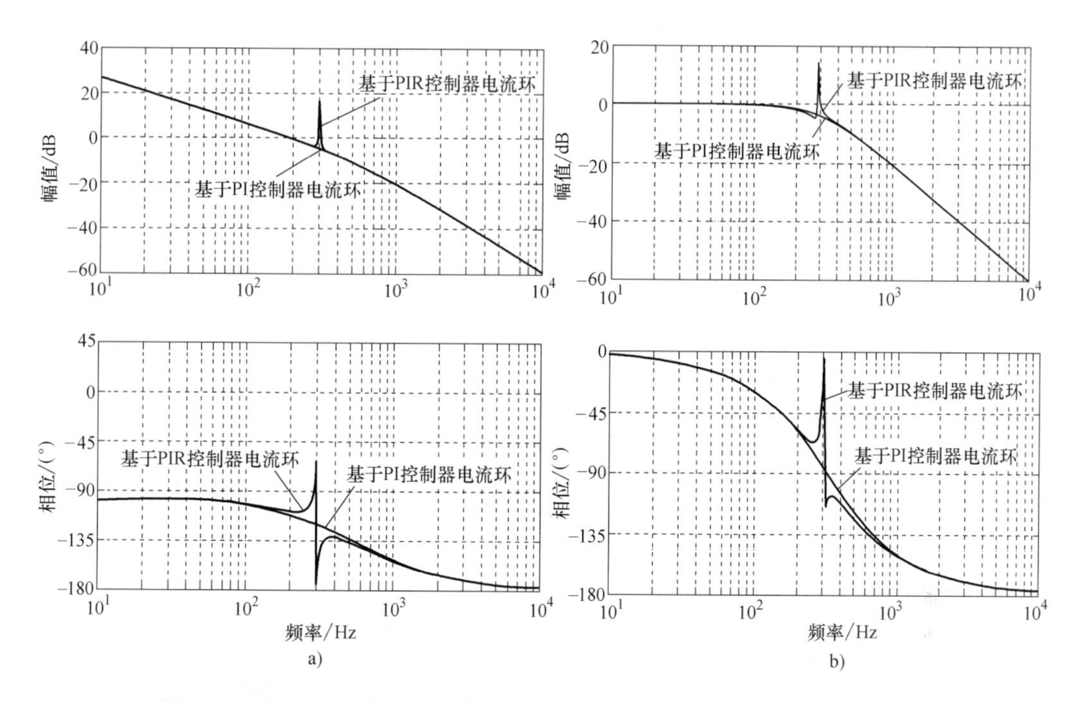

图 5.12　基于 PI 和 PIR 控制器的 CW 电流环的开环和闭环传递函数伯德图

3. PW 电压提取模块

由于非线性负载的影响，PW 电压发生了畸变，包含大量的谐波成分。PW 电压基波分量、谐波分量的提取是非线性负载下低次谐波抑制的关键。一方面提取出来的谐波成分在各自对应的谐波同步参考坐标系下单独调节；另一方面分离出来的基波分量可以被普通的锁相环提取相位信息，用于 LSC 坐标系的定向等。因此，PW 电压提取模块对于整个控制系统的性能具有重大影响，快速性和准确性是衡量 PW 电压提取模块的两个重要指标。

常见的 PW 电压提取模块是利用带阻滤波器实现的，通过带阻滤波器的窄频带特性排除其他频率分量的影响从而获得单一频率成分。由于其结构简单的优势，这种带阻滤波器的方式在大量场合被广泛应用。但是这种基于带阻滤波器的提取模块存在两方面缺点：一方面带阻滤波器无法实现某一频率的正负序分量分离；另一方面带阻滤波器对于各种谐波分量影响削弱有限，高衰减特性不可避免地引入高延时。

针对带阻滤波器的这两方面缺点，本节采用了基于多个二阶广义积分器协调工作的电压提取模块。一方面在静止 $\alpha\beta$ 坐标系下用两个二阶广义积分器通过瞬时对称分量（Instantaneous Symmetrical Components，ISC）方法获得某一频率的正负序分量；另一方面，谐波解耦网络的加入使得各种谐波分量间的影响得以消除[18]。接下来将分别介绍这两方面的具体实施形式。

利用对称分量法可以很容易求解出 abc 坐标系下的三相不对称变量的正负零序分量，再根据三相正负序分量之间互相滞后 120°可以得到三相绕组的正负序分量，三相绕组分量的正序分量表达式如下式所示：

$$\begin{bmatrix} x_{A+} \\ x_{B+} \\ x_{C+} \end{bmatrix} = T_+ \begin{bmatrix} x_A \\ x_B \\ x_C \end{bmatrix} = \frac{1}{3}\begin{bmatrix} 1 & a & a^2 \\ a & a^2 & 1 \\ a^2 & 1 & a \end{bmatrix}\begin{bmatrix} x_A \\ x_B \\ x_C \end{bmatrix} \tag{5-86}$$

式中，下标 A、B 和 C 分别代表三相绕组；+代表正序分量；T_+代表着正序分量变换；$a=\mathrm{e}^{-\mathrm{j}2\pi/3}$。

利用 Clark 变换将式（5-86）中三相分量转换到静止 $\alpha\beta$ 坐标系，Clark 变换如下式所示：

$$\begin{bmatrix} x_\alpha \\ x_\beta \end{bmatrix} = \boldsymbol{T}_{\alpha\beta}\begin{bmatrix} x_\mathrm{A} \\ x_\mathrm{B} \\ x_\mathrm{C} \end{bmatrix} = \frac{2}{3}\begin{bmatrix} 1 & -\frac{1}{2} & -\frac{1}{2} \\ 0 & \frac{\sqrt{3}}{2} & -\frac{\sqrt{3}}{2} \end{bmatrix}\begin{bmatrix} x_\mathrm{A} \\ x_\mathrm{B} \\ x_\mathrm{C} \end{bmatrix} \tag{5-87}$$

式中，$\boldsymbol{T}_{\alpha\beta}$ 代表 Clark 变换矩阵。

因此静止 $\alpha\beta$ 坐标系下瞬时正序分量如下式所述：

$$\begin{bmatrix} x_{\alpha+} \\ x_{\beta+} \end{bmatrix} = \boldsymbol{T}_{\alpha\beta}\begin{bmatrix} x_{\mathrm{A}+} \\ x_{\mathrm{B}+} \\ x_{\mathrm{C}+} \end{bmatrix} = \boldsymbol{T}_{\alpha\beta}\cdot\boldsymbol{T}_+\begin{bmatrix} x_\mathrm{A} \\ x_\mathrm{B} \\ x_\mathrm{C} \end{bmatrix} = \boldsymbol{T}_{\alpha\beta}\cdot\boldsymbol{T}_+\cdot\boldsymbol{T}_+^{-1}\begin{bmatrix} x_\alpha \\ x_\beta \end{bmatrix} = \frac{1}{2}\begin{bmatrix} 1 & -q \\ q & 1 \end{bmatrix}\begin{bmatrix} x_\alpha \\ x_\beta \end{bmatrix} \tag{5-88}$$

式中，q 代表着时域的相移算子，$q=\mathrm{e}^{-\mathrm{j}\pi/2}$，将原信号滞后 90°。

类似地，$\alpha\beta$ 坐标系下瞬时负序分量也可以求出。

由上述分析可知，利用 ISC 法可以简单快速得到正负序分量，实现的关键在于如何获取原信号的正交信号，即相位相差 90°。二阶广义积分器（SOGI）可以获得特定频率处的两个相位相差 90°的正交信号，而且对于偏离特定频率处的其他信号存在 20dB/十倍频的衰减特性。二阶广义积分器传递框图如图 5.13 所示，由图可知，其传递函数为[19]

$$D(s)=\frac{v'(s)}{v(s)}=\frac{k\omega s}{s^2+k\omega s+\omega^2} \tag{5-89}$$

$$Q(s)=\frac{qv'(s)}{v(s)}=\frac{k\omega^2}{s^2+k\omega s+\omega^2} \tag{5-90}$$

式中，ω 为谐振频率；k 为阻尼系数；v'和 qv'为一对正交信号。

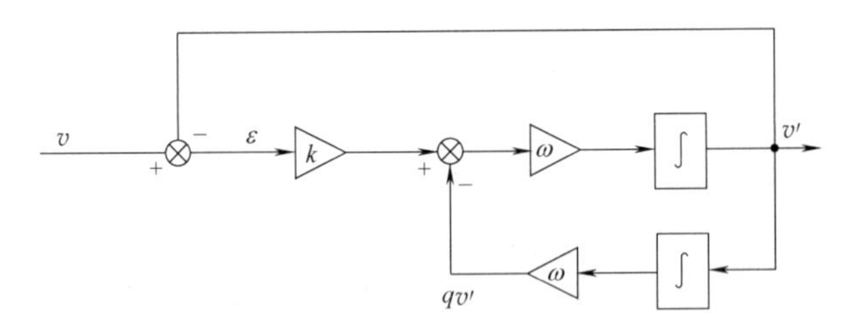

图 5.13　SOGI 传递框图

图 5.14 给出不同阻尼系数下 SOGI 传递函数 $D(s)$ 和 $Q(s)$ 的伯德图，其中谐振频率为 500Hz。对于含有谐振频率信号的输入信号，经过 $D(s)$ 后得到的 v'信号滤除了谐振频率外的其他信号，而经过 $Q(s)$ 后得到的 qv'信号可以获得与 v'信号滞后 90°的正交信号。不同阻尼系数影响了 SOGI 的频率选择性，阻尼系数越小、频率选择性越高，但系统的稳定裕度越小。因此，阻尼系数的选择通常是频率选择性和稳定性的折中，通常取$\sqrt{2}$。因此，某一频率的正、负序分量可以由一对 SOGI 实现，将 α 分量和 β 分量分别送入两个 SOGI，按照式（5-88）将得到的输出信号及其正交信号经过简单的计算便可以得到某一频率的正负序分量。

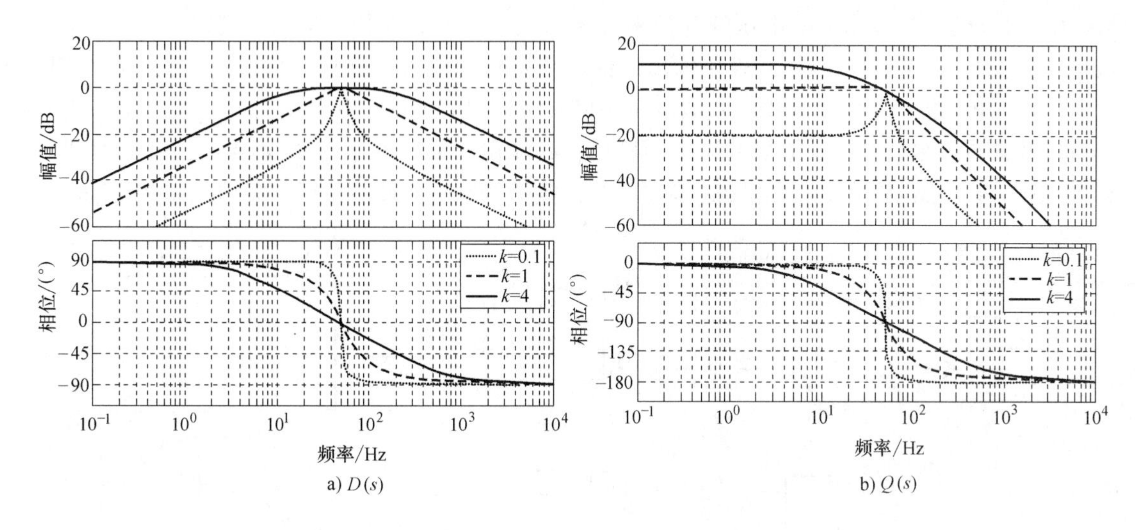

a) $D(s)$　　b) $Q(s)$

图 5.14　不同阻尼系数下 SOGI 传递函数伯德图

图 5.15 给出了 PW 电压低次谐波分量提取模块的结构图，它主要提取静止 $\alpha\beta$ 坐标系下的正序基波分量、负序 5 次和正序 7 次谐波分量。图 5.15 中，DSOGI-QSG 代表双二阶广义积分器正交信号发生器（Dual-SOGI Quadrature Signal Generator），它由两个 SOGI 构成，分别对 α 分量和 β 分量进行处理。为了将各个谐波分量之间的影响降至最低，通过多个 SOGI 协作方式构建谐波解耦网络去除各个频率分量之间的耦合影响，某一 SOGI 的输入信号是去除了其他谐波或基波的输入信号，因此图 5.15 所示的谐波分量提取模块又被称为多重二阶广义积分器（Multiple Second Order Generalized Integrator，MSOGI）。图 5.15 中的正序计算器（Positive-Sequence Calculator，PSC）和负序计算器（Negative-Sequence Calculator，NSC）根据式（5-88）得出。

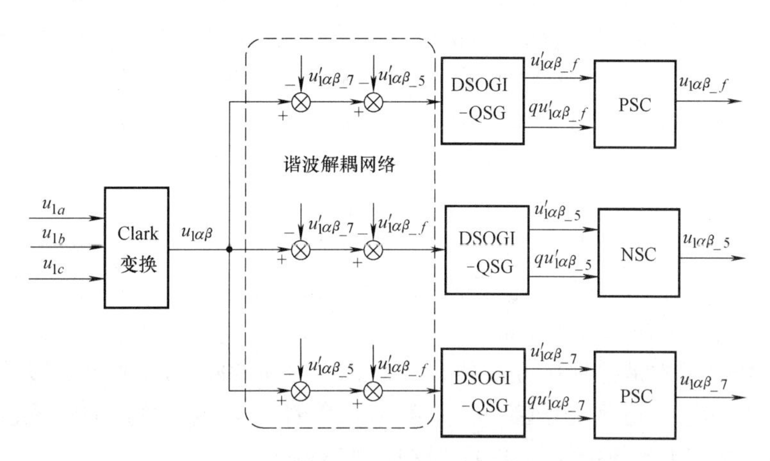

图 5.15　PW 电压低次谐波分量提取模块（MSOGI）

4. 电机侧变流器中的低次谐波抑制

图 5.16 给出了非线性负载下基于 MSC 的低次谐波抑制方法框图。整个控制框图主要四个模块，分别是 PW 电压幅值控制模块，CW 电流控制模块，5 次、7 次谐波电压控制模块，PW 电压分量提取及锁相环（MSOGI and Phase-Locked Loop，MSOGI-PLL）模块[23]。首先，

MSOGI-PLL 模块提取出 PW 电压的各频率分量以及基波分量的相位信息；其次 5 次、7 次谐波电压控制模块将 MSOGI-PLL 模块输出的谐波分量作为输入得到对应的 CW 电流谐波分量；同时，PW 电压幅值控制模块根据基波电压幅值参考值得到 CW 电压基波分量；最后 CW 基波分量以及谐波分量之和送入 CW 电流控制模块，其输出的 CW 电压经 Park 变换，SVM 发生器得到 MSC 的 PWM 控制信号。由上述描述可知，整个低次谐波抑制控制方案均在 MSC 实施。

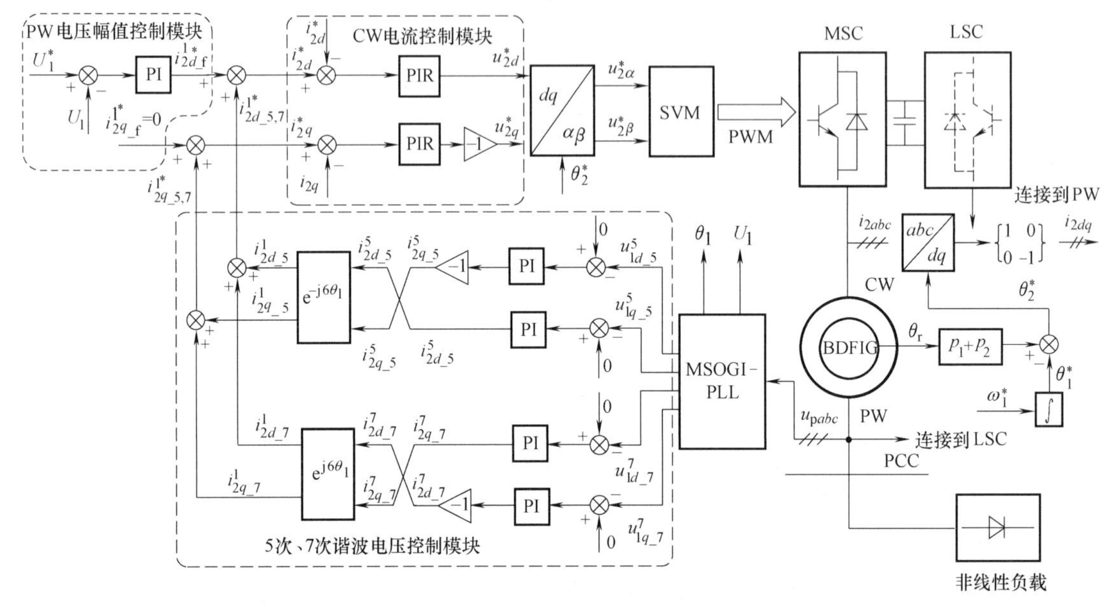

图 5.16　基于 MSC 的低次谐波抑制方案

5. 实验结果

本部分实验所对应的实验平台见附录 B。图 5.17 给出了基于 PI 和 PIR 控制器的电流环性能对比。首先在次同步速度（600r/min），为了独立验证 CW 电流环回路的控制性能，电压幅值控制模块被禁用。如图 5.17 所示，q 轴 CW 电流的参考值由直流分量（10A）和频率为 300Hz 振荡交流分量（10A）组成。从图 5.17a 可以看出，基于 PI 控制器的电流环控制模块的参考和反馈信号之间存在稳态误差。相反在图 5.17b 中，由于采用了 PIR 控制器，反馈值与参考值相吻合。图 5.17c 给出了三相静止坐标系下 CW 的 a 相电流。对图 5.17c 中的电流进行谐波分析，结果如图 5.17d 所示。CW 电流包含谐波分量，其频率为 290Hz，幅度几乎为 10A，这与之前 CW 谐波分量设置相符合。实验结果显示与 PI 控制器相比，PIR 控制器对交流信号具有更好的跟踪性能。

为了验证 MSC 低次谐波抑制方法的有效性，实验在 900r/min 的恒定转子速度下进行，结果如图 5.18 所示。发电系统连接一个带有电阻负载（$R_{dc}=25\Omega$）的不控二极管整流器，其中整流器的功率在电机线电压为 380V 时约为 11kW。

PW 电压和负载电流如图 5.18a 和图 5.18d 所示。由于非线性负载的连接，负载电流如图 5.18d 所示发生了畸变。因此，PW 电压质量由于谐波内阻抗谐波压降进而恶化，包含了频率为基波频率的 $6n\pm1$ 倍谐波分量。在 0.5s 时，低次谐波抑制方法被使能，如图 5.18c 所示，在 0.1s 内，5 次、7 次谐波分量的幅度成功地减少到基波分量的 2%左右。如图 5.18b 所示，对应谐波分量也被注入到 CW 电流，使得 PW 感应出适当的补偿电压。

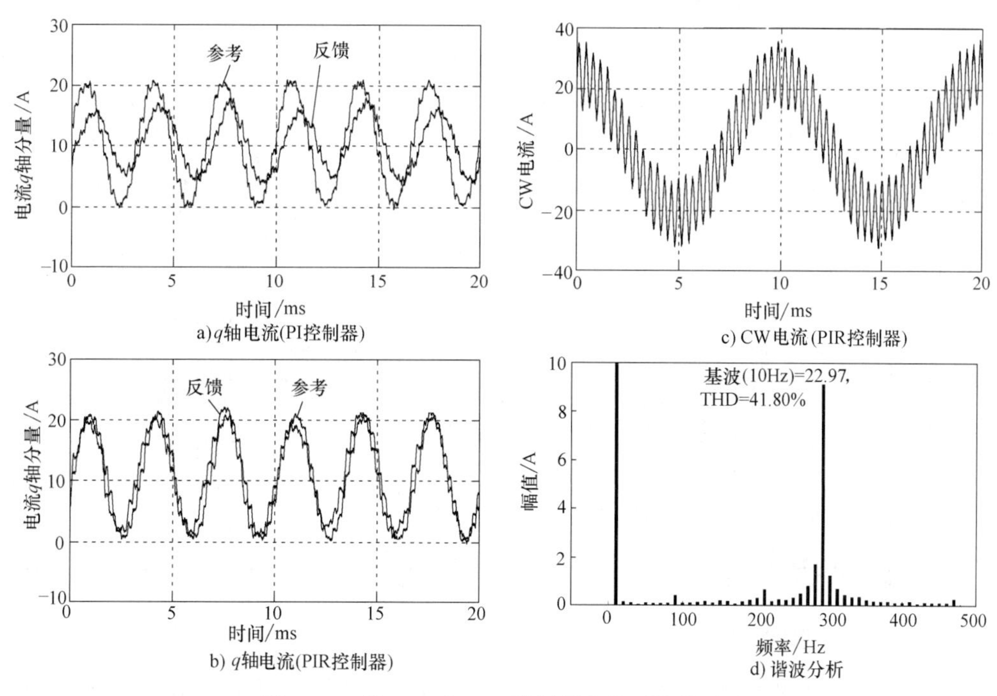

a) q轴电流(PI控制器)

b) q轴电流(PIR控制器)

c) CW电流(PIR控制器)

d) 谐波分析

图 5.17 基于 PI 和 PIR 控制器电流环性能对比

PW 线电压的细节波形如图 5.18e 和图 5.18g 所示。由于低次谐波抑制方法的使能，PW 电压的 THD 也从 18.32%下降到 6.43%，这可以从图 5.18f 和图 5.18h 得出。同时也应该注意到，从图 5.18h 可以看出，与其他谐波分量相比，100Hz 处谐波分量的幅度略大。这是由于 BDFIG 磁场的饱和效应，转子绕组磁场存在谐波分量进而影响到 PW 电压。

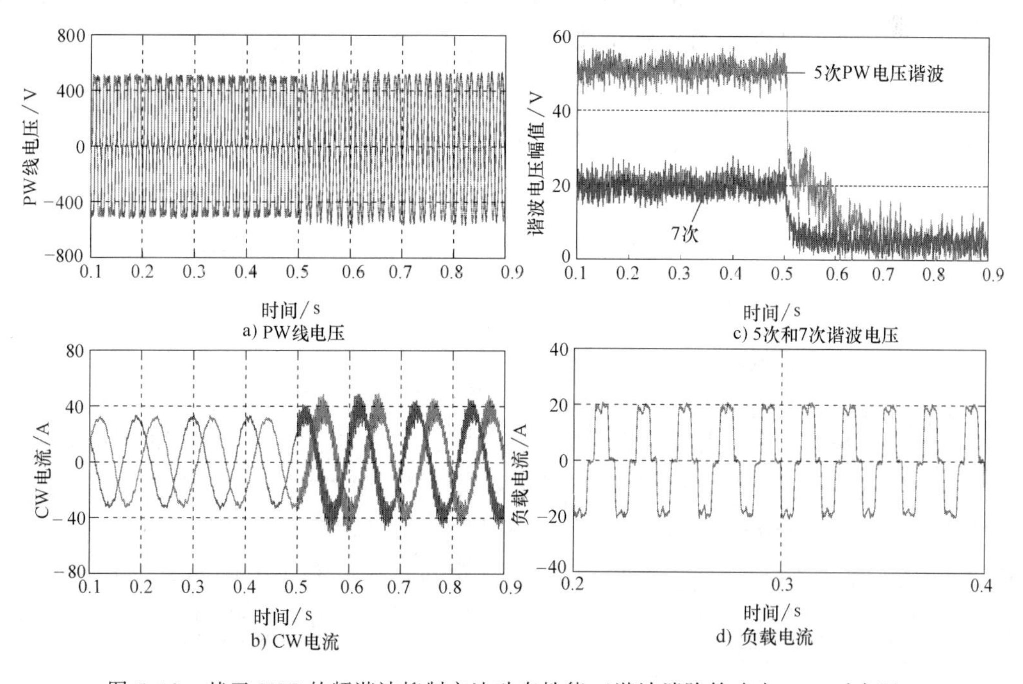

a) PW线电压

b) CW电流

c) 5次和7次谐波电压

d) 负载电流

图 5.18 基于 MSC 的频谐波抑制方法动态性能（谐波消除策略在 0.5s 时启用）

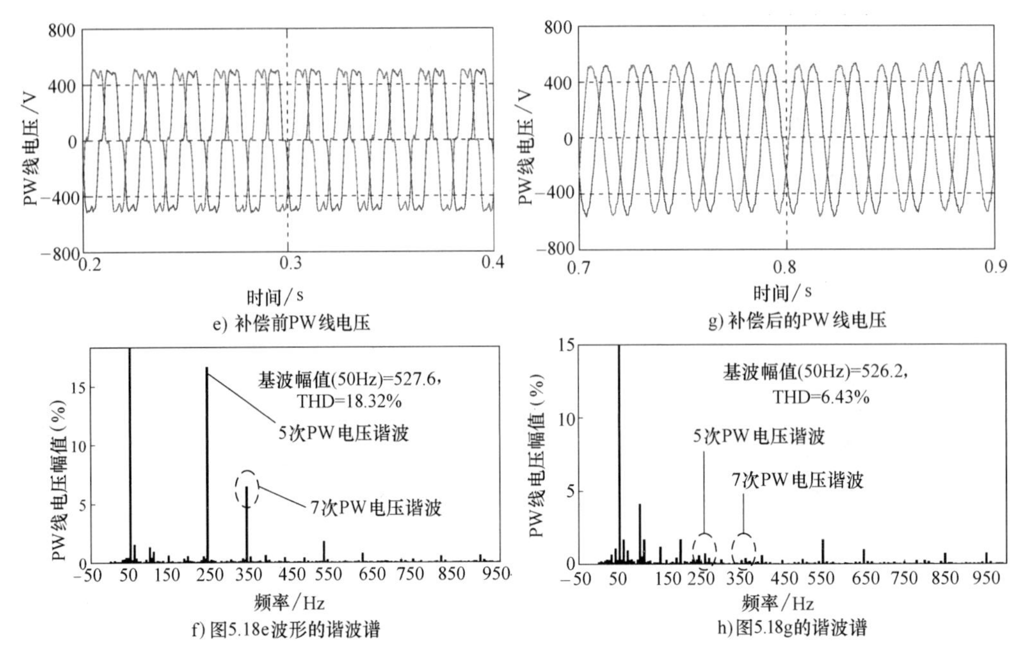

图 5.18　基于 MSC 的频谐波抑制方法动态性能（谐波消除策略在 0.5s 时启用）（续）

图 5.19 给出了转子速度变化时基于 MSC 的谐波抑制方法动态性能。如图 5.19a 所示，实验中转子速度从超同步转子速度（900r/min）变化到次同步转子速度（675r/min）。在图 5.19b 中可以注意到越过自然同步速度点的现象，其中 CW 电流的频率根据速度而变化以维持 PW 电压的恒定频率（50Hz）。在速度变化期间，5 次、7 次谐波分量的幅度成功地保持在基波分量的 2%左右，如图 5.19c 所示。PW 线电压的放大波形如图 5.19d 所示。以上实验结果验证了即使在转子速度变换情况下基于 MSC 的谐波抑制方法仍然具有良好的控制性能。

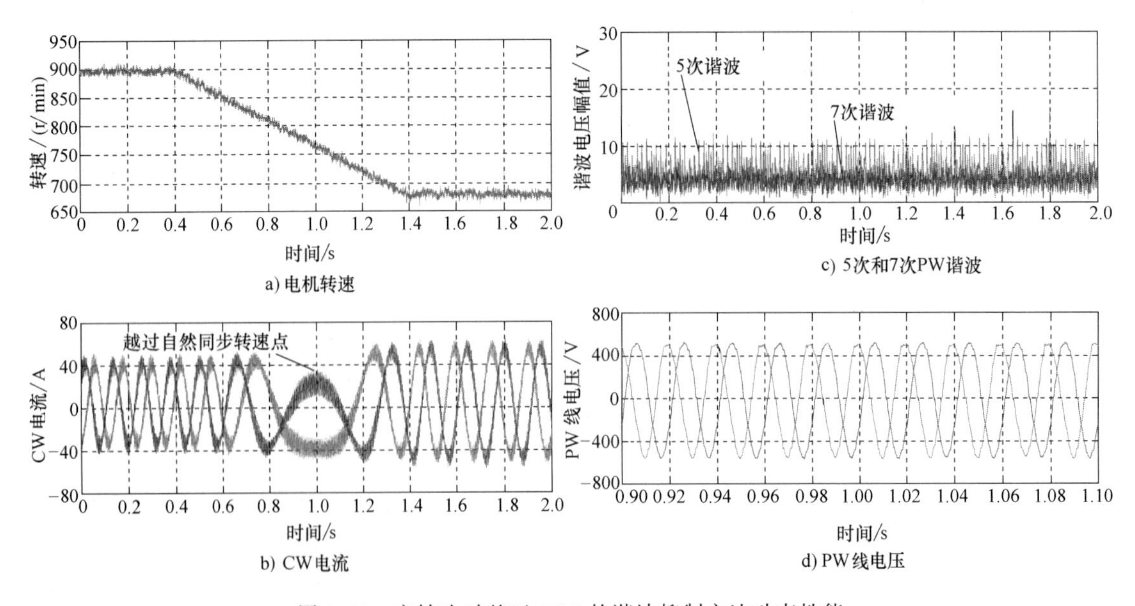

图 5.19　变转速时基于 MSC 的谐波抑制方法动态性能

5.4.2　基于负载侧变流器的抑制方法[24]

本节将分两个方面阐述 LSC 中的低次谐波抑制方法。首先提出了一种与传统方案相比不需要负载侧电流传感器的低次谐波抑制方案，详细理论推导将会在下文给出。然后基于 30kVA 的 BDFIG 平台的相关实验结果证明了该方法的有效性。

1. 负载侧变流器中的低次谐波抑制

低次谐波抑制方法不仅可以基于 MSC，也可以在 LSC 中实现。常见的基于 LSC 的低次谐波抑制是以有源滤波概念为基础。首先检测负载电流中的谐波含量，然后按照式（5-48）所示通过 LSC 注入相反的谐波电流，这样消除了 PW 电流中的谐波分量。但是传统方案需要额外的负载电流传感器，这无疑增加了系统的成本。本节介绍一种不需要额外电流传感器的 LSC 低次谐波抑制方法。

图 5.20 给出了非线性负载下 BDFIG 独立发电系统结构图。PW 电流 i_1、负载电流 i_{load} 和 LSC 电流 i_{L} 的正方向如图所示，根据基尔霍夫电流定律可以得到三者之间关系如下：

$$i_1 = i_{\text{load}} - i_{\text{L}} \tag{5-91}$$

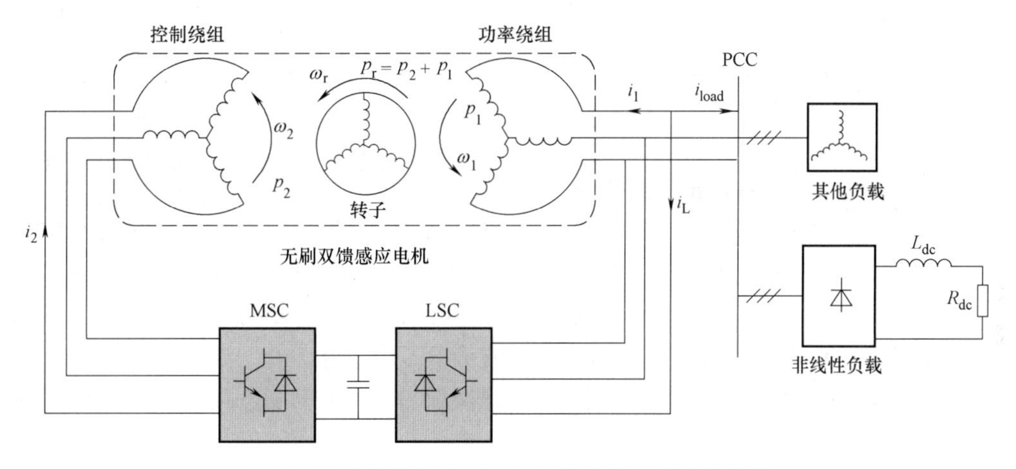

图 5.20　非线性负载下 BDFIG 独立发电系统结构图

将式（5-91）代入 PW 电压表达式（5-49），可以得到以 LSC 电流为控制变量的关系式如下：

$$u_{1\_h}^h = R_1(i_{\text{load}\_h}^h - i_{\text{L}\_h}^h) + s(L_1 i_{\text{load}\_h}^h - L_1 i_{\text{L}\_h}^h + L_{1\text{r}} i_{\text{r}\_h}^h) + \text{j}\omega_{1\_h}(L_1 i_{\text{load}\_h}^h - L_1 i_{\text{L}\_h}^h + L_{1\text{r}} i_{\text{r}\_h}^h) \tag{5-92}$$

将式（5-92）进一步化简可以得到

$$u_{1\_h}^h = -R_1 i_{\text{L}\_h}^h - L_1 \frac{\text{d}i_{\text{L}\_h}^h}{\text{d}t} + D_{\text{load}\_h} + D_{\text{cross}\_h} + D_{\text{machine}\_h} \tag{5-93}$$

式中

$$D_{\text{load}\_h} = R_1 i_{\text{load}\_h}^h + L_1 \frac{\text{d}i_{\text{load}\_h}^h}{\text{d}t} + \text{j}\omega_{1\_h} L_1 i_{\text{load}\_h}^h$$

$$D_{\text{cross}\_h} = -\text{j}\omega_{1\_h} L_1 i_{\text{L}\_h}^h$$

$$D_{\text{machine\_}h}=L_{1\text{r}}\frac{\text{d}i_{\text{r\_}h}^{h}}{\text{d}t}+\text{j}\omega_{1\_h}L_{1\text{r}}i_{\text{r\_}h}^{h}$$

由式（5-93）可知，以 LSC 电流为控制变量，PW 电压谐波电压表达式的扰动可以分为三个部分，第一部分为由于非线性负载引起的负载扰动项（$D_{\text{load\_}h}$）；第二部分为 LSC 电流 dq 轴分量之间交叉耦合项（$D_{\text{cross\_}h}$）；第三部分为转子绕组电流引起的电机侧谐波电压扰动项（$D_{\text{machine\_}h}$）。忽略这三部分扰动，从 LSC 电流到 PW 谐波电压的传递函数为一阶传递函数。一方面，通过控制 LSC 谐波电流可以调节 PW 谐波电压；另一方面，LSC 谐波电流的参考值可以通过 PW 谐波电压控制器直接得到。将 PW 电压谐波分量是否为 0 作为 LSC 电流是否完全补偿的衡量依据，这样就可以避免额外的负载电流传感器，降低了系统成本。

根据式（5-93）可以得到任意次谐波分量的 LSC 抑制方案，图 5.21 给出了非线性负载下 LSC 谐波电压控制链。在前述电流正方向下，由式（5-93）各变量的正负关系可知，此时 PI 控制器参数为负系数。在图 5.21 中，坐标变换模块中变量 n 与 h 次谐波分量关系式如下所示：

$$\begin{cases}F_{dq}^{1}=\text{e}^{\text{j}6n\theta_1}F_{dq}^{h}\\F_{dq}^{1}=\text{e}^{-\text{j}6n\theta_1}F_{dq}^{h}\end{cases}\quad h=6n+1 \tag{5-94}$$

式中，F 代表电流、电压或磁链等物理量。

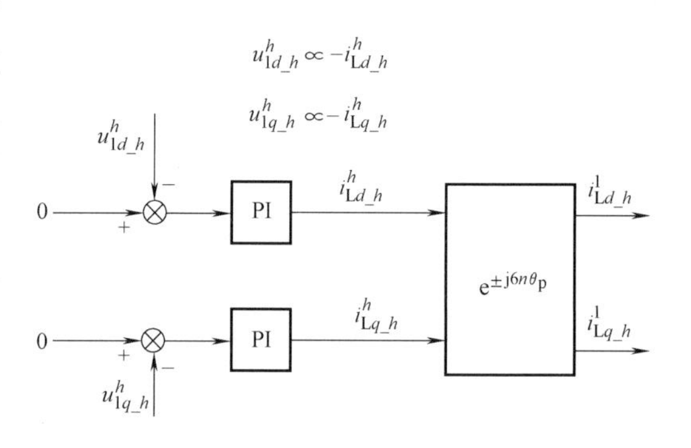

图 5.21　非线性负载下 LSC 谐波电压控制链

至此，基于 LSC 的低次谐波抑制方法中谐波抑制环节已经介绍完毕，LSC 的基本控制采用基于 PW 电压定向的矢量控制方案。基于 PW 电压定向的矢量控制方案中，LSC 电流的 d 轴分量可以调节有功功率，即改变直流母线电容电压值；而 q 轴分量可以调节无功功率，通常 LSC 运行在单位功率因数状态，因此 q 轴分量参考值设置为 0。与 5.4.1 节相类似，基波同步参考坐标系的 LSC 电流参考值同样包含交流分量，PIR 控制器也被应用于 LSC 电流环。

图 5.22 给出了非线性负载下基于 LSC 的低次谐波抑制控制框图。其中 MSC 采用无速度传感器控制方案，在本书 6.3.1 节中有详细讨论，在此不再赘述。LSC 中低次谐波抑制方法与 5.4.1 节相同的模块也不再详细讨论。

2. 实验结果

本部分实验所对应的实验平台见附录中 B。图 5.23 给出了基于 LSC 的低次谐波抑制方法实验结果，本实验结果是在超同步转子速度（900r/min）下获得的。发电系统连接一个带有电阻负载（$R_{\text{dc}}=25\Omega$）的不控二极管整流器，其中整流器的功率在发电机线电压为 380V 时约为 11kW。

0.25s 时，基于 LSC 的低次谐波抑制方法使能。如图 5.23b 所示经 0.05s 后，5 次、7 次 PW 谐波电压分量降至零。在 0.5s 之后，某一相的负载电流、PW 电流和 LSC 电流的稳态波形如图 5.23c～e 所示。根据这些电流波形，可以包括负载电流的谐波已经通过 LSC 电流的相反谐波分量补偿，这可以从图 5.23f 中的谐波频谱看出。因此，综合结果验证了 LSC 中 PW 谐波抑制控制方法的良好性能。

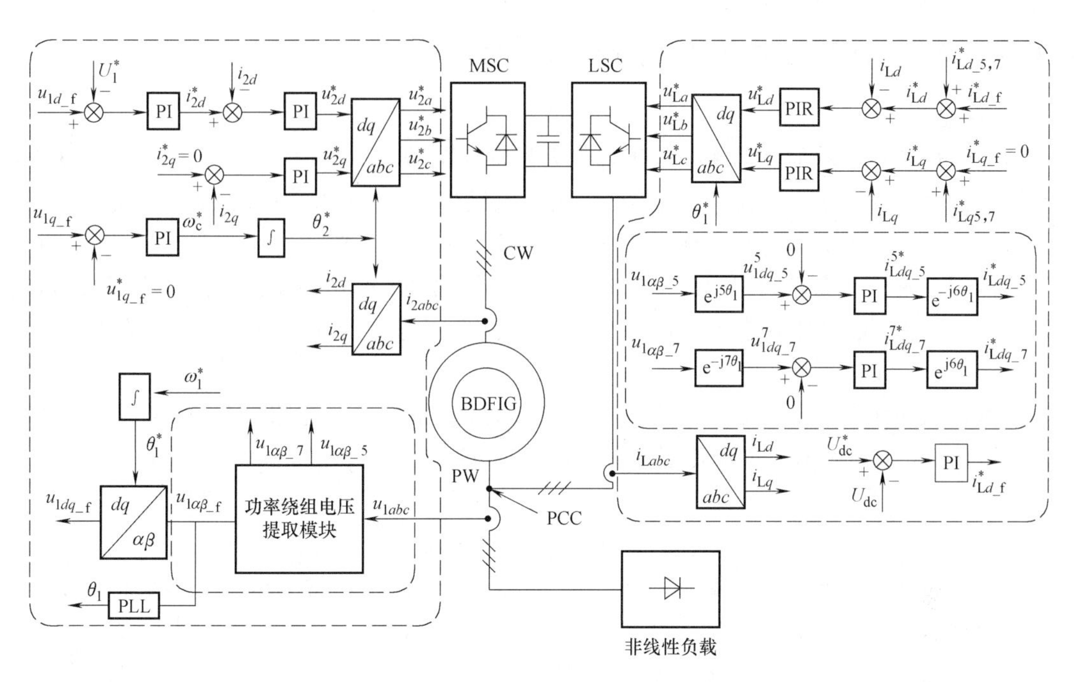

图 5.22　基于 LSC 的低次谐波抑制框图

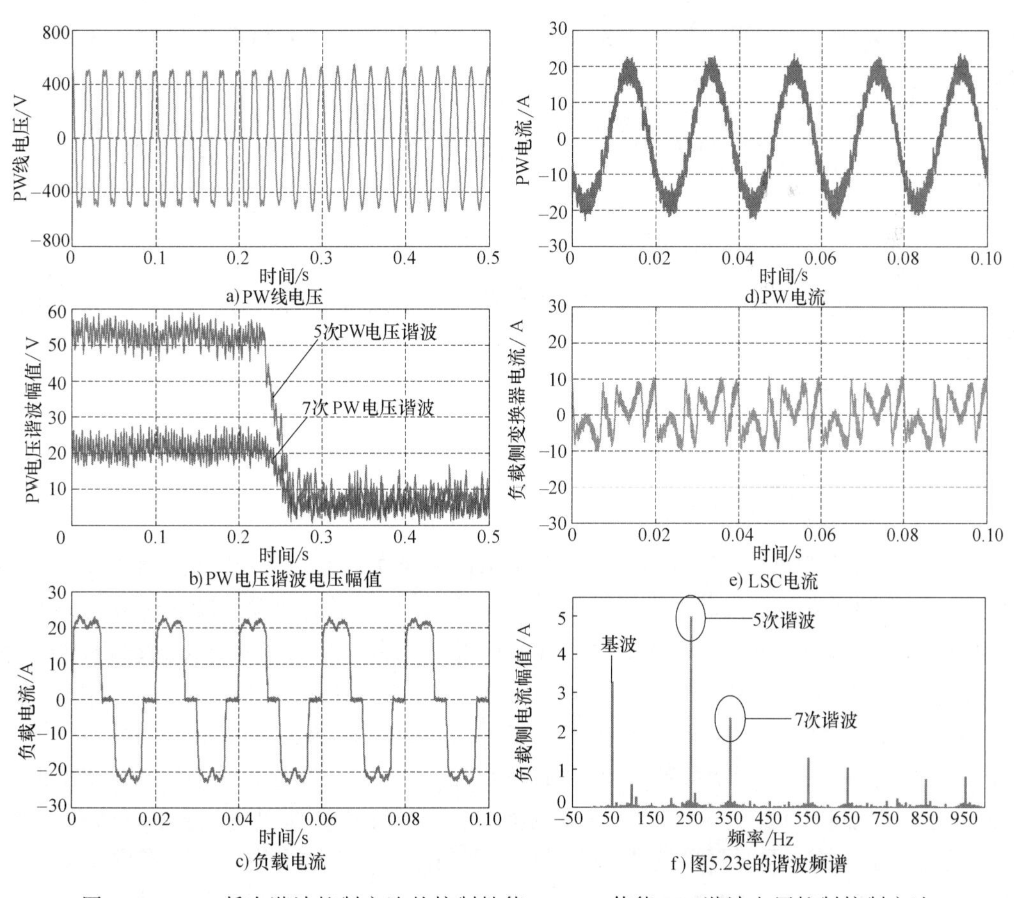

图 5.23　LSC 低次谐波抑制方法的控制性能，0.25s 使能 PW 谐波电压抑制控制方法

5.4.3 考虑变流器额定电压的协同抑制方法[25]

1. 方案设计

由非线性负载引起的畸变 PW 电压包含大量奇数次谐波，其中大部分是 5 次、7 次电压谐波，因此本节重点研究 5 次、7 次等低次谐波电压的消除。MSC 被认为是应用谐波抑制策略的首选，源于其更大额定功率优势，这将导致需要额外的 CW 电压去产生合适的谐波补偿电流。然而，对于具有相同幅度的不同阶次谐波，所需的 CW 电压幅值可能差别很大。基于 CW 电压单位幅值谐波抑制最大化的原理，本节提出了考虑变流器电压额定值的协同抑制方法。

与感抗值相比考虑到两套定子绕组电阻在阻抗值占比较小，忽略 CW 和 PW 在各自电阻上的压降，PW 电压和 CW 电压近似满足下列关系式：

$$u_c=-\frac{\omega_1-(p_1+p_2)\omega_r}{\omega_1}\frac{L_2L_r-L_{2r}^2}{L_{1r}L_{2r}}u_1 \tag{5-95}$$

通常，BDFIG 发电系统中在不高于或低于 30% 自然同步速度的速度范围运行，也就是说 $|(\omega_1-(p_1+p_2)\omega_r)/\omega_1|\leqslant 30\%$，由式（5-95）可知，基波 CW 电压与基波功率电压成正比，而且其增益数值 $[\omega_1-(p_1+p_2)\omega_r]/\omega_1$ 不大于 30%。与 PW 电压相比，在全工作转速范围所需 CW 电压是有限的，这也解释了为什么部分功率变流器便可以满足 BDFIG 的全功率运行要求。类似地，可以得出用于消除负序 5 次和正序 7 次 PW 谐波电压所需 CW 电压的幅值：

$$|u_{2\_5}^5|=\frac{5\omega_1+(p_1+p_2)\omega_r}{5\omega_1}\frac{L_2L_r-L_{2r}^2}{L_{1r}L_{2r}}|u_{1\_5}^5| \tag{5-96}$$

$$|u_{2\_7}^7|=\frac{7\omega_1-(p_1+p_2)\omega_r}{7\omega_1}\frac{L_2L_r-L_{2r}^2}{L_{1r}L_{2r}}|u_{1\_7}^7| \tag{5-97}$$

然而，对于负序 5 次谐波分量比例因子变为 $[5\omega_1+(p_1+p_2)\omega_r]/5\omega_1$；对于正序谐波分量比例因子变为 $[7\omega_1-(p_1+p_2)\omega_r]/7\omega_1$。这意味着消除负序 5 次 PW 谐波电压需要更多的 CW 电压。CW 电压幅值最大值是基波分量和消除 5 次、7 次谐波分量的幅值代数和，如下式所示：

$$|u_2|_{\max}=|u_{2\_f}^1|+|u_{2\_5}^5|+|u_{2\_7}^7| \tag{5-98}$$

式中，$|u_2|_{\max}$ 为 CW 幅值最大值；$|u_{2\_f}^1|$ 为调节 PW 电压基波分量所需 CW 分量的幅值；$|u_{2\_5}^5|$ 和 $|u_{2\_7}^7|$ 分别为消除 PW 电压 5 次、7 次谐波分量所需 CW 电压补偿量的幅值。

图 5.24 给出了非线性负载下不同控制目标所需 CW 电压随转速变化情况，其中控制目标 1 为 MSC 仅调节 PW 基波电压；控制目标 2 为 MSC 除了调节 PW 基波电压还消除 PW 的 7 次谐波电压；控制目标 3 为 MSC 除了调节 PW 基波电压还消除 PW 的 5 次谐波电压。转子速度和 CW 电压分别以自然同步转速和 PW 电压作为基准值，图 5.24 假定 5 次、7 次谐波电压幅值相同。从图中可以看出，用于消除 5 次 PW 谐波电压所需的 CW 电压大于消除相同幅值的 7 次 PW 谐波电压所需 CW 电压。随着转子速度的增加，这种趋势更加明显。这也意味着与消除 7 次 PW 谐波电压相比，需要更多额外变流器电压来消除 5 次 PW 谐波电压。考虑到 MSC 有限的额定电压，5 次 PW 谐波电压的抑制不适合在 MSC 中实施。为了充分利用两个变流器容量，

PW 电压 5 次谐波分量的抑制可以在 LSC 中实现，而 7 次谐波分量仍然由 MSC 消除。

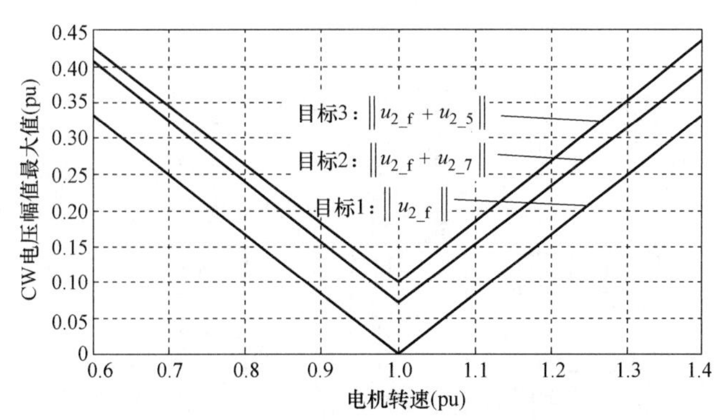

图 5.24　非线性负载下 MSC 不同控制目标所需 CW 电压随转速变化情况

PW 谐波电压 5 次分量和 7 次分量抑制方案的理论推导与 5.4.1 节和 5.4.2 节一致，本节仅给出其相应的控制链框图。图 5.25 给出了 MSC 的 7 次谐波电压控制链，图 5.26 给出了 LSC 的 5 次谐波电压控制链。

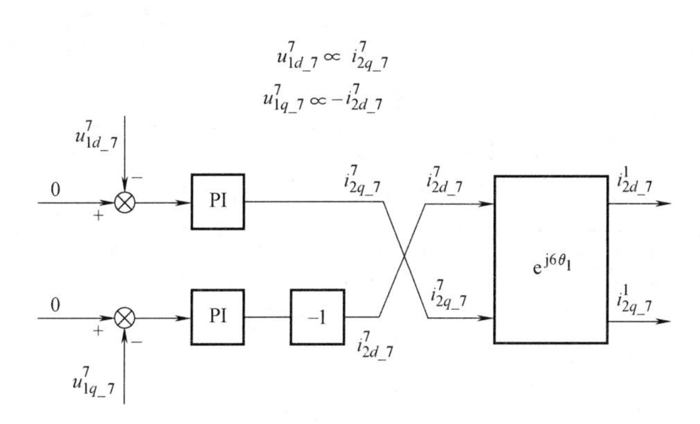

图 5.25　考虑变流器额定电压的协同抑制方案中 MSC 的 7 次谐波电压控制链

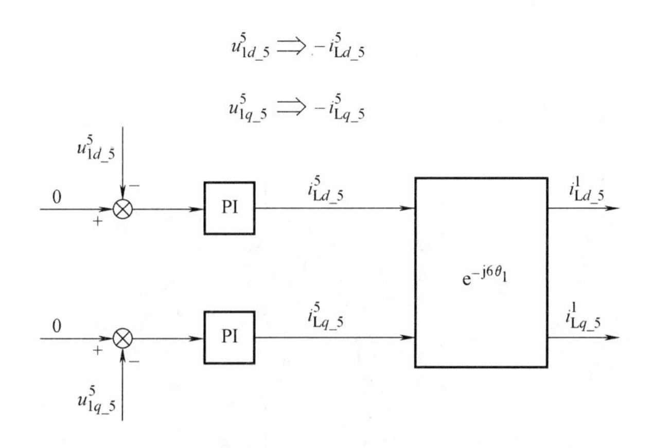

图 5.26　考虑变流器额定电压的协同抑制方案中 LSC 的 5 次谐波电压控制链

考虑变流器额定电压的协同抑制方案如图 5.27 所示，其中 MSOGI-PLL 模块和 PIR 模块在 5.4.1 小节已经详细讨论过，本节不再赘述。

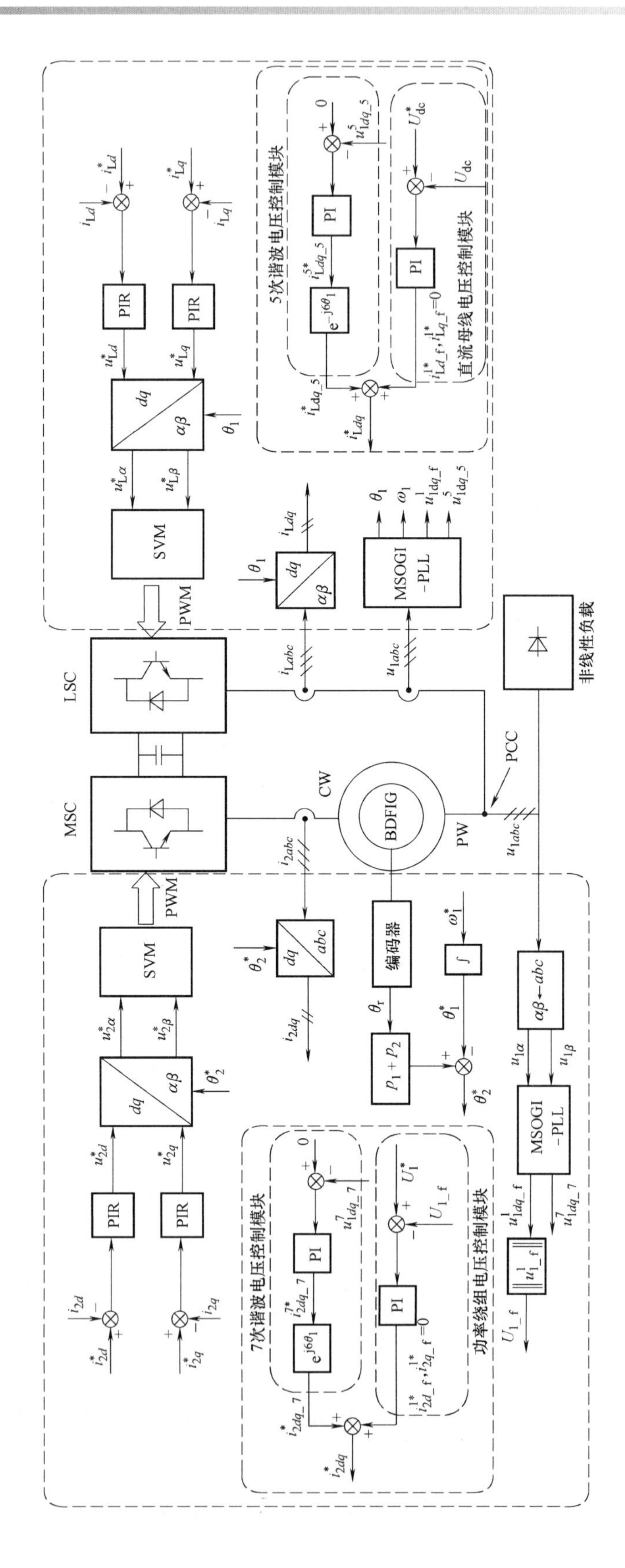

图 5.27　考虑变流器额定电压的低次谐波电压协同抑制方案

2. 实验结果

该部分实验所对应的实验平台见附录中的“实验平台 2”。图 5.28 给出了恒定转速（900r/min）协同抑制方法使能后的动态性能，无刷双馈发电系统连接了具有电阻负载（R_{dc} = 25Ω）的不控二极管整流器。为了更好对于协调控制方案的性能，0.21s 才使能协调控制方案。如图 5.28b 所示，0.21s 前（谐波抑制方法未使能），PW 电压中存在具有 6n±1 倍基频的谐波分量，其中 5 次和 7 次谐波分量占很大一部分；0.21s 后启用所提出的低次谐波抑制方案，5 次和 7 次谐波分量幅度在 0.04s 内成功地减少到基波分量的 3%以下。另一方面，补偿前后 PW 线电压的谐波频谱如图 5.28c 和图 5.28d 所示，采用所提出的低次谐波抑制方案后，5 次和 7 次谐波分量得以完全消除。上述实验结果充分验证了所提出方法的有效性。

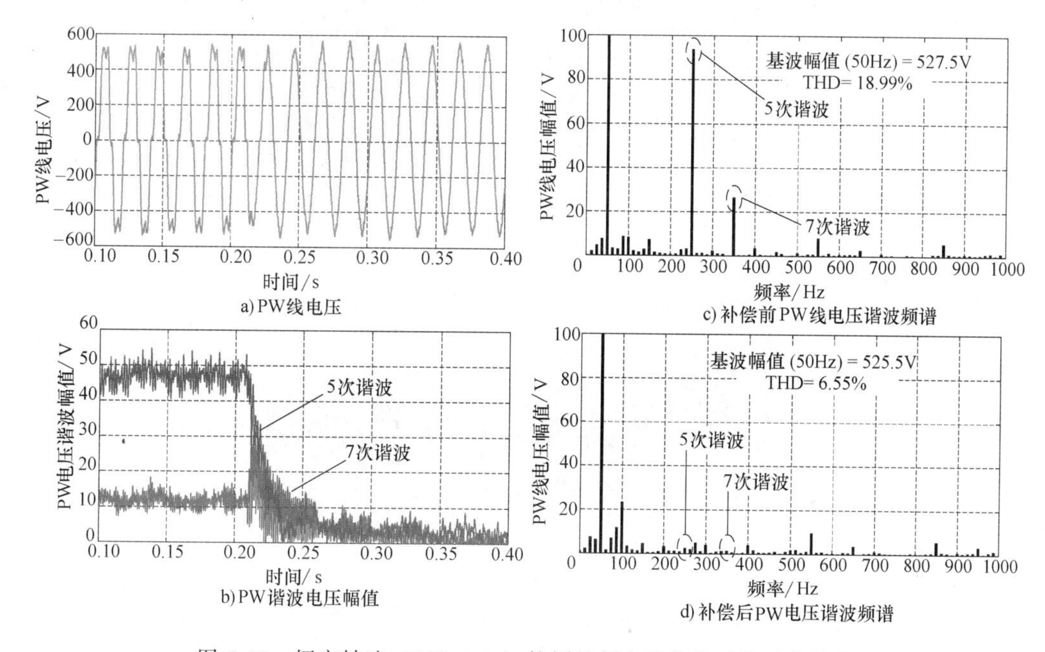

图 5.28　恒定转速（900r/min）协同抑制方法使能后的动态性能

图 5.29 给出了协调控制方法在转速变化时实验结果，该实验是在转子速度从亚同步（660r/min）到超同步（970r/min）情况下进行。如图 5.29b 所示，CW 电流的频率根据转了速度而变化，以维持 PW 电压的恒定频率（50Hz）。值得注意的是，随着转速的升高，CW 电流幅值也随之下降。这是由于 CW 的功率大小和传输方向随转速而变换，简单地说，在次同步转速以下，CW 通过背靠背变流器吸收功率；而在超同步转速下，CW 通过背靠背变流器和 PW 一起向负载输出功率。这导致即使在相同负载功率下，高转速时 PW 提供的功率较小，自然所需要励磁的 CW 电流较小。PW 电压的放大波形如图 5.29a 所示，直观来看电压质量在速度变化期间没有出现下降。另一方面，如图 5.29c 所示，5 次和 7 次谐波分量在整个变速过程成功地维持在基波的 3%左右。

图 5.30 给出了协同抑制方法下稳态时的负载电流、PW 电流、LSC 电流波形及其谐波谱。通过三种电流中的谐波分布可以反映在低次谐波抑制过程中电机侧和 LSC 如何分配控制目标，电流中谐波分量的阶次可以间接反映对应变流器的控制目标。由于采用二极管不控整流性质非线性负载，负载电流波形呈现双尖波形式，其谐波分析表明 5 次、7 次谐波分量

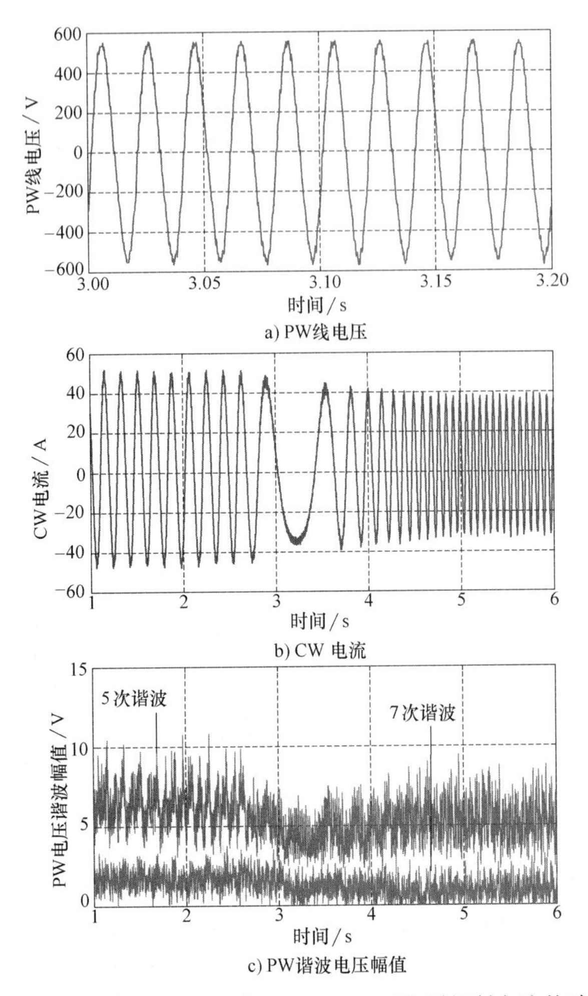

a) PW线电压

b) CW 电流

c) PW谐波电压幅值

图 5.29　转速从 660r/min 上升至 970r/min 时协同抑制方法的动态性能

占比较大。如图 5.30d 所示，显然 LSC 电流包含 5 次谐波分量，但 7 次谐波的幅度约为零；而图 5.30f 中的功率绕组电流包含 7 次谐波分量，但 5 次谐波的幅度约为零。这说明 5 次谐波分量的消除策略是基于 LSC 实现的，而 7 次谐波分量的消除策略是依靠 LSC 实现。实验结果与提出协调控制方案的谐波抑制分配目标相吻合。在实践场合中，畸变电压包含的 5 次谐波的幅度通常大于 7 次谐波的幅度。基于前述理论推导，这加剧了该控制方案导致的不同阶次谐波消除所需 CW 电压的差异。基于以上实验结果和理论推导，所提出的考虑变流器电压额定值的协同抑制方法是有效的。

5.4.4　统一双变流器协同抑制方法[26]

1. 方案设计

前 3 节分别阐述了基于 MSC、LSC 以及考虑变流器电压额定值的协同抑制方法，它们各有优缺点。基于 MSC 的抑制方法虽然需要其额外可用电压容量来消除 PW 谐波电压，但可以更好利用 MSC 额定容量大的优势。基于 LSC 的抑制方法不需要通过电机内部的电磁感应，具有更快的暂态性能；考虑变流器电压额定值的协同抑制方法考虑了在谐波抑制过程中相同

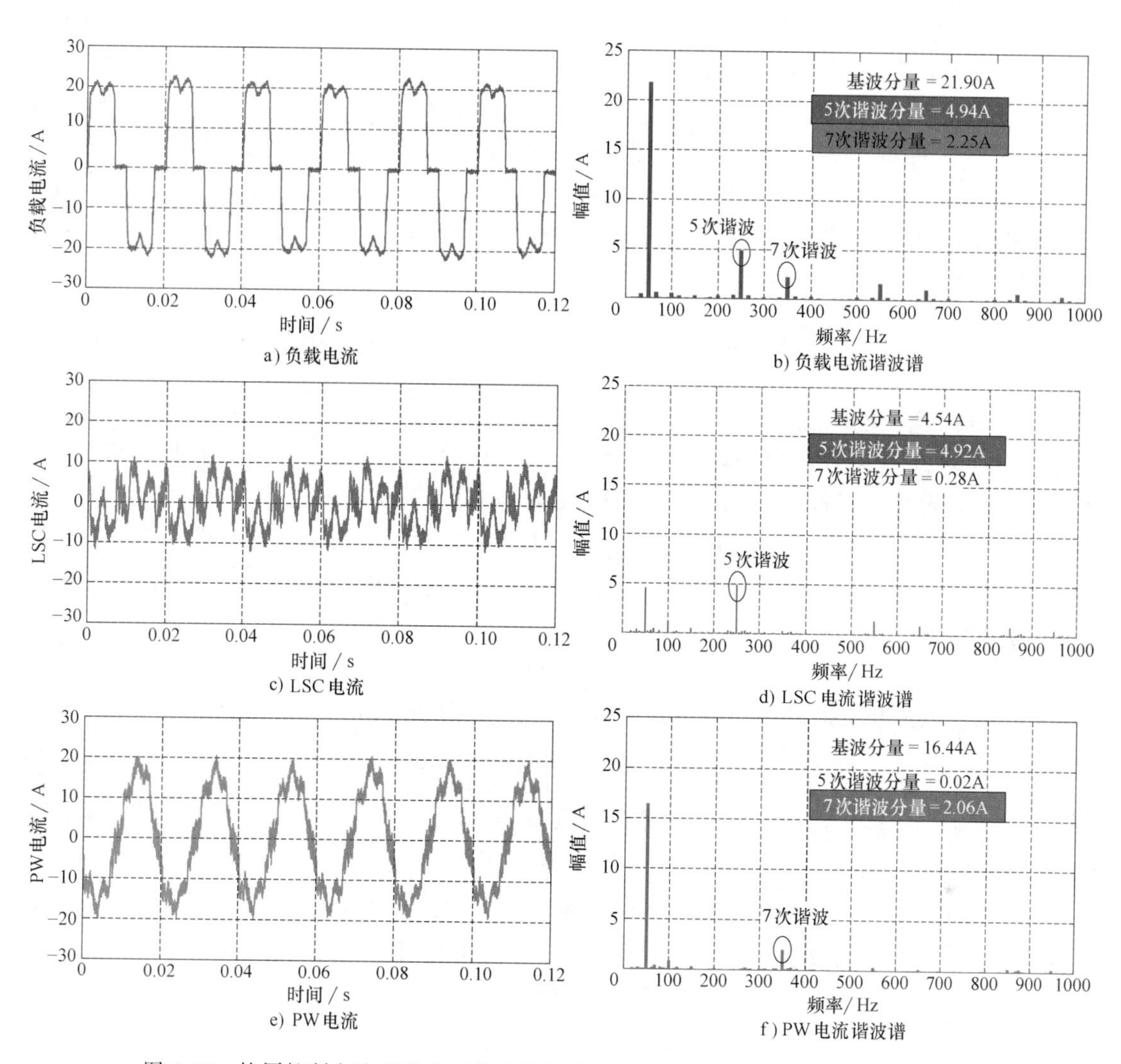

图 5.30　协同抑制方法下稳态时的负载电流、PW 电流、LSC 电流波形及其谐波谱

幅值条件下消除不同阶次谐波分量所需的 MSC 电压幅值不同，以单位 CW 电压抑制尽可能大的 PW 电压谐波为原则。然而，在实际应用中存在诸多限制条件，例如电流或电压限幅、两个变流器容量不均等。为了发挥系统最大的低次谐波抑制能力，发电系统可能需要上述方案的结合，换句话说，能够在 MSC 和 LSC 之间连续分配谐波抑制目标的统一双变流器协同抑制方法具有重大研究意义。

现在仅考虑 PW 回路、LSC 回路和负载回路之间的关系，将图 5.8 所示的等效电路进一步简化为图 5.31 所示电路，其中下标 total 代表系统总输出。则 PW 谐波电压表达式 (5-49) 可重写为

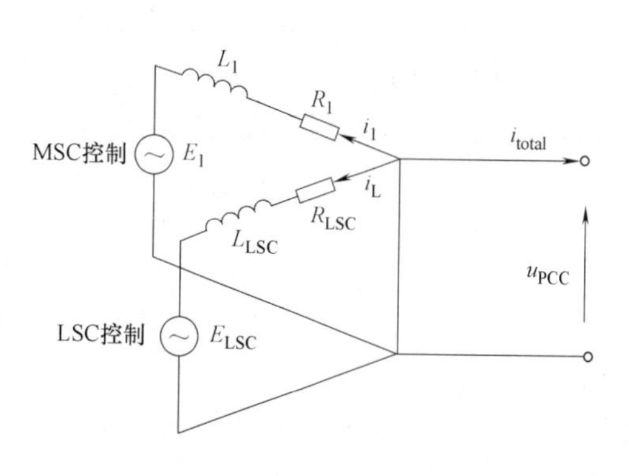

图 5.31　BDFIG 独立发电系统简化等效电路

$$u_{1\_h}^{h}=R_{1}i_{1\_h}^{h}+s(L_{1}i_{1\_h}^{h}+L_{1r}i_{r\_h}^{h})+j\omega_{1h}(L_{1}i_{1\_h}^{h}+L_{1r}i_{r\_h}^{h}) \tag{5-99}$$

考虑到转子绕组电流和 PW 电流、CW 电流之间的关系

$$i_{r\_h}^{h}\approx-(L_{2r}i_{2\_h}^{h}+L_{1r}i_{1\_h}^{h})/L_{r} \tag{5-100}$$

由图 5.31 可知，LSC 电流、PW 电流和系统总输出电流之间关系式如下所示：

$$i_{1}=i_{\text{total}}-i_{\text{L}} \tag{5-101}$$

将式（5-101）和式（5-100）代入式（5-99），可以得到以 LSC 电流和 CW 电流为控制变量的 PW 谐波电压表达式为

$$u_{1\_h}^{h}=-(R_{1}+sL_{1})i_{\text{L}\_h}^{h}-j\omega_{1\_h}L_{1r}\frac{L_{r}L_{2r}}{L_{r}^{2}}i_{2\_h}^{h}+D_{\text{load}}+D_{3} \tag{5-102}$$

式中，$D_{\text{load}}=(R_{1}+sL_{1})i_{\text{totol}\_h}^{h}+j\omega_{1\_h}(L_{1}-L_{1r}^{2}/L_{r})i_{\text{totol}\_h}^{h}$；$D_{3}=-j\omega_{1}L_{1}i_{\text{L}\_h}^{h}+j\omega_{1\_h}L_{1r}^{2}/L_{r}i_{\text{L}\_h}^{h}+L_{1r}pi_{r\_h}^{h}$。

将式（5-102）写成函数形式如下式所示，其中函数 f 表示 CW 和 LSC 谐波电流都可以调节 PW 谐波电压，函数 D 代表非线性负载电流谐波分量的扰动。

$$u_{1\_h}^{h}=f(i_{\text{L}\_h}^{h},i_{2\_h}^{h})+D(i_{\text{total}\_h}^{h}) \tag{5-103}$$

为了减少控制变量，新变量谐波抑制电流 $i_{m\_h}^{h}$ 被用来取代 LSC 和 CW 谐波电流，则式（5-103）可以重写为

$$u_{1\_h}^{h}=f(i_{m\_h}^{h})+D(i_{\text{total}\_h}^{h}) \tag{5-104}$$

CW 谐波电流和 LSC 谐波电流可以用谐波抑制电流表示如下：

$$i_{2\_h}^{h}=-\lambda i_{m\_h}^{h}/(\text{jsign}(\omega_{1\_h})) \tag{5-105}$$

$$i_{\text{L}\_h}^{h}=-(1-\lambda)i_{m\_h}^{h} \tag{5-106}$$

式中，sign 为符号函数；λ 为权重系数；范围为 0~1。

之所以采用式（5-105）和式（5-106）的定义方式，是为了将式（5-102）重写为具有正实系数的表达式，即如下以谐波抑制电流为变量的 PW 谐波电压表达式：

$$\begin{cases}u_{1\_h}^{h}=(K+Ts)i_{m\_h}^{h}+D(i_{\text{total}\_h})\\K=((1-\lambda)R_{1}+\lambda L_{1r}\text{abs}(\omega_{1\_h})L_{r}L_{2r}/L_{r}^{2})\\T=(1-\lambda)L_{1}\end{cases} \tag{5-107}$$

式中，K 和 T 分别为增益和时间常数。

由式（5-107）可知，忽略非线性负载干扰项，从谐波抑制电流到 PW 谐波电压的传递函数是一阶传递函数。值得注意的是，K 和 T 都是正实数系数，这是由于采用了式（5-105）和式（5-106）的定义方式。PI 调节器可用于获取谐波抑制电流的参考值。相应谐波参考系中的统一低次谐波抑制方法的控制链如图 5.32 所示。

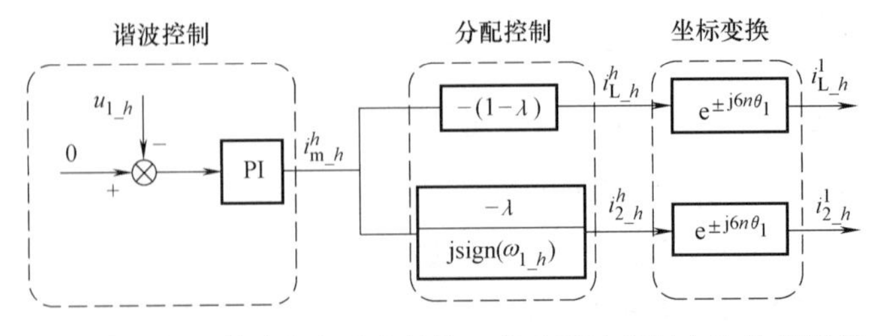

图 5.32 相应谐波参考系中的统一低次谐波抑制方法的控制链

如图 5.33 所示，为了简化控制链，可交换分布控制模块和坐标转换模块的位置，减少坐标变换模块的数量，从而避免额外的计算量。

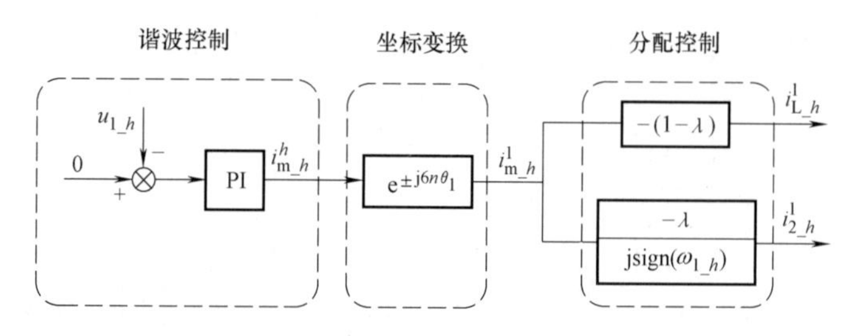

图 5.33　相应谐波参考系中的统一低次谐波抑制优化后的控制链

图 5.33 个的坐标变换模块如下式所示：

$$\begin{cases} F_{dq}^{1}=e^{j6n\theta_1}F_{dq}^{h} & h=6n+1 \\ F_{dq}^{1}=e^{-j6n\theta_1}F_{dq}^{h} & h=6n-1 \end{cases}$$

根据统一双变流器协同抑制方法，可以通过调整权重系数来设置 MSC 和 LSC 的谐波抑制目标。此外，在某些约束条件下它通过权重系数为整个系统优化提供了一个简单的解决方案。通常，CW 电流的幅值应限制在 MSC 的额定值以下。但是，谐波电压消除方法可能导致 CW 电流过大，尤其是在重负载条件下，因此本节采用系统优化控制方法来解决这一约束。控制方法是通过如图 5.34 所示的权重系数自动调整来实现的，其中如果 CW 电流幅值超出限制，则权重系数将减小，并且如果 CW 电流远远低于限制值，权重系数将被设置为 1。

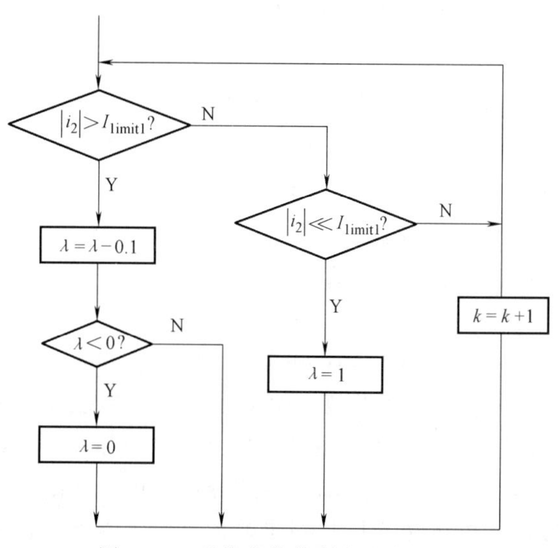

图 5.34　系统优化控制方法流程图

图 5.35 给出了非线性负载下统一双变流器低次谐波协同抑制方法的总体框图，其中主要包含谐波电压控制模块、分配控制模块、PW 幅值控制模块、直流母线电压控制模块、LSC 电流控制模块和 CW 电流控制模块等。

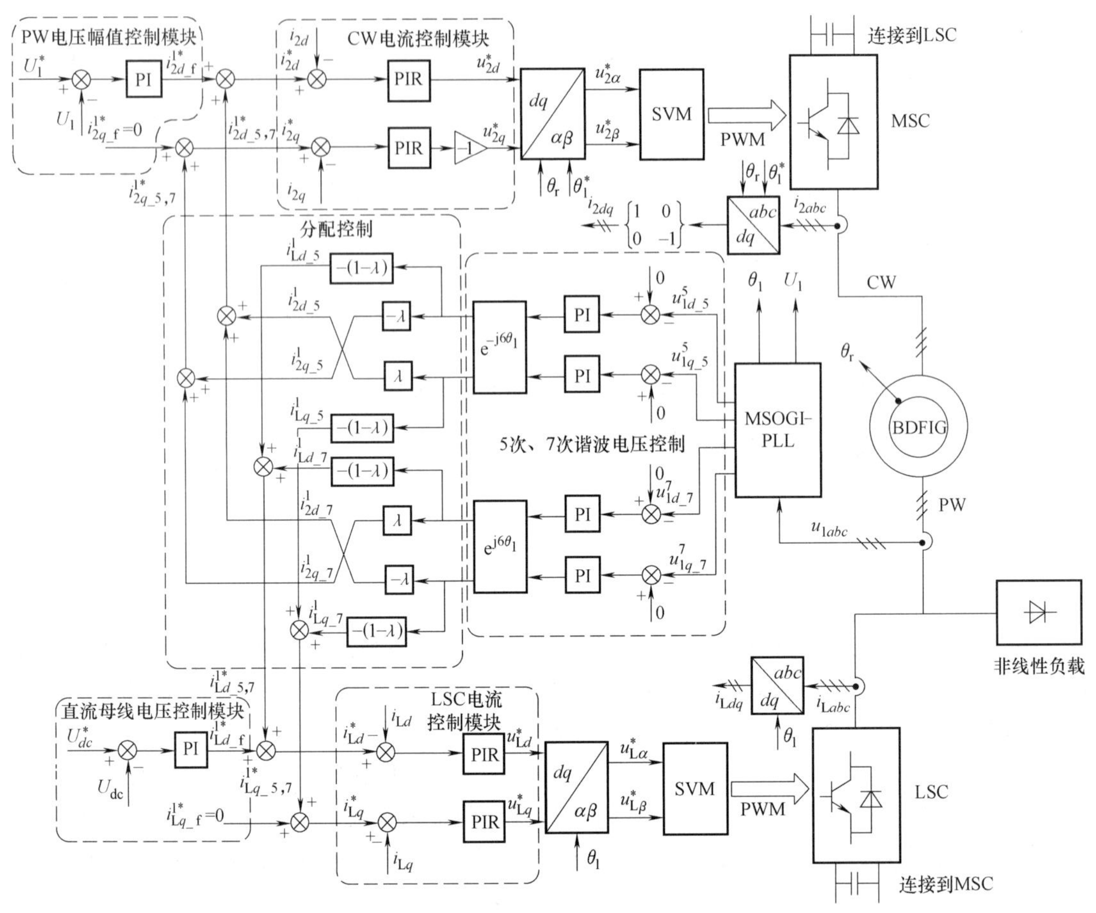

图 5.35　统一双变流器低次谐波电压协同抑制方案

2. 实验结果

该部分实验所对应的实验平台见附录中的“实验平台 2”。为了清楚地说明控制方法的谐波抑制性能，不同工况下的实验结果如图 5.36 所示。非线性负载由具有电阻负载（$R_{dc}=25\Omega$）的不控二极管整流器实现，在整个实验过程中将协调控制方法的权重系数设置为 0.8。

总体的 PW 线电压和 CW 相电流波形如图 5.36a 和图 5.36b 所示。电机的初始转子速度设置为 900r/min，平衡负载连接到公共耦合点。在 2.0s 后，非线性负载连接到系统，PW 电压畸变，有大量谐波，如图 5.36c 所示。然后，平衡负载在 3.0s 后与公共耦合点断开，5 次、7 次 PW 电压谐波的幅度分别约为 50V 和 20V，如图 5.36d 所示，谐波抑制控制方法在 3.87s 激活。并且 5 次、7 次 PW 电压谐波的幅度在 1.1s 内降至接近零。PW 电压和 CW 电流的放大波形如图 5.36c 所示，从中可以清楚地看到 PW 电压从失真波形到正弦波形的变化过程。此外，CW 电流畸变，注入了一些高次谐波分量，用于抑制 PW 电压谐波分量。

从 7.8~9.5s 时间段内，电机转速从超同步速度 900r/min 降低到次同步速度 560r/min，这导致 CW 电流的频率随之变化以保持 PW 频率恒定，如图 5.36b 所示。在速度变化期间，5 次、7 次 PW 电压谐波的幅值几乎保持为零，如图 5.36d 所示。

图 5.36e 和图 5.36g 分别显示了谐波抑制后 PW 线电压和 CW 相电流的细节。从图 5.36f 所示的谐波频谱可以看出，所提出的谐波抑制方法几乎完全消除了由非线性负载引起

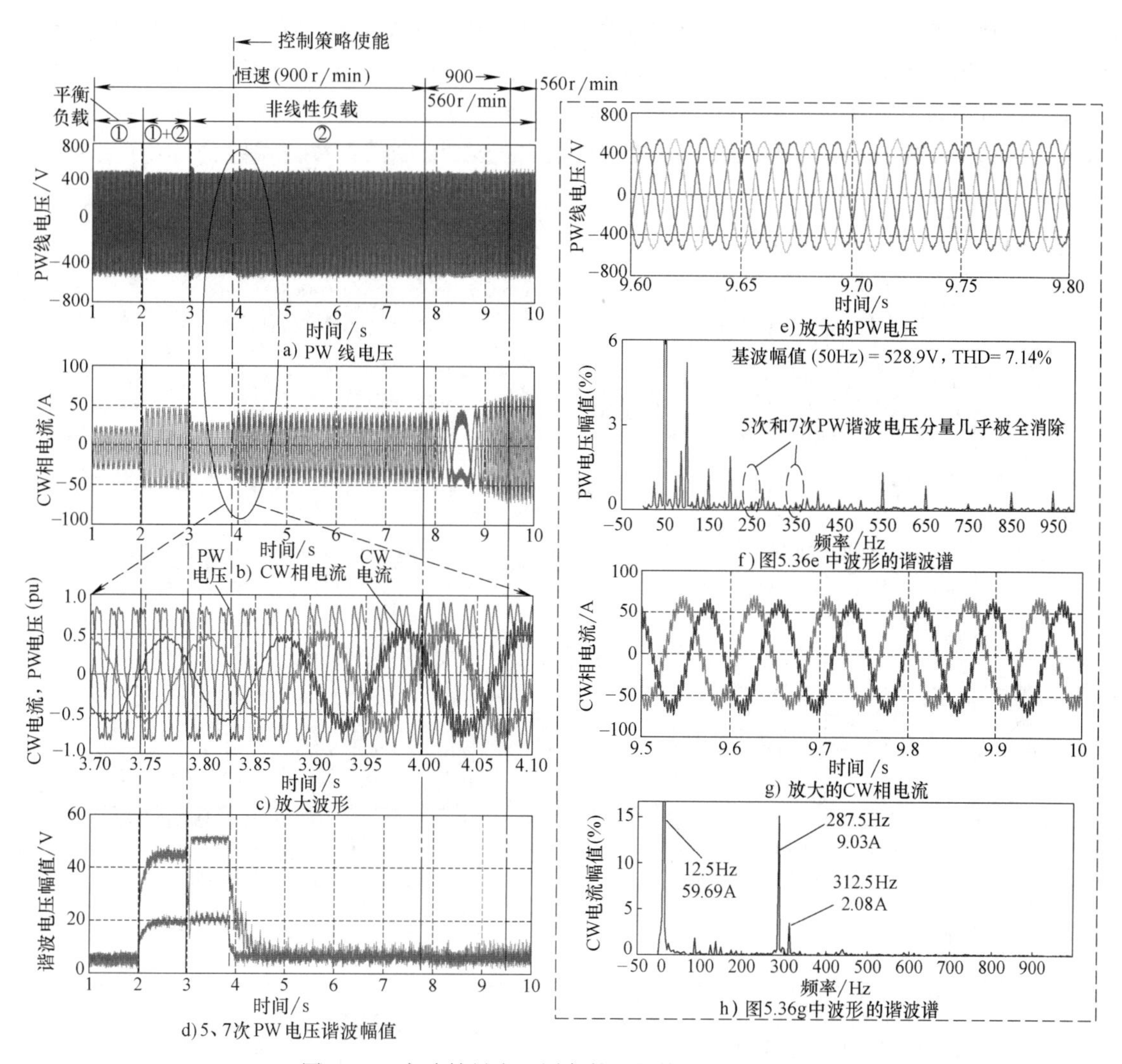

图 5.36　实验结果在不同条件下补偿 PW 电压谐波

的 5 次、7 次 PW 电压谐波。此外，一些谐波分量被注入到控制绕组电流，以补偿非线性 PW 内阻抗电压降落，如图 5.36g 所示。CW 电流的谐波频谱如图 5.36h 所示。CW 电流的基频为 12.5Hz，由转子速度根据频率关系确定。控制绕电流中的谐波频率为 287.5Hz 和 312.5Hz，如下式所示：

$$\omega_{2\_h}=(p_1+p_2)\omega_r-\omega_{1\_h} \tag{5-108}$$

图 5.37 给出了不同权重系数下的 PW 电流和 LSC 电流波形。BDFIG 在 900r/min 下运行。PW 线电压、负载电流及其谐波谱如图 5.37a 和图 5.37d 所示。虽然 PW 电压谐波已经被消除，如图 5.37a 和图 5.37b 所示，但非线性负载电流仍然存在大量奇数次谐波，其主要部分是 5 次和 7 次谐波，如图 5.37c 和图 5.37d 所示。

由于负载电流由 PW 电压和负载确定，因此不必在不同的权重系数下呈现相同的负载电流。因此，仅展示在不同权重系数下 PW 和 LSC 电流波形，如图 5.37e～图 5.37l 所示。需要指出的是，PW 电流和 LSC 电流谐波的大小可用于判断电机侧和 LSC 在电压谐波抑制过程中各自的贡献。功率绕绕组电流具有的谐波分量越多，MSC 的贡献就越大。

考虑到图 5.37e、图 5.37g、图 5.37i 和图 5.37k 中的 PW 电流波形，PW 电流中的谐波随着权重系数从 1 变为 0 而减小。特别是当权重系数为 0 时，PW 电流波形几乎是正弦波。因此，权重系数可以调整电机侧和 LSC 的谐波抑制贡献比。权重系数越大，MSC 的贡献就越大，这与权重系数的定义相吻合。从图 5.37f、图 5.37h、图 5.37j 和图 5.37l 中的 LSC 电流波形可以得出相同的结论。

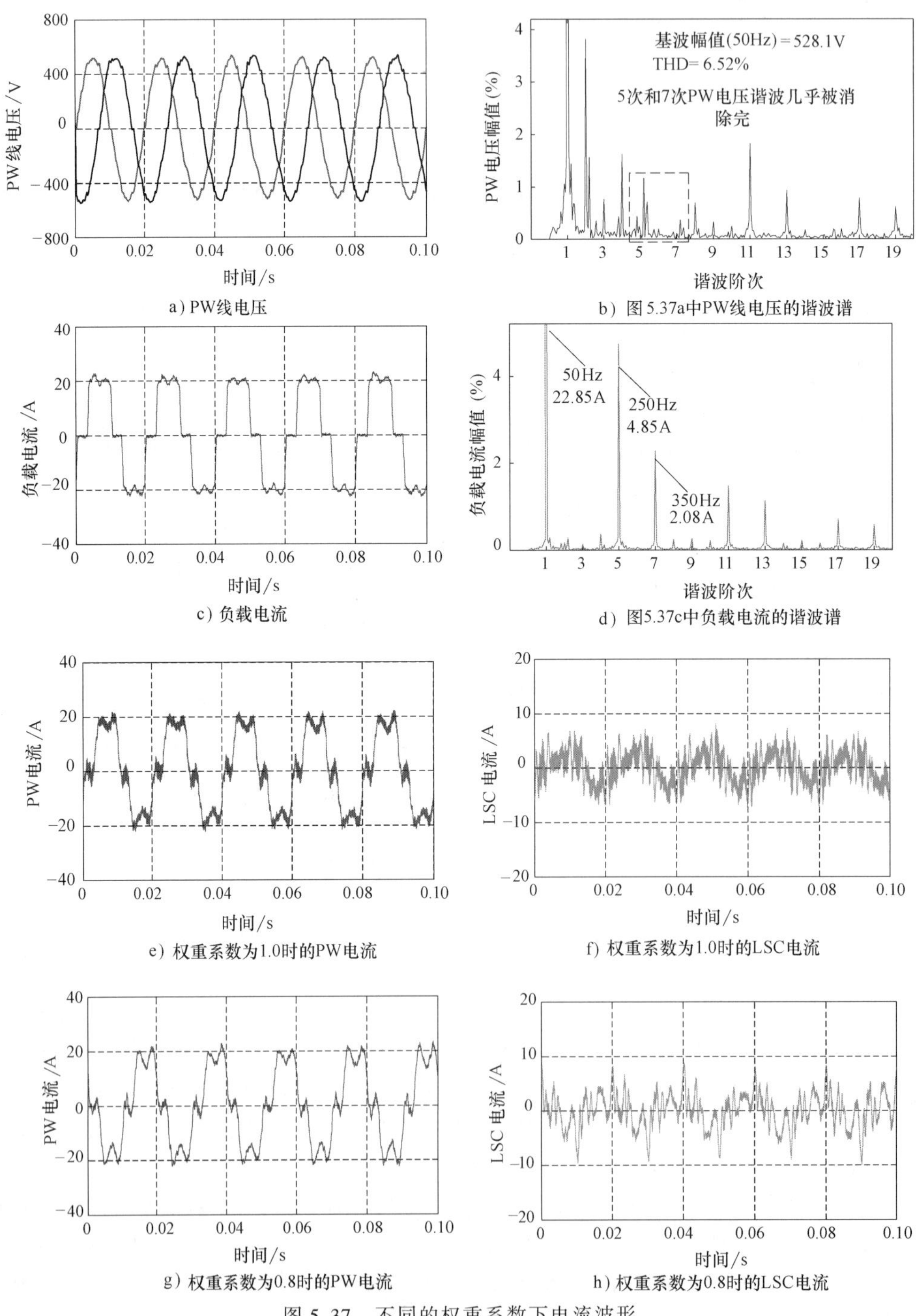

图 5.37 不同的权重系数下电流波形

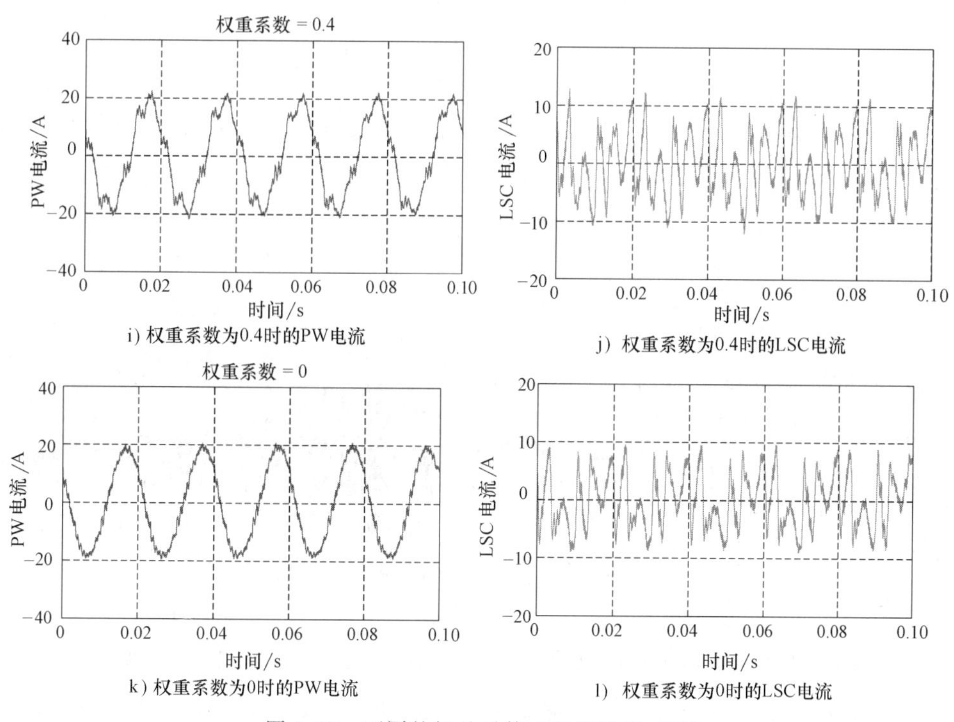

i) 权重系数为0.4时的PW电流
j) 权重系数为0.4时的LSC电流
k) 权重系数为0时的PW电流
l) 权重系数为0时的LSC电流

图 5.37　不同的权重系数下电流波形（续）

为了清楚地描述 PW 谐波抑制中电机侧和 LSC 的贡献，谐波抑制贡献比定义为

$$\eta = M_{\mathrm{MSC}}^{h} / (M_{\mathrm{MSC}}^{h} + M_{\mathrm{LSC}}^{h}) \tag{5-109}$$

式中，M 代表电流谐波的大小；上标 h 表示谐波次序。

PW 和 LSC 电流的更多细节如图 5.38 所示。当权重系数从 0 上升到 1 时，谐波抑制贡献比线性增加，这与 PW 和 LSC 电流中波形变化相吻合。

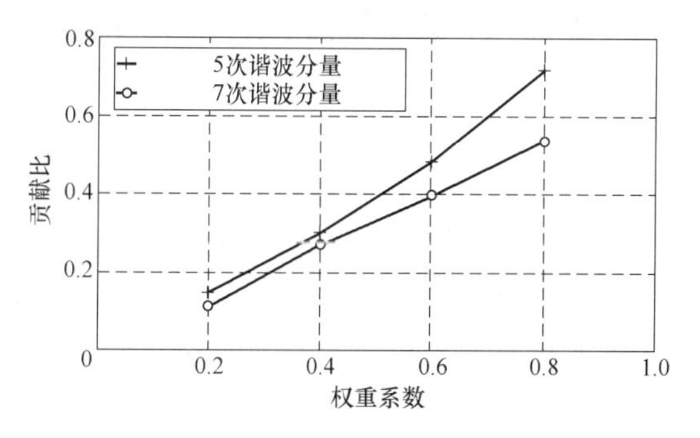

图 5.38　谐波抑制贡献比与权重系数之间的关系

图 5.39 给出了 CW 电流幅值约束下基于统一双变流器协同抑制方法的动态优化实验结果，其中 BDFIG 转速保持在 870r/min，总负载功率接近 22kW，这意味着 BDFIG 独立发电系统在重载下运行。权重系数的调整周期为 250ms，CW 电流的幅度限制设置为 75A。

如图 5.39a 所示，当权重系数为 1 时，MSC 完全承担了 PW 谐波电压抑制出力。由于 CW 电流中存在谐波抑制分量，CW 电流的幅度在 0.3s 之前超过其限制。为了降低 CW 电流

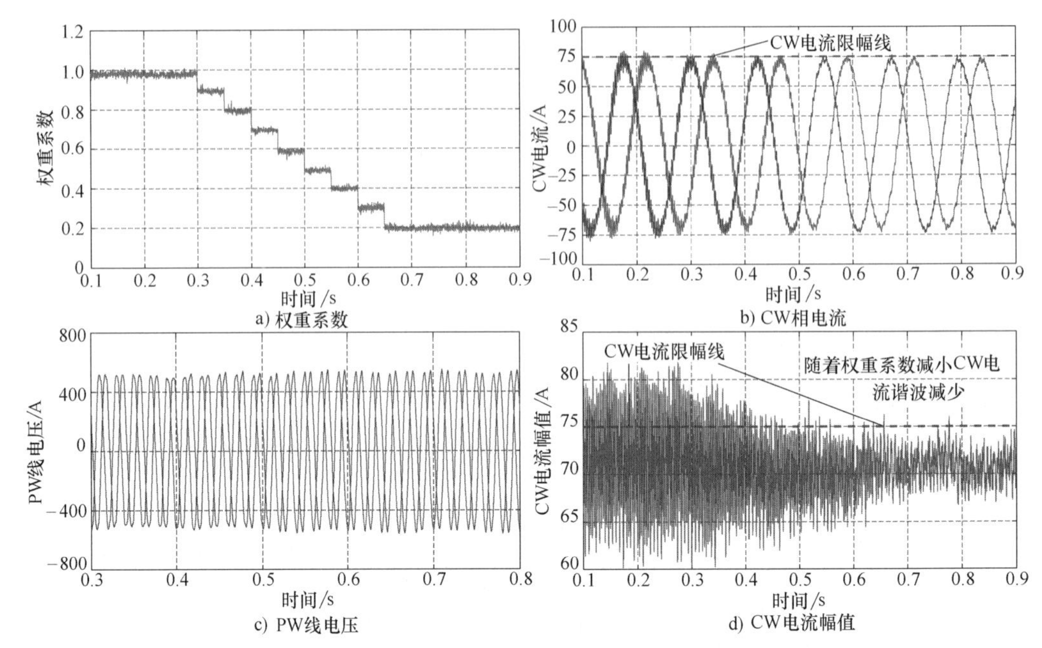

图 5.39　电机转速为 870r/min 时基于统一双变流器协同抑制方法的动态优化实验结果

幅度，基于统一双变流器协同抑制方法的系统优化启用来调整待电机侧和 LSC 之间的电压谐波抑制的贡献，这导致权重系数从 1 减小到 0.2，同时 CW 谐波电流减小，如图 5.39b 和图 5.39d 所示。最后，CW 电流的幅度下降到限制值 75A 以下，同时 PW 电压的质量在整个过程中没有降低，如图 5.39c 所示。

5.5　小结

本章介绍了不对称负载、非线性负载等特殊负载下 BDFIG 独立发电系统的控制方法，不对称负载会导致发电系统电压三相不平衡，而非线性负载则会导致发电压基表。针对不对称负载引起的负序电压，提出了基正反转同步速旋转坐标系的负序电压补偿方法；针对非线性负载引起的低次谐波，提出了基于 MSC 的谐波抑制、基于 LSC 的谐波抑制、考虑变流器电压额定值的协同抑制和统一双变流器协同抑制方法等四种低次谐波抑制方法。

基于正反转同步旋转坐标系的负序电压补偿，利用对称分量思想将控制系统分为正序分量和负序分量两个控制系统。利用基于正负序同步速旋转坐标系的双闭环结构，实现各自分量的调节。

统一双变流器协同抑制方法将之前的 PW 内阻抗压降补偿和负载电流谐波分量补偿结合为基于谐波抑制电流的统一协调控制方法。通过谐波电压环得出谐波抑制电流参考值，然后利用带有权重系数的分配模块将谐波补偿目标分配给 MSC 和 LSC。基于 MSC 的谐波抑制、基于 LSC 的谐波抑制和考虑变流器额定电压的协同抑制可以看作统一双变流器协同抑制方法的特殊形式。

实验结果验证了本章提出的不对称负载条件下的负序电压补偿和非线性负载条件下的低次谐波抑制两类方案的有效性。特殊负载条件下 BDFIG 独立发电系统运行控制提高了系统的可靠性，推动了系统的实用化进度。

参考文献

[1] 阚超豪，鲍习昌，王雪帆，等. 无刷双馈电机的研究现状与最新进展［J］. 中国电机工程学报，2018，38（13）：3939-3959.

[2] 陈昕. 无刷双馈电机的转子结构及电机在独立发电系统中的应用［D］. 武汉：华中科技大学，2016.

[3] 陈辉华. 离网型双馈风力发电系统的控制策略研究［D］. 长沙：中南大学，2013.

[4] 黄守道. 无刷双馈电机的控制方法研究［D］. 长沙：湖南大学，2005.

[5] 年珩，周波. 不平衡负载下 DFIG 的孤岛运行控制技术［J］. 电力电子技术，2013，47（11）：7-8.

[6] 刘毅. 无刷双馈电机独立发电系统控制方法研究［D］. 武汉：华中科技大学，2015.

[7] LIU Y，XU W，XIONG F，et al. New control strategy of stand-alone brushless doubly-fed induction generator for supplying unbalanced loads in ship shaft power generation system［C］. 43rd Annual Conference of the IEEE Industrial Electronics Society（IECON 2017），Beijing，2017：2091-2096.

[8] POZA J，OYARBIDE E，ROYE D，et al. Unified reference frame dq model of the brushless doubly fed machine［J］. IEE Proceedings-Electric Power Applications，2006，153（5）：726-734.

[9] RODRIGUEZ P，TEODORESCU R，CANDELA I，et al. New positive-sequence voltage detector for grid synchronization of power converters under faulty grid conditions［C］. The 37th Power Electronics Specialists Conference，Jeju，2006：692-698.

[10] GHIJSELEN J A L，VAN DEN BOSSCHE A P M. Exact voltage unbalance assessment without phase measurements［J］. IEEE Transactions on Power Systems，2005，20（1）：519-520.

[11] 王钊，潘再平，徐泽禹. 带非线性负载的双馈式风力发电机孤岛控制策略［J］. 太阳能学报，2015，36（8）：1791-1798.

[12] WEI F，ZHANG X，VILATHGAMUWA D M，et al. Mitigation of distorted and unbalanced stator voltage of stand-alone doubly fed induction generators using repetitive control technique［J］. IEE Proceedings-Electric Power Applications，2013，7（8）：654-663.

[13] CHENG M，JIANG Y，HAN P，et al. Unbalanced and low-order harmonic voltage mitigation of stand-alone dual-stator brushless doubly fed induction wind generator［J］. IEEE Transactions on Industrial Electronics，2018，65（11）：9135-9146.

[14] PHAN V T，LEE H H. Control strategy for harmonic elimination in stand-alone DFIG applications with nonlinear loads［J］. IEEE Transactions on Power Electronics，2011，26（9）：2662-2675.

[15] KHATOUNIAN F，MONMASSON E，BERTHEREAU F，et al. Design of an output LC filter for a doubly fed induction generator supplying non-linear loads for aircraft applications［C］. 2004 IEEE International Symposium on Industrial Electronics，2004：1093-1098.

[16] YUAN X，MERK W，STEMMLER H，et al. Stationary-frame generalized integrators for current control of active power filters with zero steady-state error for current harmonics of concern under unbalanced and distorted operating conditions［J］. IEEE Transactions on Industry Applications，2002，38（2）：523-532.

[17] JAIN A K，RANGANATHAN V T. Wound rotor induction generator with sensorless control and integrated active filter for feeding nonlinear loads in a stand-alone grid［J］. IEEE Transactions on Industrial Electronics，2008，55（1）：218-228.

[18] PHAN V T，LEE H H. Performance enhancement of stand-alone DFIG systems with control of rotor and load side converters using resonant controllers［J］. IEEE Transactions on Industry Applications. 2012，48

(1): 199-210.

[19] XU W, YU K, LIU Y, et al. Improved harmonics elimination for standalone brushless doubly-fed induction generator with nonlinear loads [C]. 2018 XIII International Conference on Electrical Machines (ICEM), Alexandroupoli, 2018: 243-249.

[20] POZA J, OVARBIDE E, ROYE D, et al. Unified reference frame dq model of the brushless doubly fed machine [J]. IEE Proceedings-Electric Power Applications, 2006, 153 (5): 726-734.

[21] 李波, 韦忠朝, 高信迈, 等. 基于 PR 控制的无刷双馈电机 [J]. 湖北工业大学学报, 2014, 29 (1): 37-40.

[22] LASCU C, ASIMINOAEI L, BOLDEA I, et al. Frequency response analysis of current controllers for selective harmonic compensation in active power filters [J]. IEEE Transactions on Industrial Electronics, 2009, 56 (2): 337-347.

[23] RODRIGUEZ P, LUNA A, CANDELA I, et al. Multiresonant frequency-locked loop for grid synchronization of power converters under distorted grid conditions [J]. IEEE Transactions on Industrial Electronics, 2011, 58 (1): 127-138.

[24] YU K, XU W, LIU Y, et al. Improved sensorless direct voltage control of standalone doubly-fed induction generator feeding nonlinear loads [C]. 21st International Conference on Electrical Machines and Systems (ICEMS), Jeju, 2018: 1674-1679.

[25] YU K, XU W, LIU Y, et al. Harmonics mitigation of standalone brushless doubly-fed induction generator feeding nonlinear loads considering power converter voltage rating [C]. IEEE Energy Conversion Congress and Exposition (ECCE), Portland, 2018: 6989-6995.

[26] XU W, YU K, LIU Y, et al. Improved coordinated control of standalone brushless doubly-fed induction generator supplying nonlinear loads [J]. IEEE Transactions on Industrial Electronics, 2019, 66 (11): 8382-8393.

第6章　无刷双馈感应电机无速度传感器控制

6.1　引言

在前面所述的BDFIG独立发电控制策略中均需要用到转速信息。通常，转速信息的获取可以通过光电编码器、旋转变压器等传感器实现。但是由于传感器增加系统硬件成本，降低可靠性以及难以适应如高温、高湿度的恶劣环境等原因，国内外学者已经对异步电机、永磁同步电机等各种系统的无速度传感器控制技术进行了大量研究。然而由于BDFIG的复杂结构和数学模型，不能直接应用现有的无速度传感器控制方法。因此，针对BDFIG系统的新特性对其进行特殊设计或改进是很有必要的。

本章首先介绍了针对BDFIG独立发电系统的特殊结构设计的转速观测器，它可以利用电机易测得的外部电压、电流等信号来对转速进行精确地观测，以用于电机的无速度传感器控制；随后在独立发电系统下的直接电压控制方案中引入了无速度传感器策略，并对它的稳定性进行了分析。为了消除变速过程中的相位跟踪误差，通过在转速环中加入前馈补偿对前述无速度传感器策略进行了改进；最后针对不平衡特殊负载条件下的工况，在无速度传感器控制策略中加入了特殊设计的负序控制环节实现了改进和优化，保证了在各种负载条件下系统输出PW线电压始终为对称的正弦波。仿真和实验结果表明在引入无速度传感器控制策略后，BDFIG独立发电系统仍能保持优良的特性，在多种运行工况下均能满足各项性能指标要求。

6.2　转速观测器

转速观测器（Rotor Speed Observer，RSO）是通过利用电机系统外部易测得的电气量如电压、电流，结合相应的系统数学模型来设计观测器以获得转速信息。BDFIG独立发电系统存在两套定子绕组，因而有两对易测得的电压、电流信号可用作转速观测：PW电压、电流信号和CW电压、电流信号。但是其数学模型也较为复杂，需要选取合适的测量信号及观测方法来实现RSO，同时还需要综合考虑实现的复杂性、系统的鲁棒性等因素。

文献［1］和［2］对与BDFIG类似的无刷双馈磁阻发电机（Brushless Doubly-Fed Reluctance Generator，BDFRG）的转速观测器进行了研究。但是上述文献所提出的RSO都需要精确的PW电阻和电感来估计磁链。然而，在BDFIG独立发电系统中，经常会接入不平衡负载、非线性负载，进而导致PW电压、电流畸变。因此，PW磁链难以准确地进行估计，最终将导致观测得到的转速不准确，此外电机参数的变化也将降低了观测器的鲁棒性。

6.2.1 基于转子位置锁相环的转速观测器

为了克服上面所提到的问题，需要一种不依赖于电机参数，不通过观测电机磁链而直接进行转速观测的 RSO，下面将首先对两相静止 $\alpha\beta$ 坐标系锁相环进行介绍。通常惯用的两相旋转 dq 坐标系锁相环结构如图 6.1 所示，它利用估计出的电压相位对三相电压进行同步旋转变换，对变换得到的 q 轴分量进行 PI 调节，在此过程中根据 q 轴分量是否为 0 对电压相位估计值不断进行修正，当电压 q 轴分量为 0 时，即实现了对三相电压相位、幅值和频率的准确跟踪。其中，u_{abc} 表示三相电压，$u_{\alpha\beta}$ 表示电压矢量的 α 和 β 分量，u_{dq} 表示电压矢量的 d 和 q 分量，θ 和 $\hat{\theta}$ 代表实际和估计电压矢量相角，$\hat{\omega}$ 和 ω_{nom} 代表电压矢量估计角频率和额定角频率。

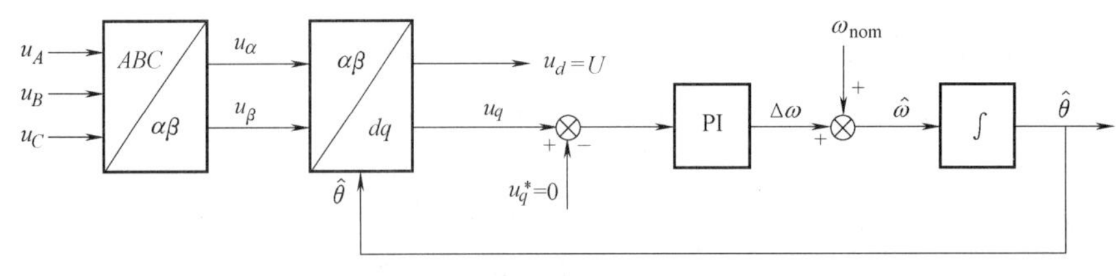

图 6.1 dq 坐标系锁相环算法结构

两相静止 $\alpha\beta$ 坐标系锁相环无需对电压进行旋转坐标变换，直接在两相静止坐标系下进行锁相，利用三角函数关系式来进行变量与角度的对应以及相位的自适应[3,4]。在平衡点附近有

$$\Delta\theta=\theta-\hat{\theta}\approx\sin(\theta-\hat{\theta})=\sin\theta\cos\hat{\theta}-\cos\theta\sin\hat{\theta} \tag{6-1}$$

依据式（6-1）知：可利用 PI 控制器来调节 $\hat{\omega}$ 以达到 $\Delta\theta=0$ 的目的，从而实现了电压矢量的锁相。同时为了提升锁相环启动时的动态响应，在 PI 控制器输出处加入了额定角频率 ω_{nom} 作为前馈补偿。估计的相角由估计的角频率积分得到，整个两相静止坐标系下锁相环结构如图 6.2 所示。

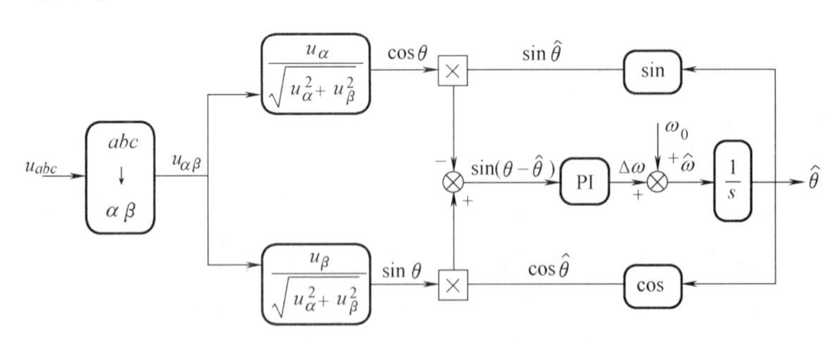

图 6.2 $\alpha\beta$ 坐标系锁相环算法结构

在忽略初始位置角的情况下，由 BDFIG 的转速表达式（2-6）可得到转子位置的关系表达式如下：

$$(p_1+p_2)\theta_r=\theta_1+\theta_2 \tag{6-2}$$

式中，θ_r 是转子位置；θ_1 是 PW 电压矢量角；θ_2 是 CW 电流矢量角。

根据式（6-2）可设计出转子位置锁相环（Rotor Position Phase-Locked Loop，RPPLL）如图 6.3 所示。它利用 PW 电压和 CW 电流来进行转速观测，通过三角函数关系式最终得到误差项 $\sin[(\theta_1+\theta_2)-(p_1+p_2)\hat{\theta}_r]$，在平衡点附近有

$$\sin[(\theta_1+\theta_2)-(p_1+p_2)\hat{\theta}_r]=\sin[(p_1+p_2)\theta_r-(p_1+p_2)\hat{\theta}_r]\approx(p_1+p_2)\Delta\theta_r \tag{6-3}$$

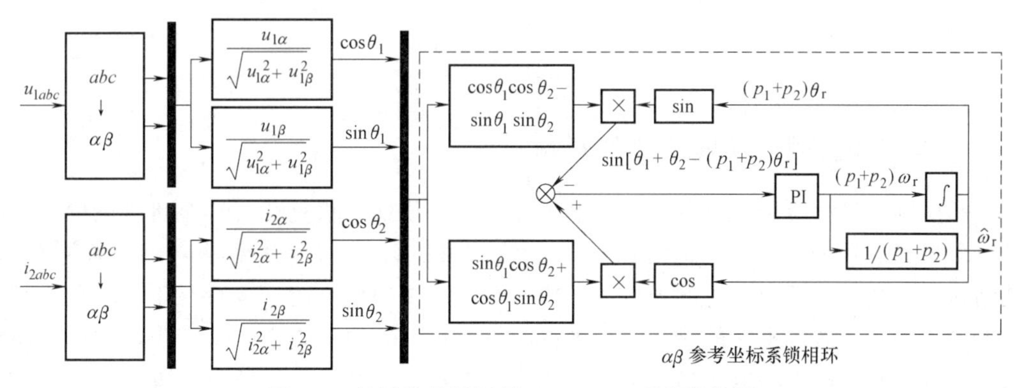

图 6.3　转子位置锁相环（RPPLL）系统结构图

实际转子位置角 θ_r 与估计转子位置角 $\hat{\theta}_r$ 之间的偏差通过 PI 控制器调节为 0，进而实现转子位置和转速的锁定，可以看出，采用这种结构的转子位置锁相环不涉及电阻、电感等电机参数，仅需要用到 PW 及 CW 极对数这一电机参数，提高了系统的鲁棒性，在参数变化的情况下仍能正常运行。

根据式（6-3）可以得到转子位置锁相环的线性化模型如图 6.4 所示，其闭环传递函数可表示为

$$H_e(s)=\frac{k_{p\_RPPLL}s+k_{i\_RPPLL}}{s^2+k_{p\_RPPLL}s+k_{i\_RPPLL}} \tag{6-4}$$

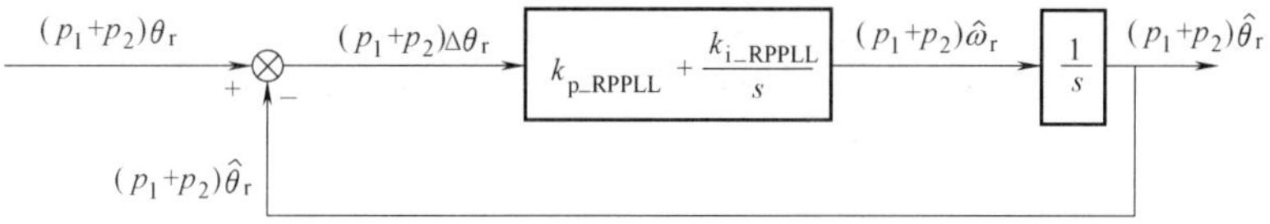

$(p_1+p_2)\theta_r$　$(p_1+p_2)\Delta\theta_r$　$k_{p\_RPPLL}+\frac{k_{i\_RPPLL}}{s}$　$(p_1+p_2)\hat{\omega}_r$　$\frac{1}{s}$　$(p_1+p_2)\hat{\theta}_r$

图 6.4　转子位置锁相环（RPPLL）线性化控制模型

式（6-4）是一个二阶传递函数，可以被写成以下标准形式：

$$H_e(s)=\frac{2\xi\omega_n s+\omega_n^2}{s^2+2\xi\omega_n s+\omega_n^2} \tag{6-5}$$

式中，ω_n 和 ξ 分别为自然频率和阻尼系数。

对比式（6-4）和（6-5），可得

$$\omega_n=\sqrt{k_{i\_RPPLL}},\quad \xi=\frac{k_{p\_RPPLL}}{2\sqrt{k_{i\_RPPLL}}} \tag{6-6}$$

通常，式（6-5）中阻尼系数可设为$\sqrt{2}/2$以同时考虑控制系统响应速度和超调，当参考输入为阶跃信号且稳态误差为 1%时，该二阶系统的稳定时间 t_s 可以表示为[5]

$$t_s = \frac{4.6}{\xi\omega_n} \tag{6-7}$$

因此，通过式（6-6）和式（6-7）可以得到转子位置锁相环中的 PI 参数整定公式为

$$\begin{cases} k_{p\_RPPLL} = \dfrac{9.2}{t_s} \\ k_{i\_RPPLL} = \dfrac{21.16}{(\xi t_s)^2} \end{cases} \tag{6-8}$$

6.2.2 非常规负载对转速观测的影响

以船舶轴带发电应用为例，独立发电系统的负载包括三相负载（如泵机、风机），单相负载（如空调、照明装置、通信设备）和非线性负载（如二极管整流器）。即使将单相负载均匀地接入系统，由于使用时的随机性，独立发电系统的仍可能会运行在不平衡负载状态。不平衡的负载将导致不平衡的 PW 三相电流，进而在 PW 的三相阻抗上产生不同的电压降，最终将导致 PW 机端三相电压的不平衡，如图 6.5 所示。由对称分量法可知，PW 机端电压中含有负序分量。当独立发电系统中接入非线性负载时，同理，PW 机端电压中将会含有明显的谐波分量，如图 6.6 所示。

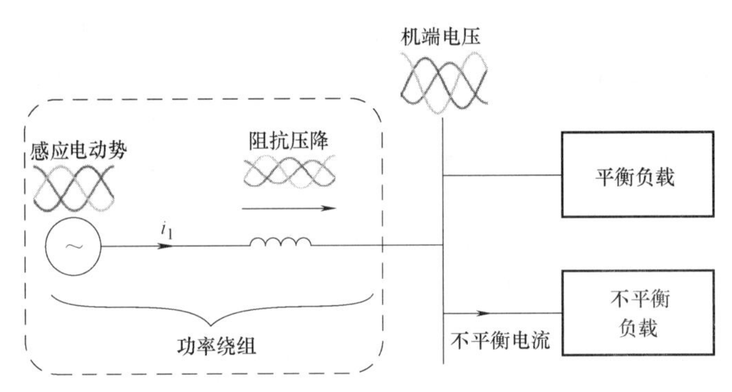

图 6.5　不平衡负载对独立发电系统机端电压的影响

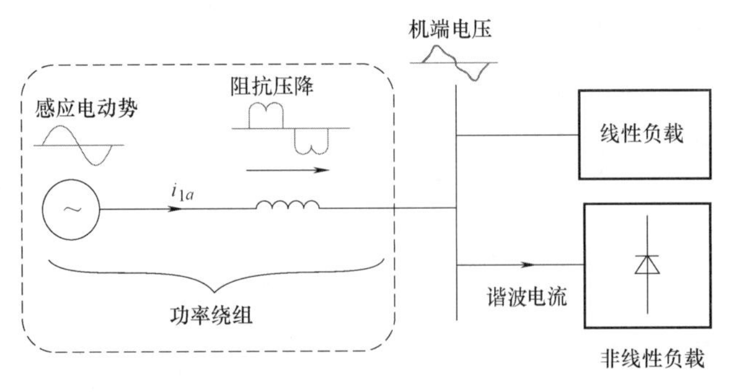

图 6.6　非线性负载对独立发电系统机端电压的影响

6.2.1 节对转子位置锁相环的分析均是在系统负载理想，即三相线性对称的情况下进行的。但是在接入非常规负载后，由上述分析可知，PW 机端电压将发生畸变。尽管 CW 是通过变流器供电而其电压的控制与畸变的 PW 电压无关，但是 CW 电流中将由于 CW 和 PW 的间接耦合而含有明显的谐波含量。畸变的 PW 电压和 CW 电流将导致采用上述转子位置锁相

环时转子速度观测的不准确。下面将对其进行具体分析。

1. 不平衡负载下的分析

根据瞬时对称分量法，不平衡的三相电压可以分解为平衡的正序、负序和零序分量。在用于船舶的低压发电系统中，通常采用三相三线制，此时不存在零序电流分量的通路，因此PW中不存在稳态零序分量，此处只考虑正序和负序分量的影响。

根据式（2-6），有PW电流负序分量感应出来的CW谐波电流的角频率可以表示为

$$\omega_2^{-1}=-\omega_1^{-1}+(p_1+p_2)\omega_r=\omega_1+(p_1+p_2)\omega_r \tag{6-9}$$

式中，ω_1^{+1} 和 ω_2^{+1} 分别为PW正序电压和CW基频电流的角频率。

在恒定的转速和PW频率下，PW电压矢量的正序、负序分量和对应的CW电流矢量的角位置为

$$\begin{cases}\theta_1^{+1}=\int\omega_1^{+1}\mathrm{d}t=\omega_1 t+\varphi_1^{+1}\\ \theta_2^{+1}=\int\omega_2^{+1}\mathrm{d}t=-\omega_1 t+(p_1+p_2)\omega_r t+\varphi_2^{+1}\end{cases} \tag{6-10}$$

$$\begin{cases}\theta_1^{-1}=\int\omega_1^{-1}\mathrm{d}t=-\omega_1 t+\varphi_1^{-1}\\ \theta_2^{-1}=\int\omega_2^{-1}\mathrm{d}t=\omega_1 t+(p_1+p_2)\omega_r t+\varphi_2^{-1}\end{cases} \tag{6-11}$$

式中，θ 是实际的角位置；φ 是初始角位置。

假定PW电压矢量的正序和负序分量的幅值分别为 U_1^{+1} 和 U_1^{-1}，与之对应的CW电流矢量的基波和谐波分量幅值分别为 I_2^{+1} 和 I_2^{-1}。应用三角运算，可得到实际PW电压和CW电流矢量的角位置分别为

$$\begin{cases}\sin\theta_1=K_1\sin\theta_1^{+1}+K_2\sin\theta_1^{-1}\\ \cos\theta_1=K_1\cos\theta_1^{+1}+K_2\cos\theta_1^{-1}\\ \sin\theta_2=K_3\sin\theta_2^{+1}+K_4\sin\theta_2^{-1}\\ \cos\theta_2=K_3\cos\theta_2^{+1}+K_4\cos\theta_2^{-1}\end{cases} \tag{6-12}$$

式中，$K_1=U_1^{+1}/U_1$，$K_2=U_1^{-1}/U_1$，$K_3=I_2^{+1}/I_2$，$K_4=I_2^{-1}/I_2$；$U_1=\sqrt{(U_1^{+1})^2+(U_1^{-1})^2+2U_1^{+1}U_1^{-1}\cos(2\omega_1 t+\varphi_1^{+1}-\varphi_1^{-1})}$；$I_2=\sqrt{(I_2^{+1})^2+(I_2^{-1})^2+2I_2^{+1}I_2^{-1}\cos(-2\omega_1 t+\varphi_2^{+1}-\varphi_2^{-1})}$。

将式（6-10）~式（6-12）代入式（6-3），实际和估计转子位置之间的偏差 $\Delta\theta_r$ 可表示为

$$\begin{aligned}&(p_1+p_2)\Delta\theta_r\approx\sin[(\theta_1+\theta_2)-(p_1+p_2)\hat{\theta}_r]\\ &=\sin(\theta_1+\theta_2)\cos(p_1+p_2)\hat{\theta}_r-\cos(\theta_1+\theta_2)\sin(p_1+p_2)\hat{\theta}_r\\ &=(\sin\theta_1\cos\theta_2+\sin\theta_2\cos\theta_1)\cos(p_1+p_2)\hat{\theta}_r-(\cos\theta_1\cos\theta_2-\sin\theta_1\sin\theta_2)\sin(p_1+p_2)\hat{\theta}_r\\ &=K_1K_3\sin[(\theta_1^{+1}+\theta_2^{+1})-(p_1+p_2)\hat{\theta}_r]+K_2K_3\sin[(\theta_1^{-1}+\theta_2^{+1})-(p_1+p_2)\hat{\theta}_r]+\\ &\quad K_1K_4\sin[(\theta_1^{+1}+\theta_2^{-1})-(p_1+p_2)\hat{\theta}_r]+K_2K_4\sin[(\theta_1^{-1}+\theta_2^{-1})-(p_1+p_2)\hat{\theta}_r]\\ &=K_1K_3\sin(A_r+\varphi_1^{+1}+\varphi_2^{+1})+K_2K_3\sin(-2\omega_1 t+A_r+\varphi_1^{-1}+\varphi_2^{+1})+\\ &\quad K_1K_4\sin(2\omega_1 t+A_r+\varphi_1^{+1}+\varphi_2^{-1})+K_2K_4\sin(A_r+\varphi_1^{-1}+\varphi_2^{-1})\end{aligned} \tag{6-13}$$

式中，$A_r=(p_1+p_2)\omega_r t-(p_1+p_2)\hat{\theta}_r$；且 K_1K_3、K_2K_3、K_1K_4 和 K_2K_4 均包含频率为 $2\omega_1$ 的交流成分。

式（6-13）右边的第一项和最后一项可以通过调节 $\hat{\theta}_r$ 来使得其相加为0。然而，式（6-13）右边的其他两项都含有不能被消除的频率为 $2\omega_1$ 的交流项，这是由于通过调节 $\hat{\theta}_r$ 不能消除 $2\omega_1 t$ 和 $-2\omega_1 t$。因此，转子位置锁相环中PI控制器的输入包含着频率为 $2\omega_1$ 的交流成分，这将导致估计转速中出现 $2\omega_1$ 频率的波动。

2. 非线性负载下的分析

在非线性负载下，PW电压中的主要谐波成分为频率为 $-5\omega_1$ 的5次谐波和频率为 $7\omega_1$ 的7次谐波。PW电流中的谐波成分将通过转子的间接耦合产生对应的CW谐波电流，其角频率分别为

$$\omega_2^{-5}=-\omega_1^{-5}+(p_1+p_2)\omega_r=5\omega_1+(p_1+p_2)\omega_r \tag{6-14}$$

$$\omega_2^{+7}=-\omega_1^{+7}+(p_1+p_2)\omega_r=-7\omega_1+(p_1+p_2)\omega_r \tag{6-15}$$

式中，ω_1^{-5} 和 ω_1^{+7} 分别为五次和七次PW谐波电压的角频率；ω_2^{-5} 和 ω_2^{+7} 分别为对应于由PW谐波电流感应出的CW谐波电流的角频率。

类似地，在恒定的转速和PW基波频率下，PW 5次和7次谐波电压矢量和与之对应的CW谐波电流矢量的角位置可以由下式计算得到

$$\begin{cases}\theta_1^{-5}=\int\omega_1^{-5}\mathrm{d}t=-5\omega_1 t+\varphi_1^{-5}\\ \theta_2^{-5}=\int\omega_2^{-5}\mathrm{d}t=5\omega_1 t+(p_1+p_2)\omega_r t+\varphi_2^{-5}\end{cases} \tag{6-16}$$

$$\begin{cases}\theta_1^{+7}=\int\omega_1^{+7}\mathrm{d}t=7\omega_1 t+\varphi_1^{+7}\\ \theta_2^{+7}=\int\omega_2^{+7}\mathrm{d}t=-7\omega_1 t+(p_1+p_2)\omega_r t+\varphi_2^{+7}\end{cases} \tag{6-17}$$

PW 5次和7次谐波电压矢量的幅值假定分别为 U_1^{-5} 和 U_1^{+7}，与之对应的CW谐波电流矢量的幅值分别为 I_2^{-5} 和 I_2^{+7}。应用三角运算，可得到实际PW电压和CW电流矢量的角位置分别为

$$\begin{cases}\sin\theta_1=K_1\sin\theta_1^{+1}+K_2\sin\theta_1^{-5}+K_3\sin\theta_1^{+7}\\ \cos\theta_1=K_1\cos\theta_1^{+1}+K_2\cos\theta_1^{-5}+K_3\cos\theta_1^{+7}\\ \sin\theta_2=K_4\sin\theta_2^{+1}+K_5\sin\theta_2^{-5}+K_6\sin\theta_2^{+7}\\ \cos\theta_2=K_4\cos\theta_2^{+1}+K_5\cos\theta_2^{-5}+K_6\cos\theta_2^{+7}\end{cases} \tag{6-18}$$

式中，$K_1=U_1^{+1}/U_1$，$K_2=U_1^{-5}/U_1$，$K_3=U_1^{+7}/U_1$，$K_4=I_2^{+1}/I_2$，$K_5=I_2^{-5}/I_2$，$K_6=I_2^{+7}/I_2$；

$$U_1=\sqrt{\begin{matrix}(U_1^{+1})^2+(U_1^{-5})^2+(U_1^{+7})^2+2U_1^{+1}U_1^{-5}\cos(6\omega_1 t+\varphi_1^{+1}-\varphi_1^{-5})+2U_1^{-5}U_1^{+7}\cos(-12\omega_1 t+\varphi_1^{-5}-\varphi_1^{+7})+\\ 2U_1^{+1}U_1^{+7}\cos(-6\omega_1 t+\varphi_1^{+1}-\varphi_1^{+7})\end{matrix}};$$

$$I_2=\sqrt{\begin{matrix}(I_2^{+1})^2+(I_2^{-5})^2+(I_2^{+7})^2+2I_2^{+1}I_2^{-5}\cos(-6\omega_1 t+\varphi_2^{+1}-\varphi_2^{-5})+2I_2^{-5}I_2^{+7}\cos(12\omega_1 t+\varphi_2^{-5}-\varphi_2^{+7})+\\ 2I_2^{+1}I_2^{+7}\cos(6\omega_1 t+\varphi_2^{+1}-\varphi_2^{+7})\end{matrix}}。$$

类似地，将式（6-16）~式（6-18）代入式（6-3），实际和估计转子位置之间的偏差 $\Delta\theta_r$ 可表示为

$$
\begin{aligned}
(p_1+p_2)\Delta\theta_r &\approx \sin[(\theta_1+\theta_2)-(p_1+p_2)\hat{\theta}_r] \\
&= K_1K_4\sin[(\theta_1^{+1}+\theta_2^{+1})-(p_1+p_2)\hat{\theta}_r]+K_1K_5\sin[(\theta_1^{+1}+\theta_2^{-5})-(p_1+p_2)\hat{\theta}_r]+ \\
&\quad K_1K_6\sin[(\theta_1^{+1}+\theta_2^{+7})-(p_1+p_2)\hat{\theta}_r]+K_2K_4\sin[(\theta_1^{-5}+\theta_2^{+1})-(p_1+p_2)\hat{\theta}_r]+ \\
&\quad K_2K_5\sin[(\theta_1^{-5}+\theta_2^{-5})-(p_1+p_2)\hat{\theta}_r]+K_2K_6\sin[(\theta_1^{-5}+\theta_2^{+7})-(p_1+p_2)\hat{\theta}_r]+ \\
&\quad K_3K_4\sin[(\theta_1^{+7}+\theta_2^{+1})-(p_1+p_2)\hat{\theta}_r]+K_3K_5\sin[(\theta_1^{+7}+\theta_2^{-5})-(p_1+p_2)\hat{\theta}_r]+ \\
&\quad K_3K_6\sin[(\theta_1^{+7}+\theta_2^{+7})-(p_1+p_2)\hat{\theta}_r] \\
&= K_1K_4\sin(A_r+\varphi_1^{+1}+\varphi_2^{+1})+K_1K_5\sin(6\omega_1t+A_r+\varphi_1^{+1}+\varphi_2^{-5})+ \\
&\quad K_1K_6\sin(-6\omega_1t+A_r+\varphi_1^{+1}+\varphi_2^{+7})+K_2K_4\sin(-6\omega_1t+A_r+\varphi_1^{-5}+\varphi_2^{+1})+ \\
&\quad K_2K_5\sin(A_r+\varphi_1^{-5}+\varphi_2^{-5})+K_2K_6\sin(-12\omega_1t+A_r+\varphi_1^{-5}+\varphi_2^{+7})+ \\
&\quad K_3K_4\sin(6\omega_1t+A_r+\varphi_1^{+7}+\varphi_2^{+1})+K_3K_5\sin(12\omega_1t+A_r+\varphi_1^{+7}+\varphi_2^{-5})+ \\
&\quad K_3K_6\sin(A_r+\varphi_1^{+7}+\varphi_2^{+7})
\end{aligned}
\tag{6-19}
$$

式中，$A_r=(p_1+p_2)\omega_rt-(p_1+p_2)\hat{\theta}_r$，同时所有的参数 K_1K_4、K_1K_5、K_1K_6、K_2K_4、K_2K_5、K_2K_6、K_3K_4、K_3K_5 和 K_3K_6 均包含频率为 $6\omega_1$ 和 $12\omega_1$ 的交流成分。

式（6-19）中右边的第1、5、9项可以通过调节 $\hat{\theta}_r$ 来使得其相加为0。式（6-19）中右边的其他6项包含着频率为 $6\omega_1$ 或 $12\omega_1$ 的交流成分不能被消除，这同样是由于其中的 $\pm6\omega_1t$ 和 $\pm12\omega_1t$ 不能通过调节 $\hat{\theta}_r$ 来消除。最终，转子位置锁相环中PI控制器的输入包含着频率为 $6\omega_1$ 和 $12\omega_1$ 的交流成分，这将导致估计转速中出现同样频率的波动。

因此，综合上述分析可知，基本的转子位置锁相环在不对称或非线性负载时不能获得准确的转速。

6.2.3　非常规负载下的改进转速观测器

1. 观测器设计

不平衡和非线性负载下PW电压和CW电流出现畸变，为了克服其对转速观测的影响，可以对上面的转子位置锁相环进行改进。此处引入基于二阶广义积分器的正交信号发生器（SOGI-QSG）和低通滤波器（LPF）来改进转速观测器，改进后的转速观测器结构如图6.7所示，其主要包括SOGI-QSG、LPF、正序分量计算器（Positive Sequence Calculator，PSC）、$\alpha\beta$ 坐标系锁相环和转子位置锁相环。改进后的转速观测器首先利用Clark变换将三相PW电压和CW电流由静止 ABC 坐标系变换到静止 $\alpha\beta$ 坐标系；然后通过SOGI-QSG作为一个自适应滤波器来实现PW电压的 α、β 分量中谐波的滤除以及90°的相位偏移，再结合瞬时对称分量法实现正负序分量的分离，利用图6.2所示的 $\alpha\beta$ 坐标系锁相环来对PW频率进行自适应辨识；而对CW电流，则直接采用低通滤波器进行处理；最后经由图6.3所示的转子位置锁相环来实现对转速的观测，并将观测出的转速反馈至SOGI-QSG。其中基于二阶广义积分器的正交信号发生器的结构如图6.8所示，其传递函数为

$$
D(s)=\frac{x_f(s)}{x(s)}=\frac{k\hat{\omega}_fs}{s^2+k\hat{\omega}_fs+\hat{\omega}_f^2}
\tag{6-20}
$$

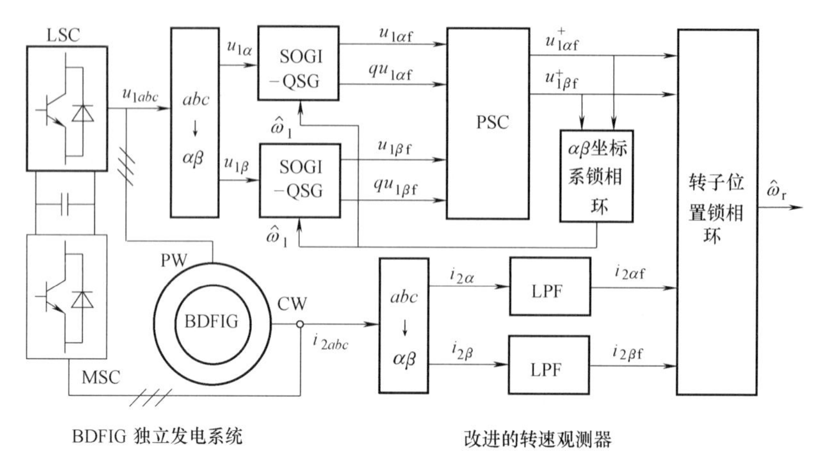

图 6.7 改进后的转速观测器

$$Q(s)=\frac{qx_{\mathrm{f}}(s)}{x(s)}=\frac{k\hat{\omega}_{\mathrm{f}}^{2}}{s^{2}+k\hat{\omega}_{\mathrm{f}}s+\hat{\omega}_{\mathrm{f}}^{2}} \tag{6-21}$$

式中，x_{f} 为输入信号；ω 为 SOGI-QSG 的谐振频率；k 为 SOGI-QSG 的阻尼系数；x_{f} 为输入信号经 SOGI 滤波后的结果；qx_{f} 比 x_{f} 滞后 90°。

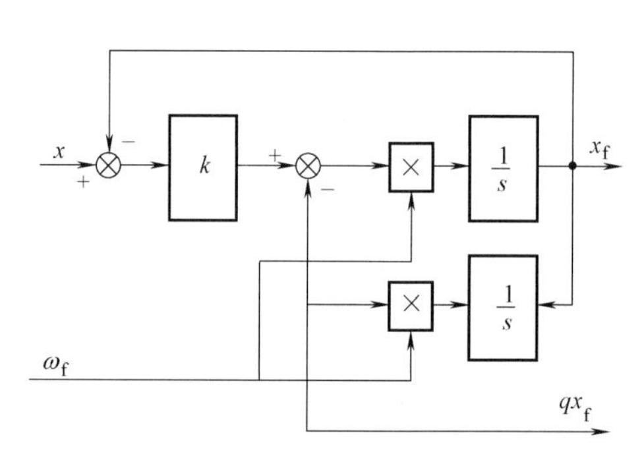

图 6.8 基于二阶广义积分器的正交信号发生器（SOGI-QSG）结构

由式（6-20）与式（6-21）不难看出，$D(s)$ 实际上为带通滤波器，而 $Q(s)$ 为低通滤波器。

$\alpha\beta$ 坐标系下的正序分量计算方法是以 Clark 变换和三相静止 ABC 坐标系下的瞬时对称分量（Instantaneous Symmetrical Components，ISC）法为基础推导而出的。在三相静止 ABC 坐标系中，根据瞬时对称分量法，可得到正序分量的计算表达式为

$$\begin{bmatrix}u_A^+\\u_B^+\\u_C^+\end{bmatrix}=\boldsymbol{T}_+\begin{bmatrix}u_A\\u_B\\u_C\end{bmatrix}=\frac{1}{3}\begin{bmatrix}1&a^2&a\\a&1&a^2\\a^2&a&1\end{bmatrix}\begin{bmatrix}u_A\\u_B\\u_C\end{bmatrix} \tag{6-22}$$

式中，$a=\mathrm{e}^{-\mathrm{j}\frac{2\pi}{3}}$。

利用 Clark 变换推导出 $\alpha\beta$ 坐标系下的正序分量计算方法为

$$\begin{bmatrix}u_\alpha^+\\u_\beta^+\end{bmatrix}=\boldsymbol{T}_{\mathrm{Clark}}\begin{bmatrix}u_A^+\\u_B^+\\u_C^+\end{bmatrix}=\boldsymbol{T}_{\mathrm{Clark}}\boldsymbol{T}_+(\boldsymbol{T}_{\mathrm{Clark}})^{-1}\begin{bmatrix}u_\alpha\\u_\beta\end{bmatrix}=\frac{1}{2}\begin{bmatrix}1&-q\\q&1\end{bmatrix}\begin{bmatrix}u_\alpha\\u_\beta\end{bmatrix} \tag{6-23}$$

式中，Clark 变换矩阵 $\boldsymbol{T}_{\mathrm{Clark}}=\frac{2}{3}\begin{bmatrix}1&-\frac{1}{2}&-\frac{1}{2}\\0&\frac{\sqrt{3}}{2}&-\frac{\sqrt{3}}{2}\end{bmatrix}$，$q=\mathrm{e}^{-\frac{\mathrm{j}\pi}{2}}$ 为时域内的 90°滞后相位偏移算子。

2. 实验结果及分析

下面基于附录所介绍的实验平台 1 进行实验验证。为了同时考虑到响应速度和观测系统的稳定性，转子位置锁相环的稳定时间 t_s 和阻尼系数 ξ 分别选为 40ms 和 0.707。转子位置锁相环的 PI 控制器参数根据式（6-8）可得到为：$k_{p\_RPPLL}=230$，$k_{i\_RPPLL}=26458$。转速观测器中基于二阶广义积分器的正交信号发生器的阻尼系数设定为 1.414。$\alpha\beta$ 参考坐标系下锁相环的 PI 参数整定方法和转子位置锁相环类似。在本实验中，$\alpha\beta$ 参考坐标系下锁相环的稳定时间和阻尼系数分别被设定为 30 ms 和 0.707，因此对应的 PI 控制器参数为 $k_{p\_RPPLL}=306$，$k_{i\_RPPLL}=47036$。

为了充分验证上述转速观测器的有效性，下面给出三种典型的负载工况实验结果。实验平台的实际控制仍采用编码器测得的转速，也即有速度传感器控制。转子位置锁相环和改进后的转速观测器分别被用于转速观测，然而观测结果并不被反馈入控制器。本实验只是通过比较两种转速观测器的性能，来验证改进后的转速观测器是否有能力在各种工况下取得和编码器相似的精确度。

实验 1：独立运行的 BDFIG 发电系统连接一个平衡的 18kVA 三相感性负载，其功率因数为 0.7。在 0~4.4s 内没有负载接入系统；在 4.4s，感性负载被接入 BDFIG 独立发电系统；在 6.9~9.3s，BDFIG 的转速从 680r/min 上升到 860r/min，CW 电流频率迅速地变化，如图 6.9a 所示，其中 PW 电压基准值为 500V，CW 电流基准值为 50A，0s 时开始运行。由转子位置锁相环观测到的转速和编码器测得的转速如图 6.9c 所示，两转速之间的误差如图 6.9d 所示。图 6.9e 和图 6.9f 分别给出了转速观测器得到的转速和相应的转速误差。由图 6.9d 可知，当独立运行的 BDFIG 运行在空载下时，转子位置锁相环对应的转速误差的稳态振荡幅值约为 10r/min。然而，由图 6.9f 可知，在同一运行状态下，转子位置观测器对应的转速误差的稳态振荡幅值明显降低，为 4r/min。当独立运行的 BDFIG 接入感性负载时，转子位置锁相环对应的转速误差稳态振荡值与转速观测器对应地类似。其原因是独立运行的 BDFIG 空载运行时 PW 电压谐波比带载运行时要多，而转速观测器中的二阶广义积分器可以自适应地滤除 PW 电压中的谐波。在 4.4s，接入负载导致了 PW 电压和 CW 电流的波动，如图 6.9b 所示，两种观测方法中均不可避免地出现相对大的转速观测误差。然而两种方法取得了令人满意和相似的动态响应能力，因此在不降低其动态响应能力的基础上，所提出的转速观测器可以提升其稳态性能。

实验 2：独立运行的 BDFIG 在 2.43s 接入非线性负载，其中非线性负载由直流侧带 25Ω 电阻的二极管整流器构成。在 4.46~17.33s，BDFIG 转速从 597r/min 上升到 928r/min，然后下降至 694r/min。如图 6.10a 和图 6.10b 所示，在 PW 电压和 CW 电流中出现了由非线性负载引起的谐波，所提出的转子位置锁相环和转速观测器在 0s 时刻启动。对比图 6.10c~图 6.10f 中的实验结果，两种观测方法的动态响应速度非常相似。在非线性负载接入的时刻，转速估计中出现了约 3.1% 真实转速的估计误差，然后很快地在 0.28s 内收敛，如图 6.10d 和图 6.10f 所示。除此之外，根据图 6.10c 和图 6.10e，两种方法观测的转速均能快速地跟踪实际转速。然而，两种方法的稳态性能是不同的：如图 6.10d 所示，转子位置锁相环的转速误差中的稳态振荡幅值大约为 20r/min；在同一运行状态下，转速观测器的转速误差中的稳态振荡幅值可以被降低到约 3r/min，如图 6.10f 所示。因此，独立运行的 BDFIG 带非线性负载时，转速观测器相比转子位置锁相环拥有更好的整体性能。

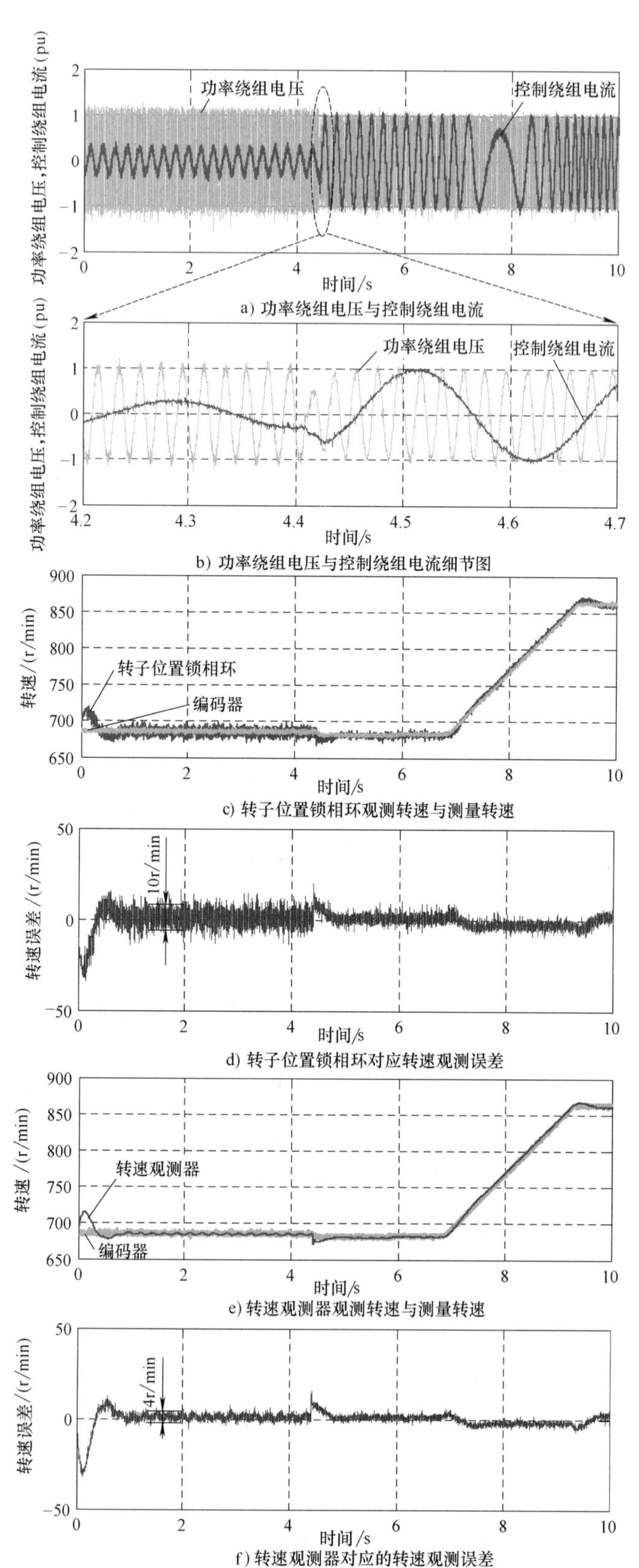

a) 功率绕组电压与控制绕组电流

b) 功率绕组电压与控制绕组电流细节图

c) 转子位置锁相环观测转速与测量转速

d) 转子位置锁相环对应转速观测误差

e) 转速观测器观测转速与测量转速

f) 转速观测器对应的转速观测误差

图 6.9 实验 1 结果［独立运行的 BDFIG 带三相平衡 18kVA 感性负载（功率因数为 0.7)］

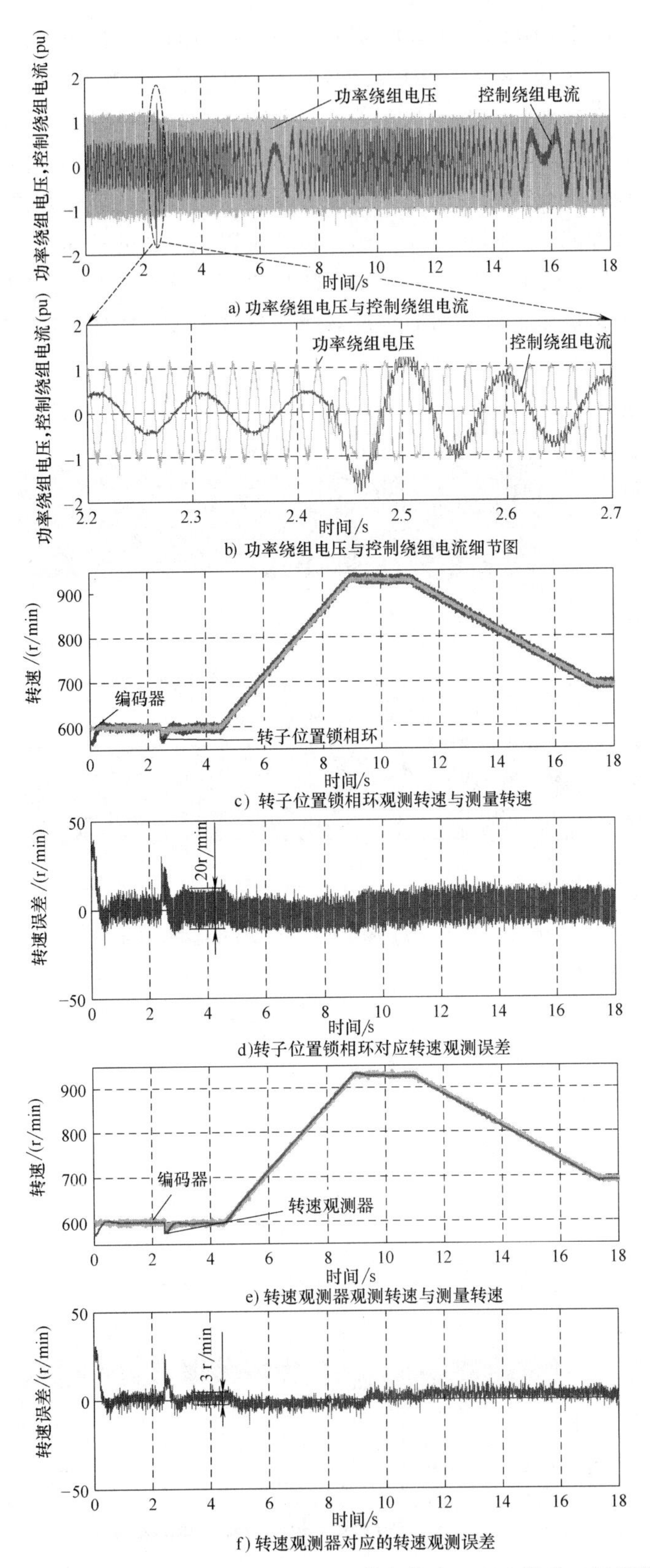

图 6.10　实验 2 结果（独立运行的 BDFIG 带负载为 25Ω 电阻的二极管整流器）

实验 3：独立运行的 BDFIG 在 0.77s 接入一个不平衡的三相负载，每一相的电阻分别为 25Ω，100Ω 和 100Ω。在 4～8.2s，BDFIG 转速从 620r/min 上升到 939r/min。然后在 10～18.8s 从 939r/min 下降到 606r/min。从图 6.11a 和图 6.11b 中可以看出，不平衡负载会导致 PW 电压变得明显不平衡，进一步使得 CW 电流出现畸变。根据图 6.11c 和图 6.11e，转子位置锁相环和转速观测器具有相似的动态性能。然而，所提出的转速观测器相比转子位置锁相环具有更好的稳态性能。如图 6.11d 所示，转子位置锁相环的转速观测误差稳态振荡幅值大约为 12r/min。然而通过采用转速观测器方法可以将其大幅度降至约 3r/min，如图 6.11f 所示，因此，在不平衡负载下所提出的转速观测器具有更优的整体性能。

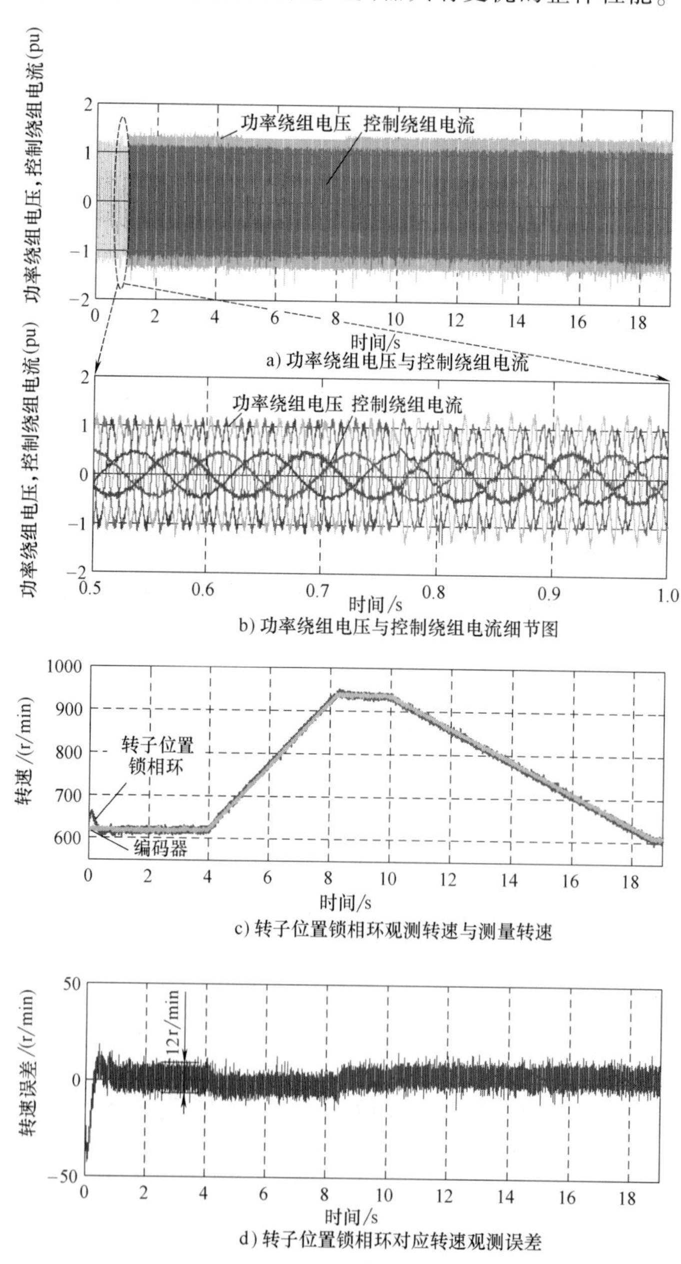

图 6.11　实验 3 结果（独立运行的 BDFIG 带三相不平衡阻性负载（25Ω，100Ω 和 100Ω））

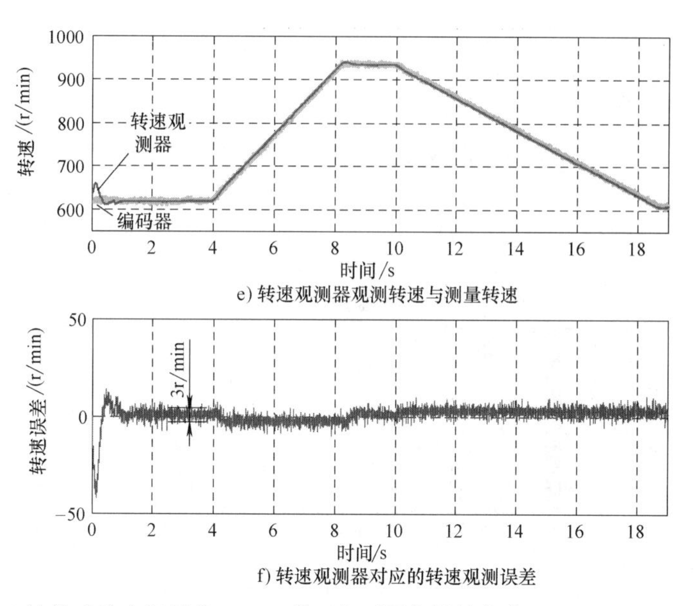

e) 转速观测器观测转速与测量转速

f) 转速观测器对应的转速观测误差

图 6.11 实验 3 结果［独立运行的 BDFIG 带三相不平衡阻性负载（25Ω，100Ω 和 100Ω）］(续)

最后，为了验证不平衡和非线性负载下转子位置锁相环观测特性的理论分析以及改进的转速观测器的稳态控制效果，对上述波形进行进一步的分析。

图 6.12 给出了不平衡负载下由两种观测器所得到转速的局部放大图和频谱分析图。其中，图 6.12a 和图 6.12c 分别给出了图 6.10c 和图 6.10e 在 3~3.1s 的转速局部放大图，可以发现，由转子位置锁相环观测的转速中存在明显的周期振荡，而通过转速观测器很好地得到了消除。对应的频谱分析图分别如图 6.12b 和图 6.12d 所示，可以看出，在转子位置锁相环观测的转速中主要存在明显的 2 倍 PW 电压频率的谐波成分，其幅值为基波幅值的 0.47%（等效约 3r/min），这与前面的理论分析结果是相符的。而采用了改进的转速观测器后，谐波含量明显降低到 0.04%（等效约 0.25r/min）。

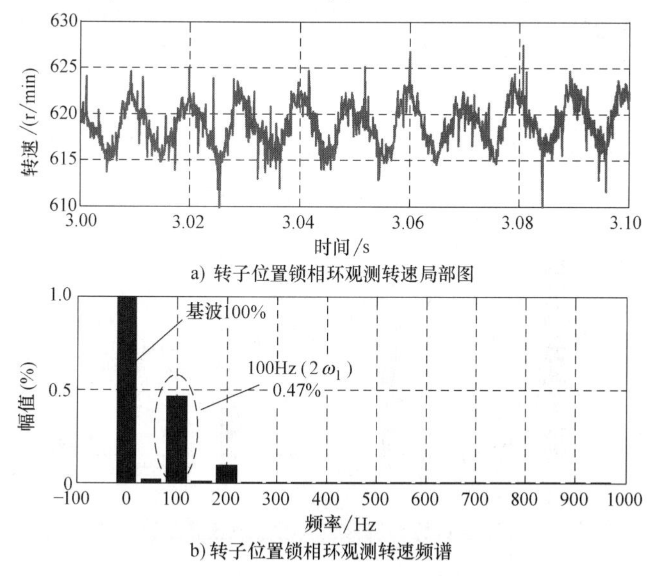

a) 转子位置锁相环观测转速局部图

b) 转子位置锁相环观测转速频谱

图 6.12 不平衡负载下由转子位置锁相环和转速观测器所得到转速的局部放大图和频谱分析图

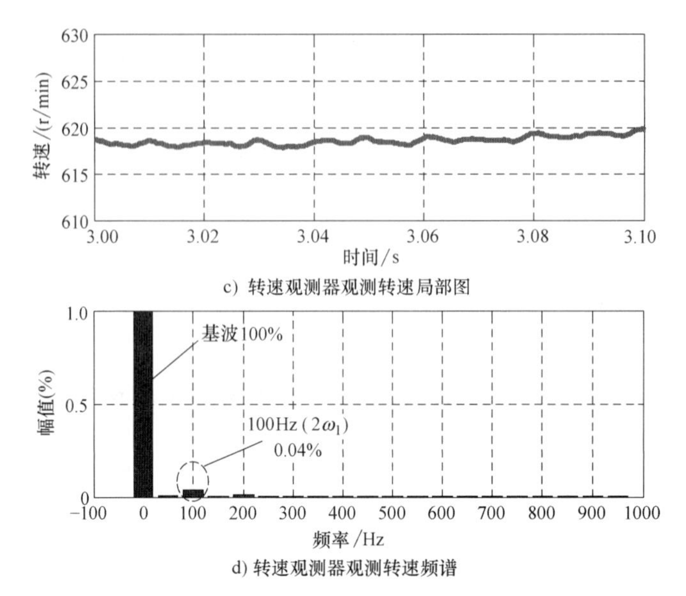

c) 转速观测器观测转速局部图

d) 转速观测器观测转速频谱

图 6.12 不平衡负载下由转子位置锁相环和转速观测器所得到转速的局部放大图和频谱分析图（续）

图 6.13 给出了非线性负载下由两种观测器所得到转速的局部放大图和频谱分析图。其中，图 6.13a 和图 6.13c 分别给出了图 6.11c 和图 6.11e 在 3.7～3.8s 的转速局部放大图，对应的频谱分析图分别如图 6.12b 和图 6.12d 所示。根据图 6.13a 和图 6.13b 可以看出，转子位置锁相环观测的转速主要存在 $6\omega_1$ 和 $12\omega_1$ 频率这两种谐波成分，这与前面的理论分析结果是相符的，其幅值分别为基波幅值的 0.7% 和 0.25%。而采用了改进的转速观测器后，$6\omega_1$ 和 $12\omega_1$ 频率谐波含量分别降低到 0.07% 和 0.02%，效果明显。

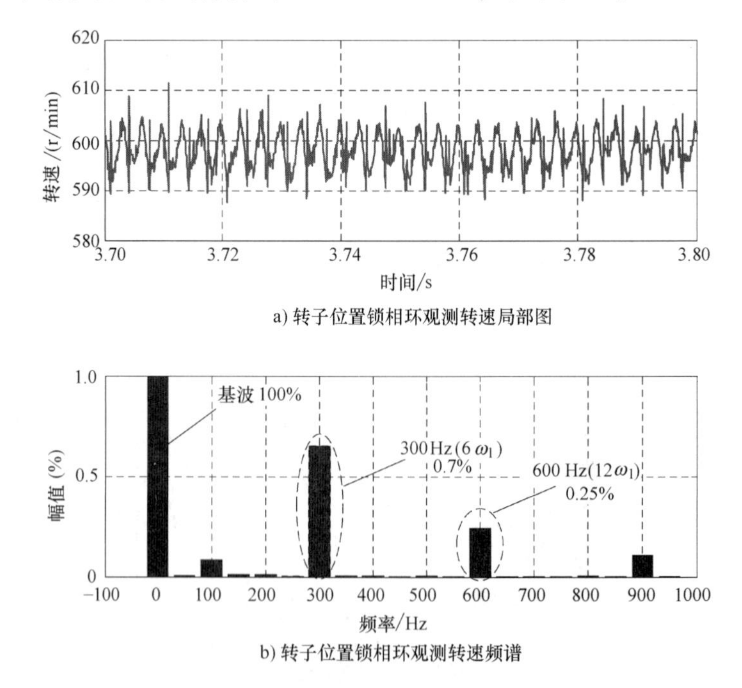

a) 转子位置锁相环观测转速局部图

b) 转子位置锁相环观测转速频谱

图 6.13 非线性负载下由转子位置锁相环和转速观测器所得到转速的局部放大图和频谱分析图

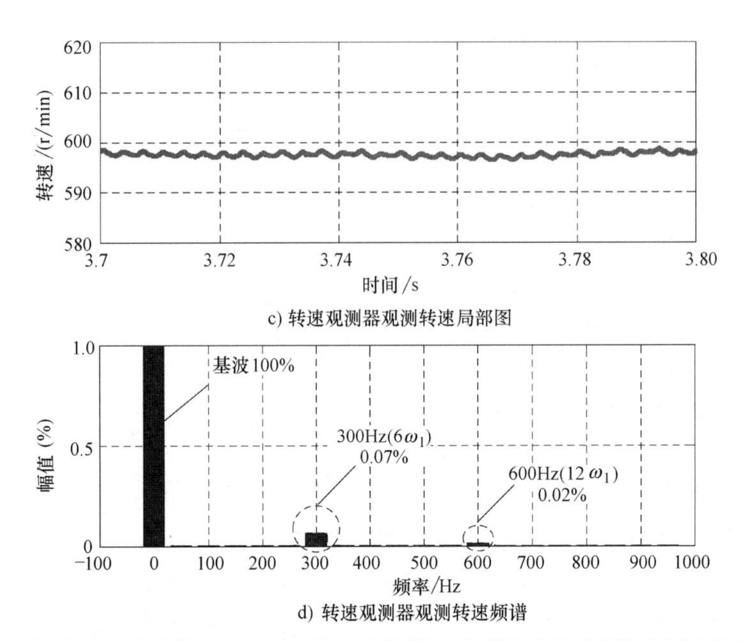

c) 转速观测器观测转速局部图

d) 转速观测器观测转速频谱

图 6.13 非线性负载下由转子位置锁相环和转速观测器所得到转速的局部放大图和频谱分析图（续）

6.3 独立发电系统无速度传感器直接电压控制

6.3.1 基本的无速度传感器直接电压控制策略

将 BDFIG 的统一 dq 坐标系设定为 PW 同步坐标系，也即使得 $\omega=\omega_1$，在此基础上，可以推导得到 CW 电流和 CW 电压之间的关系为[6]

$$i_{2d}=K_d u_{2d}+D_d \tag{6-24}$$

$$i_{2q}=K_q u_{2q}+D_q \tag{6-25}$$

式中，K_d 代表 CW 电流 d 轴分量 i_{2d} 和 CW 电压 d 轴分量 u_{2d} 之间的直接关系，K_q 代表 CW 电流 q 轴分量 i_{2q} 和 CW 电压 q 轴分量 u_{2q} 之间的直接关系，且 $K_d=K_q=1/(R_2+\sigma_2 L_2\rho)$；$D_d$ 和 D_q 反映 PW 和 CW 之间的交叉耦合，可以被视为跟随转速 ω_r 变化的低频扰动。且 $D_d=\dfrac{L_{1r}L_{2r}\rho}{(R_2+\sigma_2L_2\rho)L_r}i_{1d}+\dfrac{L_{1r}L_{2r}[R_r\rho+L_r\omega_1(\omega_1-p_2\omega_r)]}{(R_2+\sigma_2L_2\rho)L_r^2(\omega_1-p_2\omega_r)}i_{1q}-\dfrac{\omega_1(\omega_1-p_2\omega_r)(L_r^2L_2+L_{2r}^2L_r)-L_{2r}^2R_r\rho}{(R_2+\sigma_2L_2\rho)L_r^2(\omega_1-p_2\omega_r)}i_{2q}$，$D_q=-\dfrac{L_{1r}L_{2r}[\omega_1R_r-L_r(\omega_1-p_2\omega_r)\rho]}{(R_2+\sigma_2L_2\rho)L_r^2(\omega_1-p_2\omega_r)}i_{1q}-\dfrac{\omega_1L_{1r}L_{2r}}{(R_2+\sigma_2L_2\rho)L_r}i_{1d}+\dfrac{\sigma_2L_2L_r\omega_1}{(R_2+\sigma_2L_2\rho)L_1}i_{2d}$。且 $\sigma_2=1-L_{2r}^2/(L_2L_r)$ 是 CW 漏磁常数。

图 6.14 给出了 CW 电流的控制环。

前面已经对传统的 BDFIG 独立发电系统直接电压控制进行了分析，为了引入新的无速度传感器直接电压控制方法，将其结构示意图重新绘制如图 6.15 所示。其可以分为三部分：PW 电压幅值控制、PW 频率（或相位）控制和 CW 电流的内环控制。对于电压幅值控制，可以通过 PI 调节器调节控制绕组电流幅值来改变励磁电动势的大小，进而在各种情况下维持系统输出电压幅值的恒定。根据稳态关系式 $(p_1+p_2)\omega_r=\omega_1+\omega_2$ 可知，PW 频率控制可以通过调节 CW 频率来实现，因此，PW 频率控制需要转速信息。如图 6.15 所示，转速是通过对转子位置 θ_r 进行微分操作获得。转子位置传感器的有限精度和程序周期时间内的抖动会在微分操作的结果中引入太多的高频噪声，因此需要一个低通滤波器（LPF1）来消除噪声。

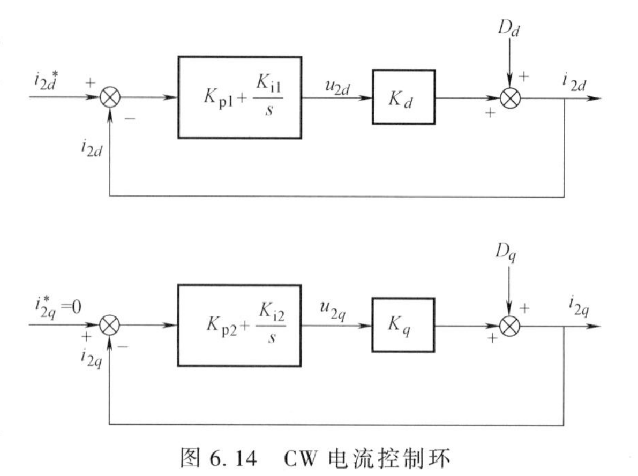

图 6.14　CW 电流控制环

在 CW 电流控制中，CW 电流 q 轴分量的参考值 i_{2q}^* 设定为 0。可以看出，它采用了 CW 电流定向的控制策略，这意味着 CW d 轴分量的参考值 i_{2d}^* 等于 CW 电流幅值参考 I_2^*；CW 电流矢量的参考相角 θ_2^* 是通过对 CW 电流角频率参考值积分得到的。而当 i_{2q} 保持为 0 时，实际的 CW 频率将等于给定频率。因此，只需要按照 PW 频率要求给出所需的 CW 频率，便可以实现 PW 频率控制，最终，CW 电流控制器能够依据相应的频率和幅值产生合适的励磁电流。实际 PW 电压幅值是通过一个 Clark 变换得到的，其中的谐波通过另一个低通滤波器（LPF2）滤除。

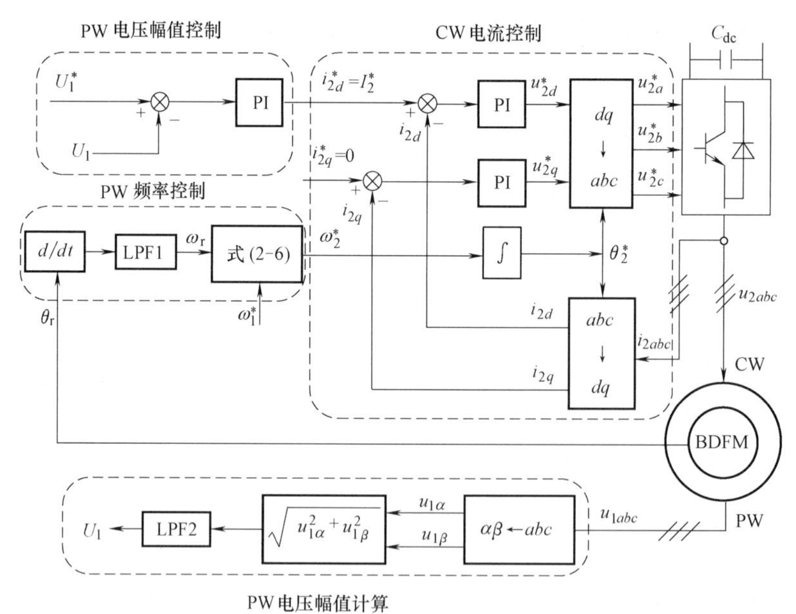

图 6.15　基本的 BDFIG 独立发电系统直接电压控制框图

根据前面的分析，传统的 BDFIG 独立发电系统直接电压控制需要用到转速信息。为了提升系统的可靠性、降低成本和轴向体积，有必要设计相应的无速度传感器控制方法。基本的无速度传感器直接电压控制策略如图 6.16 所示。三相 PW 电压被变换到 dq 坐标系下，如图 6.17 所示，dq 参考坐标系的 d 轴与 PW 参考电压矢量对齐。同时，该控制策略还可以实现 PW 电压相位控制，θ_1^* 便为期望的 PW 电压相位，该相位可以用于该独立发电系统的并网操作。根据图 6.17，PW 电压的 q 轴分量可以表示为期望电压相位和实际电压相位

的函数

$$u_{1q}=U_1\sin(\theta_1-\theta_1^*) \tag{6-26}$$

式中，U_1 是实际 PW 电压幅值；θ_1 为实际 PW 电压矢量的相角；θ_1^* 为参考 PW 电压矢量的相角。

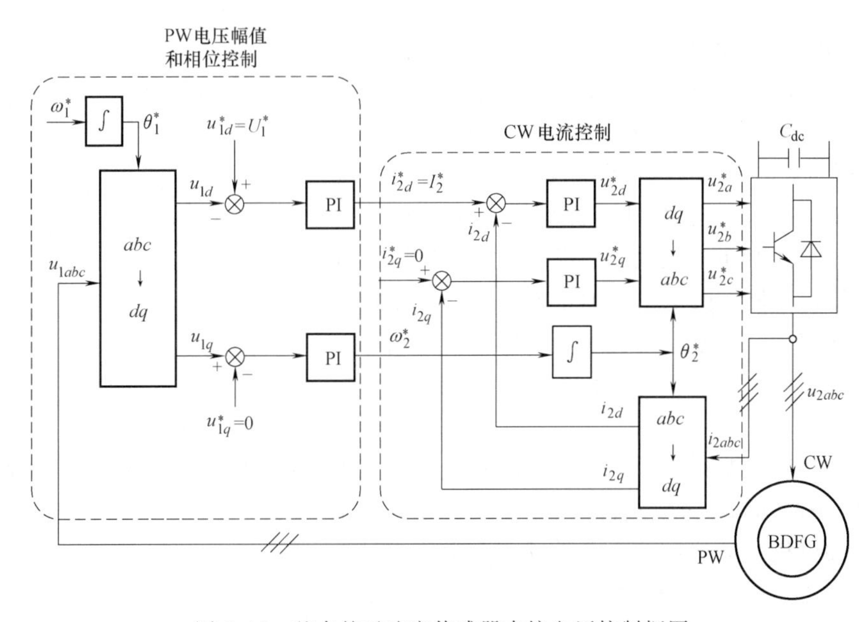

图 6.16　基本的无速度传感器直接电压控制框图

在平衡点附近，即当有 $\theta_1-\theta_1^*\approx0$ 时，上式可表示为

$$u_{1q}=U_1\sin(\theta_1-\theta_1^*)\approx U_1(\theta_1-\theta_1^*) \tag{6-27}$$

实际 PW 电压矢量的相位 θ_1 可通过其频率来调节，而由 BDFIG 的转速表示式 $(p_1+p_2)\ \omega_r=\omega_1+\omega_2$，可知，PW 频率的控制可以通过调节 CW 频率来实现。因此可以通过调节 CW 频率进而实现 θ_1 跟踪给定相位 θ_1^*，此时 PW 频率随之被控制为给定值 ω_1^*。总的来说，通过调节 CW 电流参考幅值 I_2^* 可实现 PW 电压 d 轴分量 u_{1d} 跟踪其参考值 $u_{1d}^*=U_1^*$；而 PW 电压 q 轴分量 u_{1q} 通过调节 CW 电流的参考频率 ω_2^* 实现其收敛到 0，使得 PW 电压矢量与 dq 参考坐标系的 d 轴重合，进而实现 PW 电压相位跟踪其参考相位 θ_1^*。CW 电流内环的控制方法和传统的直接电压控制策略相同。

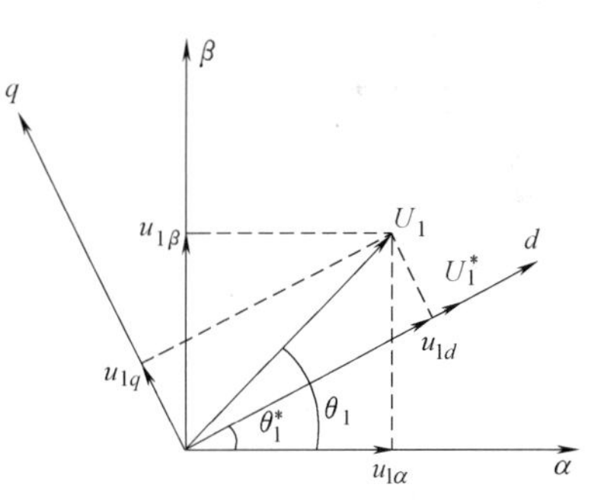

图 6.17　在不同参考坐标系下的 PW 电压矢量

下面进行稳定性分析：根据式（6-27），可绘出 PW 电压的相角线性化控制回路如图 6.18 所示。可以看出，通过选取合适的 PI 控制器参数，控制系统的稳定性便可以得到保证。为了更加直观地进行说明，该无速度传感器控制系统的稳定性可以用图 6.19 加以描述。其中，dq 参考坐标系被分割为 4 个区间，U_1^{i} 代表处在第 Ⅰ 扇区的 PW 电压矢量。例如，PW 电压矢量在第 Ⅰ 和第 Ⅱ 扇区时分别被表示为 U_1^1 和 U_1^2，它们的 q 轴分量都是正的，根据图 6.16 所示的无速度传感器控制逻辑，通过 PI 控制器将导致 ω_2 的增大。由 $(p_1+p_2)\omega_r=\omega_1+$

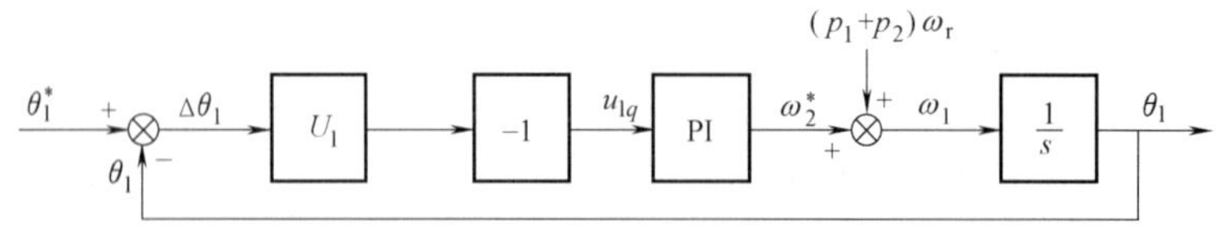

图 6.18　PW 电压的相角线性化控制回路

ω_2 可知，在转速一定的情况下，ω_1 将减小，最终实际 PW 电压矢量将相对 dq 旋转坐标系顺时针旋转。类似地，U_1^3 和 U_1^4 的 q 轴分量都是负的，同样由于 PI 控制器的作用将使得 ω_2 减小，进而导致 ω_1 的增大，实际 PW 电压矢量将相对 dq 旋转坐标系逆时针旋转。总的来说，无论实际 PW 电压矢量处在哪个扇区，都将朝着 d 轴正方向旋转，最终稳定在 d 轴正方向上，即 d 轴正方向是唯一的稳定工作点。而此时，实际 PW 电压矢量将同 dq 参考坐标系具有相同的角速度，同时实现了相位控制。

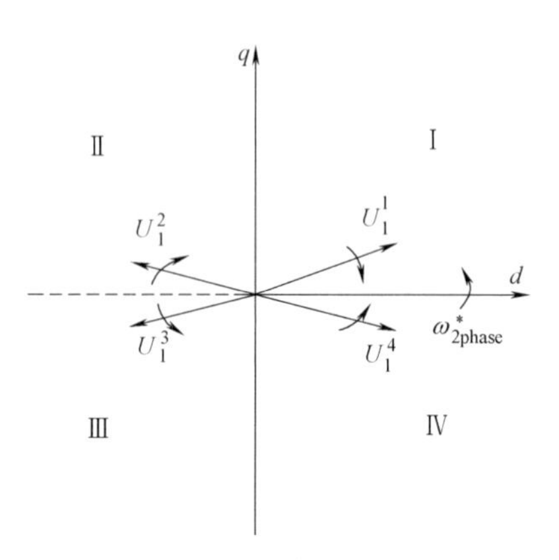

图 6.19　无速度传感器控制逻辑的稳定性描述

该无速度传感器控制方法中的 4 个 PI 控制器参数均可以采用 Ziegler-Nichols 方法进行整定，该方法不需要精确的无刷双馈电机参数信息。下面通过 4 个实验来对该无速度传感器控制方法进行测试：

1. 系统在恒定负载下启动

系统在恒定负载下启动的实验结果如图 6.20 所示。在图 6.20a 中，独立运行的无刷双馈电机在 0.5s 带 6 kW 阻性负载启动，PW 线电压幅值以 100V/s 的斜坡速度上升。由图 6.20a 和图 6.20b 可知，PW 电压 d 轴分量能够很好地跟踪 PW 电压参考幅值。根据图 6.20c，在约 0.5s 处，为了调节 PW 电压相角，PW 电压 q 轴分量中不可避免地出现了暂态波动。

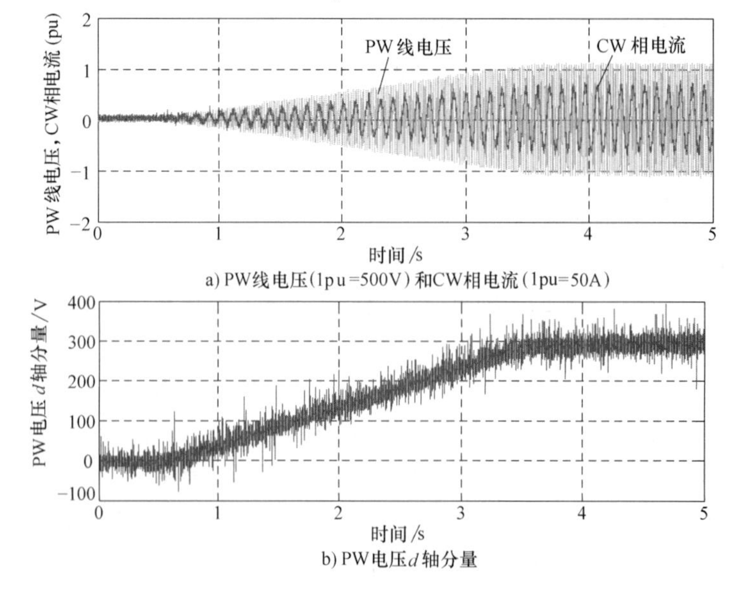

a) PW线电压(1pu=500V)和CW相电流(1pu=50A)

b) PW电压d轴分量

图 6.20　系统在恒定负载下启动的实验结果（转速保持恒定，负载为 6kW 阻性负载）

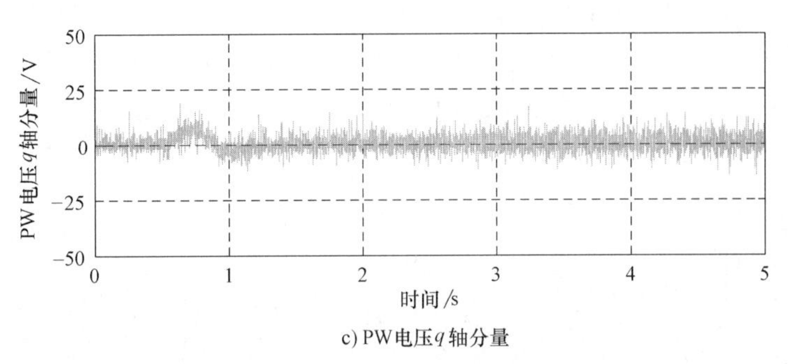

c) PW电压q轴分量

图 6.20　系统在恒定负载下启动的实验结果（转速保持恒定，负载为 6kW 阻性负载）(续)

2. 转速在恒定负载下变化

图 6.21 给出了转速在恒定负载下上升的实验结果。在 2.8～5.8s 时，转速从 600r/min 上升到 960r/min，阻性负载的功率保持为恒定的 6kW。PW 电压 d 轴分量近乎保持恒定的 311V（PW 相电压参考幅值）。在转速变化过程中，PW 电压 q 轴分量的稳态值大约为 17V，这意味着 PW 线电压的实际相角和参考相角之间的差异大约为 3°，能够满足很多独立发电系统的应用需求（如船舶轴带发电系统）。

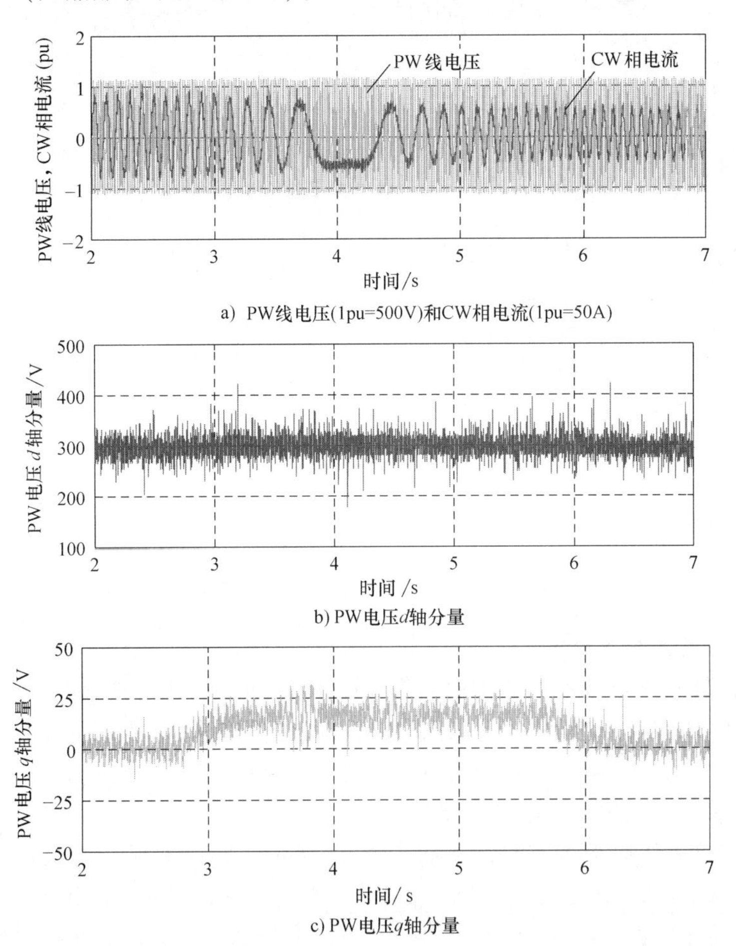

a) PW线电压(1pu=500V)和CW相电流(1pu=50A)

b) PW电压d轴分量

c) PW电压q轴分量

图 6.21　恒定负载下转速上升的实验结果（转速从 600r/min 上升到 960r/min，负载保持为 6kW 阻性负载恒定）

图 6.22 给出了在恒定负载下转速下降的实验结果。在 2~6.9s，转速从 960r/min 下降到 600r/min，阻性负载的功率保持为恒定的 6kW。PW 电压 d 轴分量近乎保持恒定的 311V；在转速变化过程中，PW 电压 q 轴分量的稳态值大约为-15V，这意味着 PW 线电压的实际相角和参考相角之间的差异大约为-2.75°，这也能够满足很多独立发电系统的应用需求。

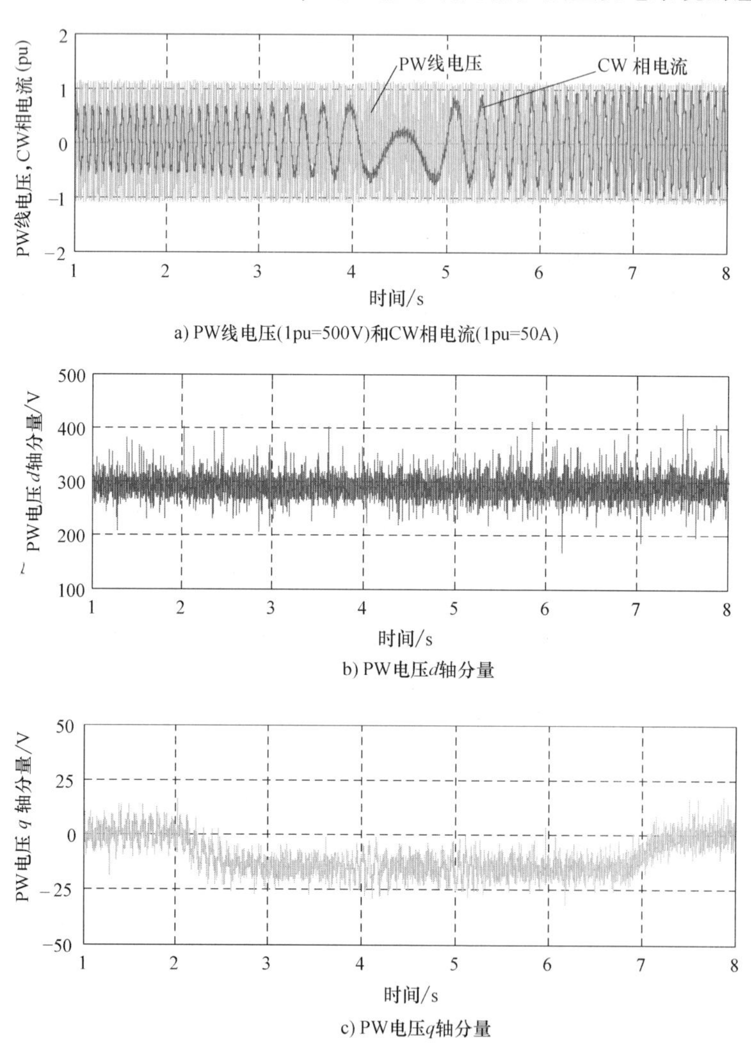

a) PW线电压(1pu=500V)和CW相电流(1pu=50A)

b) PW电压d轴分量

c) PW电压q轴分量

图 6.22　恒定负载下转速下降的实验结果（转速从 960r/min 下降到 600r/min，负载保持为 6kW 阻性负载恒定）

3. 负载在恒定转速下变化

负载在恒定转速下负载增加的实验结果如图 6.23 所示。转速被保持为恒定的 800r/min，阻性负载在 3.1s 从 6kW 突然增加到 12kW。当负载变化时，PW 电压的 d 轴分量不可避免地跌落到参考值的 87%并在 0.5s 内恢复。PW 电压的 q 轴分量迅速地降到约-18V（对应的相角误差约为-3.3°）并在约 30ms 内恢复。

负载在恒定转速下降低的实验结果如图 6.24 所示。转速被保持为恒定的 800r/min，阻性负载在 7.5s 从 12kW 以阶跃形式降低到 6kW。当负载变化时，PW 电压的 d 轴分量增加了 PW 电压参考幅值的 10%并在约 0.3s 内恢复。PW 电压的 q 轴分量具有很好的动态性能而近乎保持为 0。

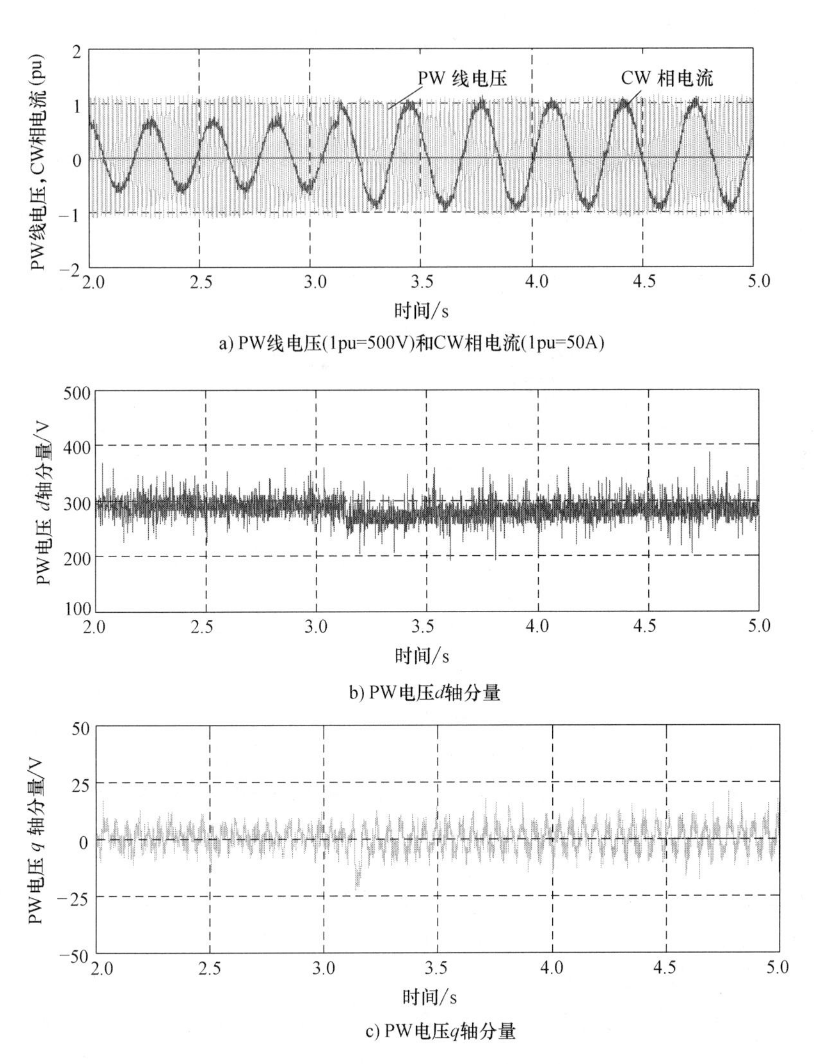

a) PW线电压(1pu=500V)和CW相电流(1pu=50A)

b) PW电压d轴分量

c) PW电压q轴分量

图 6.23 恒定转速下负载增加的实验结果（转速保持为恒定的 800r/min，阻性负载从 6kW 增加到 12kW）

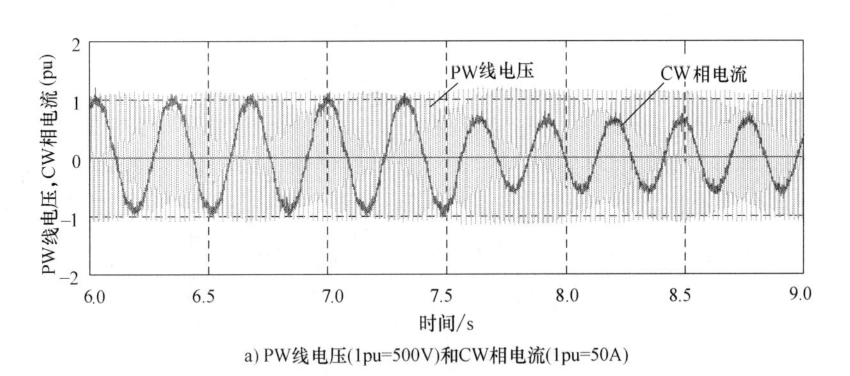

a) PW线电压(1pu=500V)和CW相电流(1pu=50A)

图 6.24 恒定转速下负载减小的实验结果
（转速保持为恒定的 800r/min，阻性负载从 12kW 减小到 6kW）

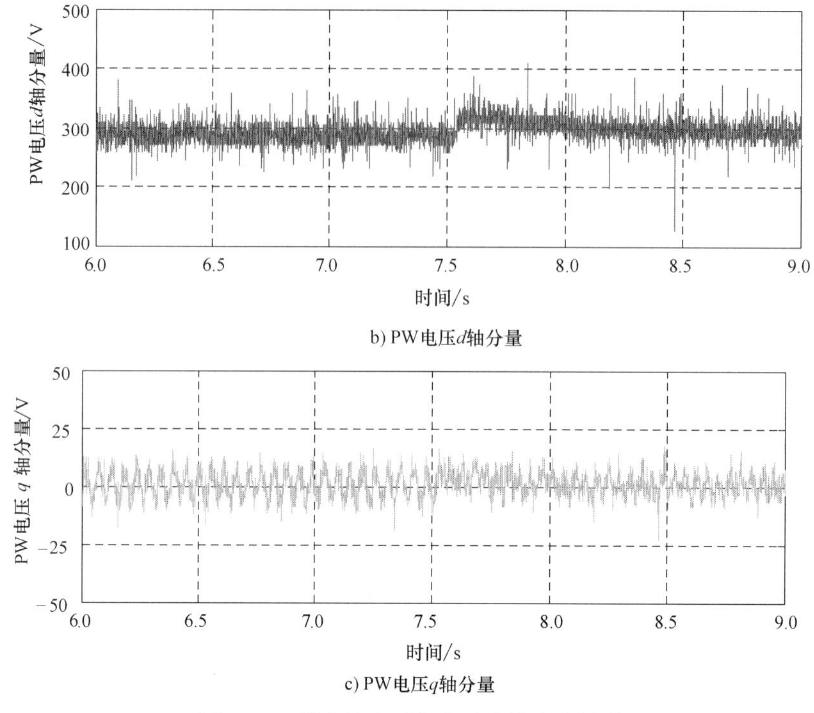

b) PW电压d轴分量

c) PW电压q轴分量

图 6.24　恒定转速下负载减小的实验结果

（转速保持为恒定的 800r/min，阻性负载从 12kW 减小到 6kW）（续）

4. 变转速状态下负载变化

在变转速状态下的负载变化实验波形如图 6.25 所示。在 1.8～3s，转速从 800r/min 上升到 970r/min，阻性负载在约 2.3s 时刻以阶跃形式从 6kW 增加到 12kW。当负载变化时，PW 电压的 d 轴分量跌落为参考值的 88%左右并在 0.45s 内恢复。在转速变化过程中，PW 电压的 q 轴分量的稳态值大约为 22V，意味着功率表绕组电压的实际相角和参考相角之间相差大约 4°，因此低于独立发电系统中的最大电压相角误差值为 5°。当负载变化时，PW 电压的 q 轴分量迅速下降至接近为 0 并在大约 45ms 内返回稳态值。

6.3.2　改进的无速度传感器精准相位控制策略

综合上述实验结果可知，图 6.16 所给出的无速度传感器策略在一定程度上可以满足独立发电系统应用对于稳态和动态性能的要求。但是，当电机运行在转速上升或者下降状态时，PW 电压的 q 轴分量的稳态值将不为 0，这是由于转速变化时需要相位偏移来使得参考 CW 频率变化以维持 PW 频率恒定。因此，利用 PW 电压 d 轴分量 u_{1d} 来控制 PW 电压幅值 U_1 时，即使满足 $u_{1d}=U_1^*$，实际的 PW 电压幅值也可能不等于 U_1^*。为此对原有控制进行改进，直接利用 PW 电压幅值进行闭环控制，如图 6.26 所示。其中

$$U_1=\sqrt{u_{1d}^2+u_{1q}^2} \tag{6-28}$$

除此之外，PW 电压的 q 轴分量的稳态值不为 0 将导致 PW 电压的实际相角偏离给定值。此时若进行并网操作，有可能会引入冲击电流。因此，需要采取相应措施对该状态下的相位误差予以消除，基于转速观测器的前馈补偿被引入 PW 电压相位控制环，如图 6.26 所示。

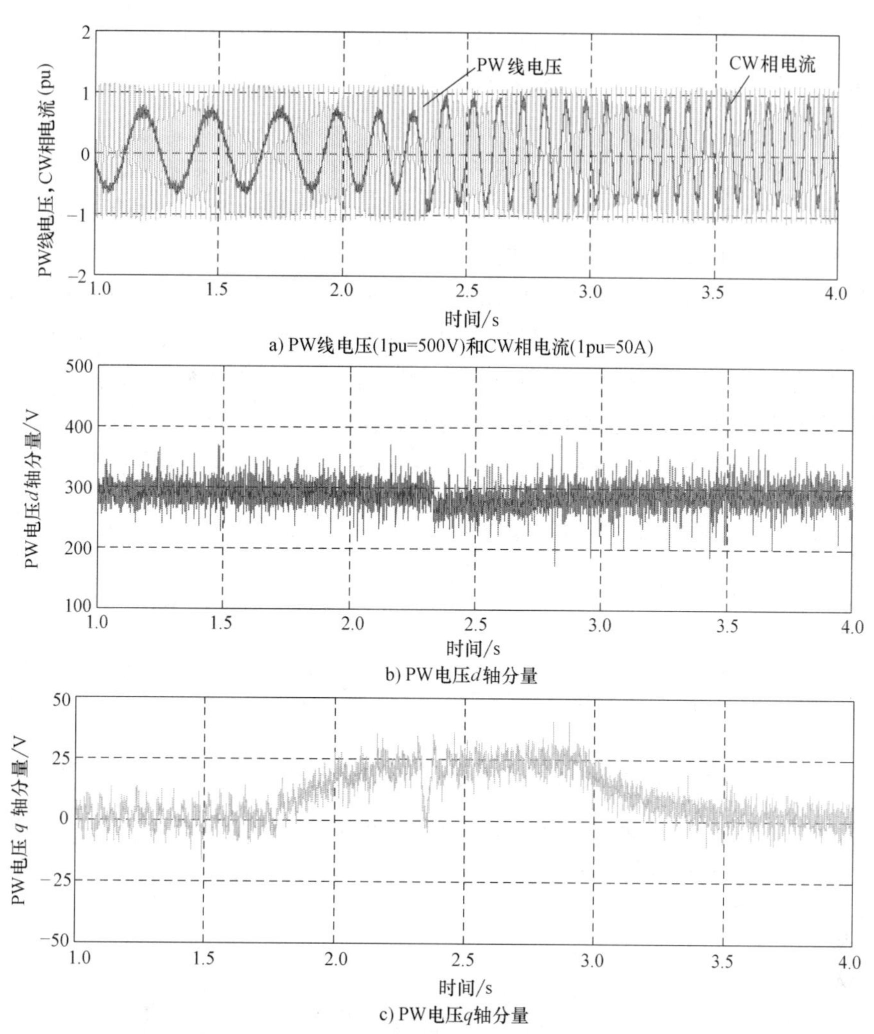

a) PW线电压(1pu=500V)和CW相电流(1pu=50A)

b) PW电压d轴分量

c) PW电压q轴分量

图 6.25　变转速状态下负载变化的实验结果（转速从 800r/min 上升到 970r/min，阻性负载从 6kW 上升到 12kW）

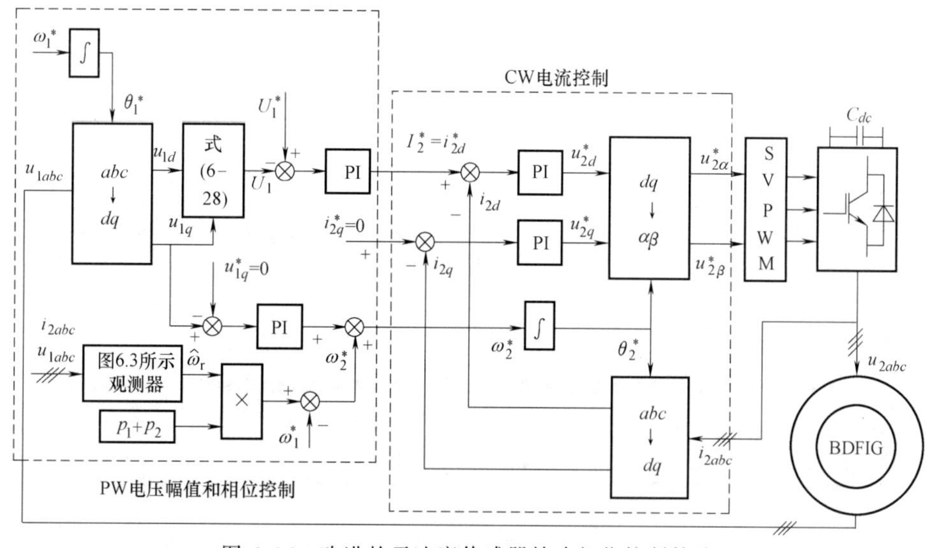

图 6.26　改进的无速度传感器精确相位控制策略

在图 6.26 中，$\hat{\omega}_2^*$ 为利用 $(p_1+p_2)\omega_r=\omega_1+\omega_2$ 计算的 CW 估计频率，所采用的转速信息 $\hat{\omega}_r$ 由转速观测器估计得到。此时，当转速发生变化时，该前馈补偿项将承担 CW 给定频率 ω_2^* 的主要调节任务，因而这种状态下的 PW 电压的 q 轴分量的稳态误差值将被消除。此处所采用的转速观测器即为图 6.3 所示的基于转子位置锁相环的转速观测器。

下面通过实验对上述改进策略在几种典型运行工况下进行验证，包括加速、减速、加载和减载等，所采用的实验平台见附录中的“实验平台 1”。

估计的转速和编码器测得的转速如图 6.27 所示，转速在 8~9.5s 从 525r/min 上升到 695r/min，在 11.8~14s 从 695r/min 下降到 525r/min，初始负载为 6kW 阻性负载，在 17.2s 时再加入 6kW 阻性负载，在 19s 时切除 6kW 阻性负载。可以看出转子位置锁相环在闭环控制中仍能准确地估计出转速并在不同状态下均拥有很好的动态和稳态性能。

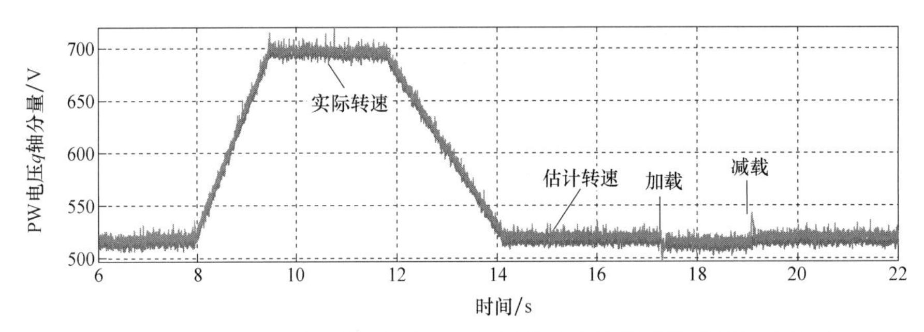

图 6.27　采用图 6.26 所示控制方案时电机实际转速和控制系统观测转速的对比实验

图 6.28 给出了所提出的改进的无速度传感器精确相位控制策略动态性能实验结果，其转速变化以及负载变动与图 6.27 相同。其中，对于电压，1pu = 538V；对于电流，1pu =

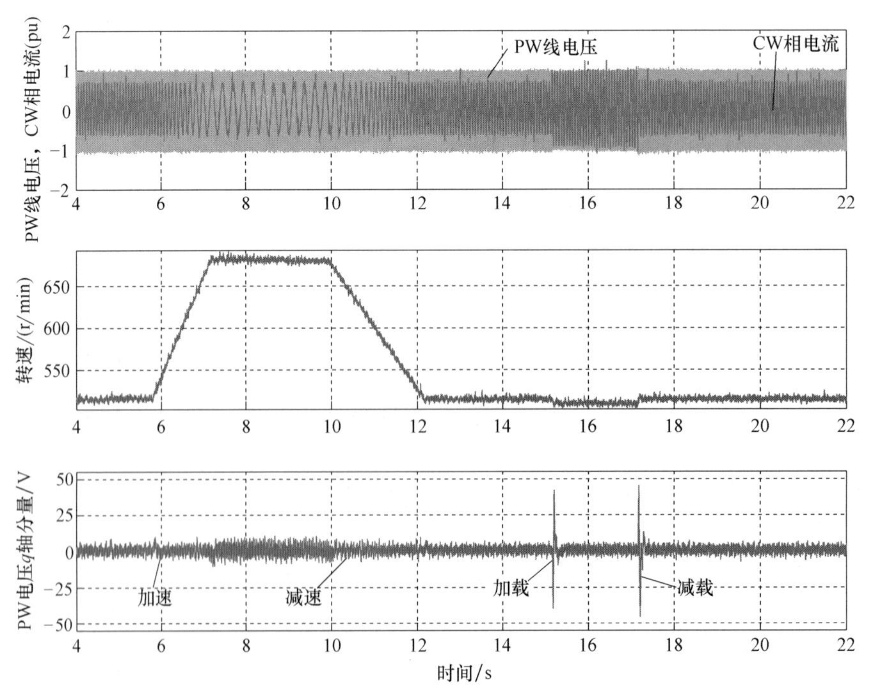

图 6.28　改进的无速度传感器精确相位控制策略动态性能实验结果

50A。可以看出，采用前馈补偿后，PW 电压幅值在转速变化过程中基本保持为恒定，在加减载过程中存在一定的跌落和抬升。而 PW 电压的 q 轴分量稳态值在转速变化时明显降低，几乎为 0，很好地解决了该过程中的相位偏移问题，且在负载变化时仍具有较好的动态响应性能。

6.4 不对称负载下无速度传感器控制

6.4.1 无速度观测器的控制策略

通常，PW 负序电压的调节是基于负序同步坐标系实现的，控制器的输出为负序同步坐标系 CW 电流。针对负序同步坐标系下的 CW 电流参考值，主要有两种方法来实现无静差跟随：一种是利用正序同步坐标系下增强型控制器；另一种是利用负序同步坐标系下 PI 控制器。为了进一步提升 6.3.1 节所提出的控制策略在不对称负载下的性能，本节提出了一种改进控制策略。首先，为了便于分析，将相位控制输出分为两部分：频率控制信号 $\omega_{2\text{fre}}^*$ 和相位误差控制信号 $\omega_{2\text{phase}}^*$，同时这也是后面分析负序补偿回路的基础。前一部分可看作由式(2-6) 得到的 CW 频率，后一部分通过调节 CW 电流相位误差来实现 PW 电压相位差的消除，如图 6.29 所示。

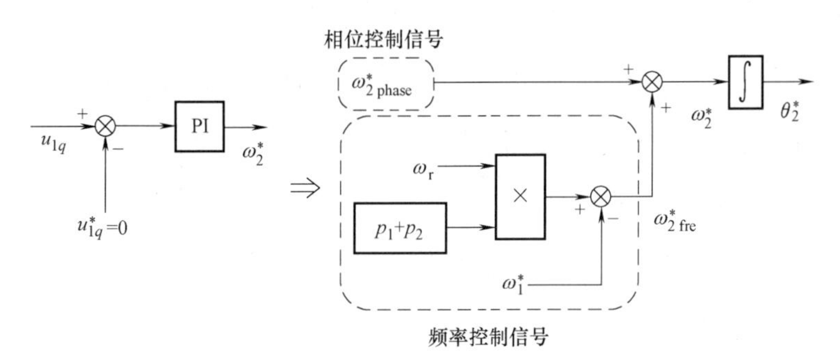

图 6.29 PW 电压相位控制环的等效结构

考虑到 PW 和 CW 间通过转子实现间接耦合，而转子绕组物理量无法测量。因此首先需要得到负序转子电流和 CW 电流之间的关系。将转子磁链方程代入转子电压方程可得

$$R_\text{r}i_\text{r}+\frac{\text{d}(L_\text{r}i_\text{r}+L_{1\text{r}}i_1+L_{2\text{r}}i_2)}{\text{d}t}+\text{j}(\omega-p_1\omega_\text{r})(L_\text{r}i_\text{r}+L_{1\text{r}}i_1+L_{2\text{r}}i_2)=0 \tag{6-29}$$

定义 s 为微分算子，将式 (6-29) 化简，转子电流和 CW 电流之间的关系如下：

$$[R_\text{r}+sL_\text{r}+\text{j}(\omega-p_1\omega_\text{r})L_\text{r}]i_\text{r}=-[sL_{1\text{r}}+\text{j}(\omega-p_1\omega_\text{r})L_{1\text{r}}]i_1-[sL_{2\text{r}}+\text{j}(\omega-p_1\omega_\text{r})L_{2\text{r}}]i_2 \tag{6-30}$$

进一步可推导转子电流如下：

$$\begin{aligned}
i_\text{r}&=\frac{[sL_{1\text{r}}+\text{j}(\omega-p_1\omega_\text{r})L_{1\text{r}}]}{[R_\text{r}+sL_\text{r}+\text{j}(\omega-p_1\omega_\text{r})L_\text{r}]}i_1-\frac{[sL_{2\text{r}}+\text{j}(\omega-p_1\omega_\text{r})L_{2\text{r}}]}{[R_\text{r}+sL_\text{r}+\text{j}(\omega-p_1\omega_\text{r})L_\text{r}]}i_2\\
&=\{[sL_{1\text{r}}+\text{j}(\omega-p_1\omega_\text{r})L_{1\text{r}}][R_\text{r}+sL_\text{r}-\text{j}(\omega-p_1\omega_\text{r})L_\text{r}]i_1-\\
&\quad[sL_{2\text{r}}+\text{j}(\omega-p_1\omega_\text{r})L_{2\text{r}}][R_\text{r}+sL_\text{r}-\text{j}(\omega-p_1\omega_\text{r})L_\text{r}]i_2\}/A\\
&=\{[L_{1\text{r}}(s^2L_\text{r}+sR_\text{r}+(\omega-p_1\omega_\text{r})^2L_\text{r})+\text{j}(\omega-p_1\omega_\text{r})R_\text{r}]i_1-
\end{aligned}$$

$$[L_{2r}(s^2L_r+sR_r+(\omega-p_1\omega_r)^2L_r)+j(\omega-p_1\omega_r)R_r]i_2\}/A$$
$$=(Gi_1+Hi_2)/A \tag{6-31}$$

式中，$A=(R_r+sL_r)^2+[(\omega-p_1\omega_r)L_r]^2$；$G=L_{1r}[s^2L_r+sR_r+(\omega-p_1\omega_r)^2L_r]+j(\omega-p_1\omega_r)R_r$；$H=L_{2r}[s^2L_r+sR_r+(\omega-p_1\omega_r)^2L_r]+j(\omega-p_1\omega_r)R_r$。

G/A 是转子电流和 PW 电流之间的耦合项，由于当 PW 电压被保持为恒定时，PW 电流仅取决于负载状态，这一部分不在考虑范围内。

当在负序同步坐标系下调节功率绕组电压负序分量时，式（6-31）中的 ω 应为 $-\omega_1$，于是从式（6-31）可得转子电流负序分量为

$$i_{r-}^{-}=\frac{G}{A}i_{1-}^{-}-\frac{L_{2r}(s^2L_r+sR_r+(\omega_1+p_1\omega_r)^2L_r)+j(-\omega_1-p_1\omega_r)R_r}{(R_r+sL_r)^2+[(-\omega_1-p_1\omega_r)L_r]^2}i_{2-}^{-} \tag{6-32}$$

其中，$j(-\omega_1-p_1\omega_r)R_r$ 可以被看作 i_{r-}^{-} 和 i_{2-}^{-} 之间的交叉耦合项，因此，i_{r-}^{-} 可以通过 $-i_{2-}^{-}$ 控制。根据式（6-32）和功率绕组磁链方程，对应的功率绕组磁链 ψ_{1-}^{-} 也可以通过 $-i_{2-}^{-}$ 控制。通过进一步的分析可知，ψ_{1-}^{-} 在稳态下是常值，因此由功率绕组电压方程可得 ψ_{1-}^{-} 和 u_{1-}^{-} 之间的简化关系为

$$u_{1-}^{-}=R_1i_{1-}^{-}-j\omega_1\psi_{1-}^{-} \tag{6-33}$$

因此，u_{1-}^{-} 可由 $j\omega_1 i_{2-}^{-}$ 控制。再结合 $u_{1-}^{-}=u_{1d-}^{-}+ju_{1q-}^{-}$、$i_{2-}^{-}=i_{2d-}^{-}+ji_{2q-}^{-}$ 和等效相位控制环图 6.29，可得如图 6.30 所示的 PW 电压负序分量补偿策略。

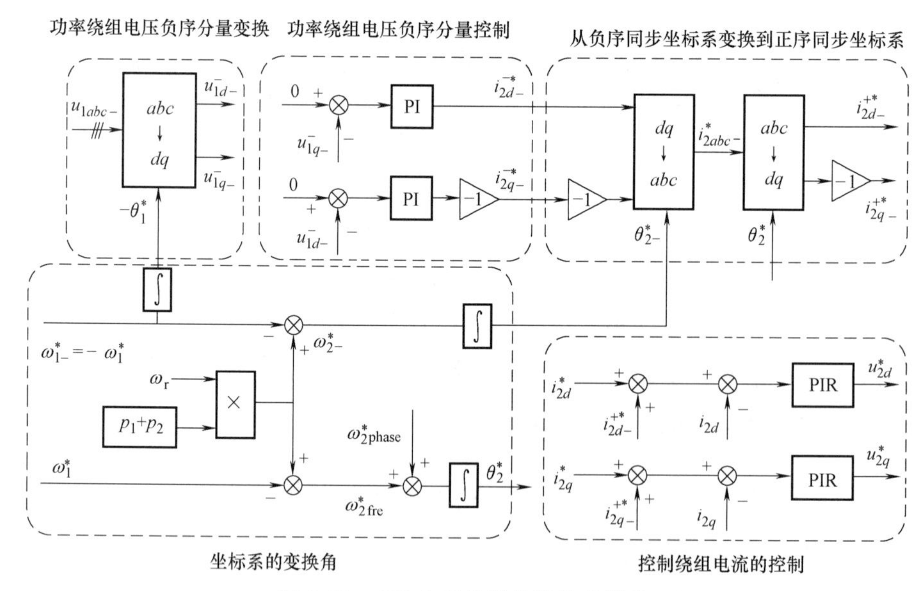

图 6.30　PW 电压负序分量补偿策略

分析了功率绕组电压负序分量 u_{1-}^{-} 和对应的控制绕组电流 i_{2-}^{-} 之间的关系后，可以发现：通过控制功率绕组电压负序分量可以得到对应的控制绕组电流给定值 i_{2-}^{-*}。目前的问题是如何控制 i_{2-}^{-*}，此处采用正序同步坐标系下的增强控制器实现对控制绕组电流正负序分量的跟随。其中负序分量处理方式如下：首先变换到正序同步坐标系下；然后加入控制绕组基波电

流给定值中；最后直接在正序同步坐标系下进行统一控制。考虑到 i_{2-} 的频率在静止参考坐标系下为 $(p_1+p_2)\omega_r+\omega_1$，因而当变换到正序统一参考坐标系下后，其频率将变为 $2\omega_1$。考虑到控制绕组电流参考值包含直流分量和 2 倍频的交流分量，采用 PIR 控制器来实现电流指令的无静差跟踪，其中 PI 控制器和谐振控制器是分别独立进行参数整定的。

在图 6.30 所示的控制结构中，i_{2d-}^{-*} 和 i_{2q-}^{-*} 通过两个步骤从负序同步坐标系变换到正序同步坐标系的：第一步，将其变换到静止坐标系；第二步，利用变换角 θ_2^* 将 i_{2abc-}^* 变换到和 i_2^* 相同的正序同步坐标系，其中 θ_2^* 是在图 6.15 所示控制策略中得到的。这两步坐标变换所需要的变换角为

$$\theta_{2-}^* = \int[(p_1+p_2)\omega_r - \omega_{1-}^*]\mathrm{d}t = \int[(p_1+p_2)\omega_r + \omega_1^*]\mathrm{d}t \tag{6-34}$$

$$\theta_2^* = \int[(p_1+p_2)\omega_r - \omega_1^* + \omega_{2\mathrm{phase}}^*]\mathrm{d}t \tag{6-35}$$

采用无刷双馈电机的坐标变换原则，前面所述的两步坐标变换可以合为一步，如图 6.31 所示。可以看出，转速 ω_r 在负序控制中被消去，从而实现了无速度传感器控制。变换角 θ_{2-+}^* 是合成的坐标变换角，可通过以下表达式得到

$$\theta_{2-+}^* = \theta_2^* - \theta_{2-}^* \tag{6-36}$$

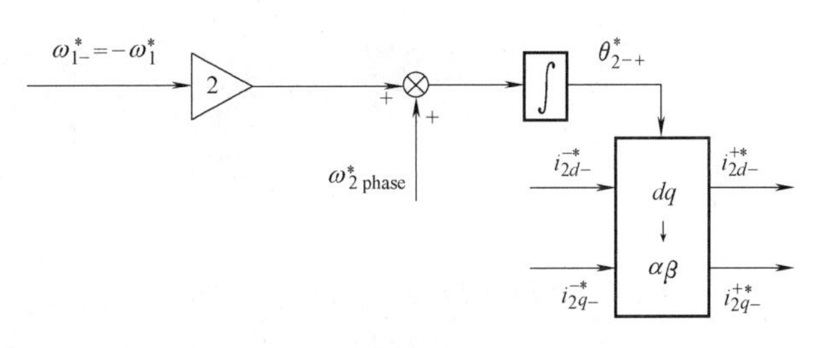

图 6.31　简化的坐标变换部分模块

当 θ_2^* 存在误差时，PW 电压负序分量将不能完全消除，因此此处通过 PW 电压负序分量幅值来获得 CW 的补偿频率 $\omega_{2\mathrm{phase}}^*$，再积分获得 CW 电流相位的补偿角 $\theta_{2\mathrm{phase}}^*$，如图 6.32 所示。当 U_{1-} 较大时，该补偿环节动作以自适应降低相位误差；当 U_{1-} 在允许的范围内时，该补偿环节停止工作。考虑到 $\omega_{2\mathrm{phase}}^*$ 在稳态下等于 0，因而此处用 P 控制器而不是 PI 控制器。

在本节所提出的控制方法中，PW 电压负序分量需要被提取出来进行控制，为了实现该功能，采用了 SOGI-QSG，如图 6.33 所示，其结构及原理已在 5.4.1 节中介绍，此处不再赘述。其中需要用到负序电压计算模块（NSC）来获得 PW 电压的负序分量，其所依据的原理公式为

$$\begin{bmatrix} u_\alpha^- \\ u_\beta^- \end{bmatrix} = \frac{1}{2}\begin{bmatrix} 1 & q \\ -q & 1 \end{bmatrix}\begin{bmatrix} u_\alpha \\ u_\beta \end{bmatrix} \tag{6-37}$$

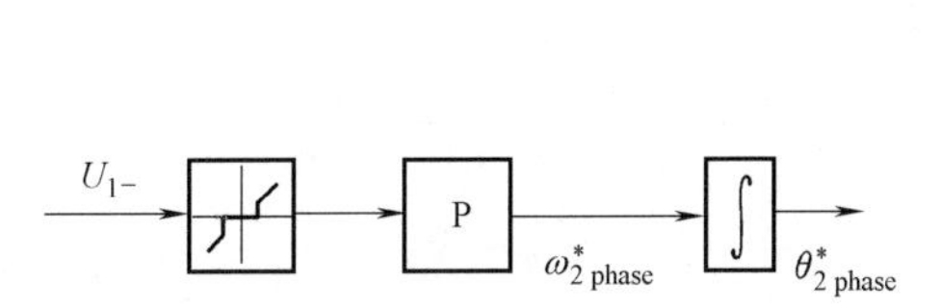

图 6.32　CW 电流相角自适应补偿

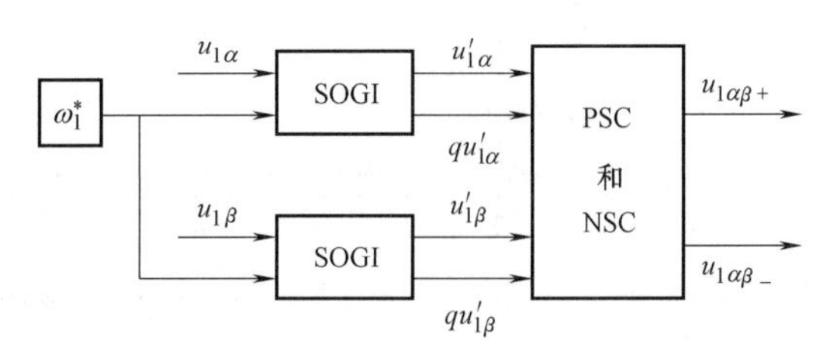

图 6.33　PW 电压正负序分量分离方法

下面分别进行仿真和实验验证，电机参数见附表 1，实验平台如附录中的“实验平台 1”所示。

图 6.34 给出了未加入 PW 负序电压补偿策略的仿真波形，包括 PW 相电压、CW 电流、PW 线电压、PW 电压 q 轴分量、转速和电压不平衡度 UF，其中 UF 已在第 5 章的式（5-44）中进行了定义。根据式（6-26），PW 电压的相位误差可表达为

$$\theta_1-\theta_1^* = \arcsin(u_{1q}/U_1) \tag{6-38}$$

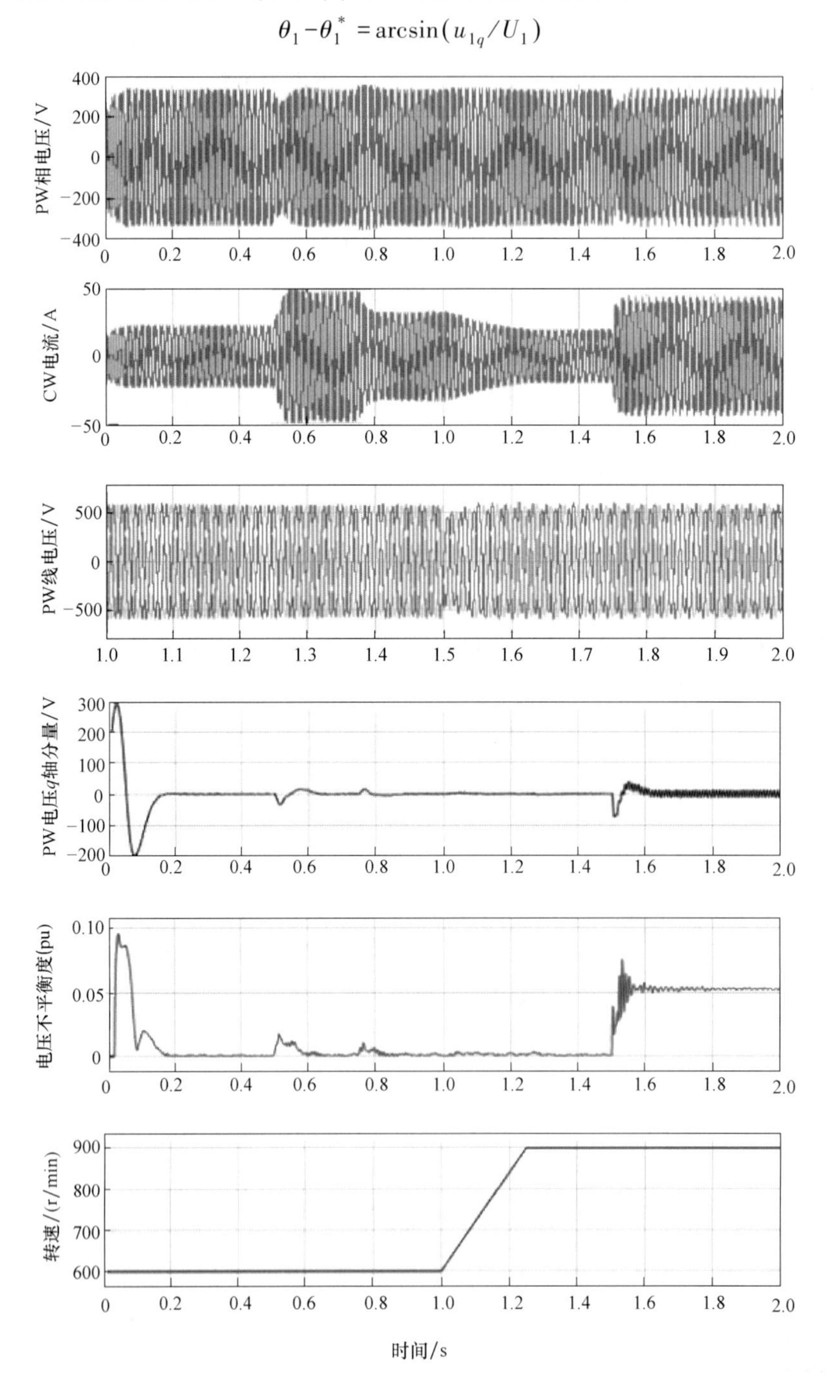

图 6.34　未加入 PW 负序电压补偿策略的仿真结果

由图 6.34 可以看出，PW 线电压幅值为 566V，因此，PW 线电压的有效值约为 400V，PW 相电压的有效值约为 230V。在加入 LSC 和转速变化的过程中，PW 电压的控制效果均较好。从 PW 电压 q 轴分量的波形中也可以看出，在该过程 PW 电压的相位也被精确地控制，仅仅在大扰动出现时出现很短时间的偏移。然而，当不平衡负载加入后，PW 线电压变得严重不平衡且 PW 电压相位控制出现波动。电压不平衡度超过 0.05，超出了允许的范围，同时 CW 电流也在此时出现了畸变。

图 6.35 和图 6.36 分别给出了加入 PW 负序电压补偿策略后，在负序电压控制中不加相角误差补偿和加入相角误差补偿的仿真波形。通过对比两幅波形可以看出，在图 6.35 中，PW 绕组电压的控制失败了，然而在图 6.36 却成功了。其中主要原因为，为了取得正确的坐标变换角度，需要在 PW 负序电压补偿策略的坐标变换环节中加入相角误差补偿 ω_{2phase}^{*}。

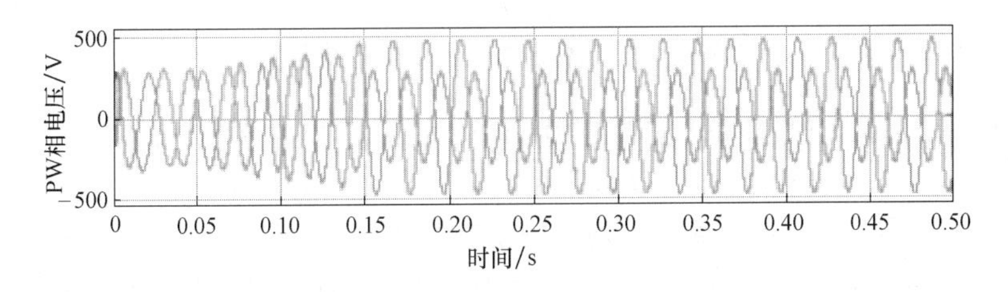

图 6.35　加入 PW 负序电压补偿策略但不加入相角误差补偿的仿真结果

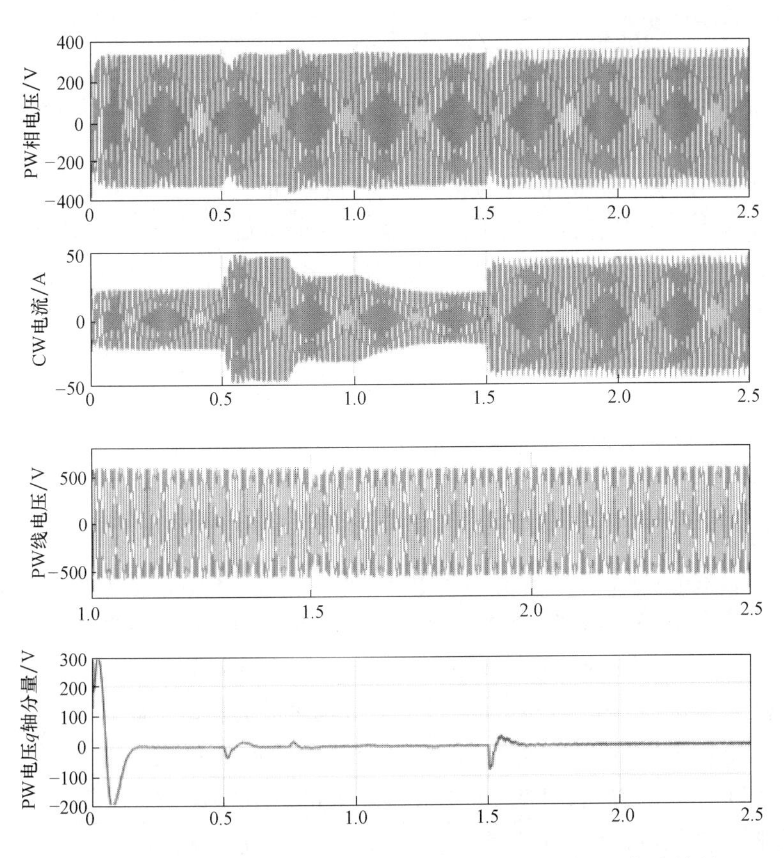

图 6.36　加入 PW 负序电压补偿策略和相角误差补偿的仿真结果

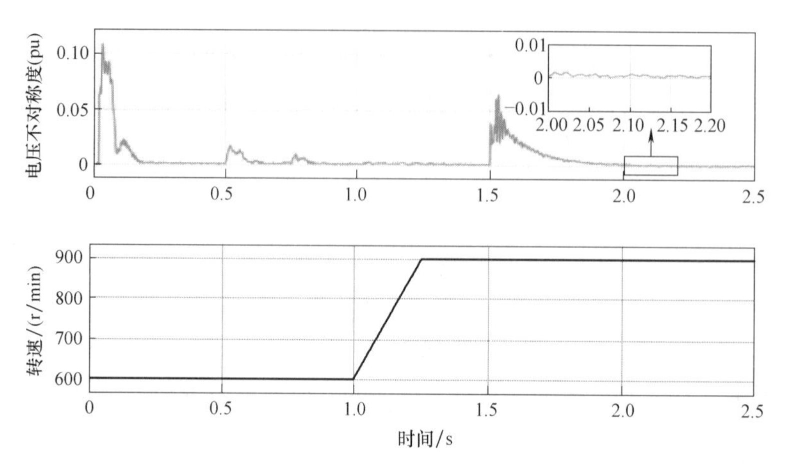

图 6.36　加入 PW 负序电压补偿策略和相角误差补偿的仿真结果（续）

在图 6.36 中，观测的变量和操作均和图 6.34 相同。可以看出，在加入不平衡负载前，图 6.36 的波形和图 6.34 的类似。在加入不平衡负载后，图 6.36 中 PW 线电压变得平衡，说明负序分量已经被消除。需要说明的是，为了获得 PW 线电压的对称，CW 电流中仍存在谐波分量。此时，电压不对称度已经远低于 0.01，在允许的范围之内。精准的相位控制也能很好地在不平衡负载状态下实现，因此，该改进控制方法可以很好地解决不平衡负载对无速度传感器控制策略的影响。

在实验中，考虑到误差补偿相角 $\omega_{2\text{phase}}^{*}$ 不能得到，图 6.32 中的自适应补偿环节被加入。无速度传感器控制策略中相位控制环路的前馈补偿项被移除。加入负序补偿前的实验波形如图 6.37 和图 6.38 所示，包括四种运行状态：加速、减速、加不平衡负载（三相阻值分别为 6Ω，12Ω，12Ω）、切除平衡负载（6kW）。对于 PW 电压，1pu = 346V；对于 CW 电流，1pu = 50A。可以看出，除了转速变化阶段，PW 电压的 q 轴分量在稳态下被控制在 0 附近。当 PW 电压的 q 轴分量为 25V 时，根据式（6-38）其相角误差将为 7.18°。而在转速变化过程中，PW 电压的 q 轴分量较大，这是由于 PI 控制器承担着全部的 CW 频率调节任务。这将导致当转速变化也即 CW 参考频率需要变化时，实际相位偏移参考相位。如果电机转速在不平衡负载下可以观测得到，可以在相位控制环中加入一个前馈补偿环节来承担主要的频率控制任务，同时增强系统稳定性。同时，当不平衡负载加入后，电压不平衡度从约 0.02 上升到 0.05，且在平衡负载切除后，电压不平衡度变得更高。从 18~18.2s 的 PW 电压波形也可以看出，此时的线电压是不平衡的，其中存在着负序分量。

加入负序补偿策略后的实验结果如图 6.39 和图 6.40 所示，他们分别和图 6.37 和图 6.38 有着相同的运行状态。从实验波形中可以看出，除了在 14~16s 之间的振荡环节外，相位控制性能得到了提升。在不平衡负载加入后，PW 电压的负序分量在一个很短的调节时间后被很好地消除，其稳态不平衡度和加入不平衡负载之前的相同。此后，切除平衡负载以及降低转速都对电压不平衡度没有影响，因此系统具有很好的抗扰性能。从 18~18.2s 间的 PW 电压波形可以清晰地看出，PW 线电压是平衡的。值得注意的是，通过图 6.38 和图 6.40 中的局部控制绕组电流波形可以看出，在加入负序补偿策略前后，CW 电流中均存在谐波成分。在图 6.38 中，谐波成分是被由不平衡负载引起的不平衡的 PW 电流感应而产生的。

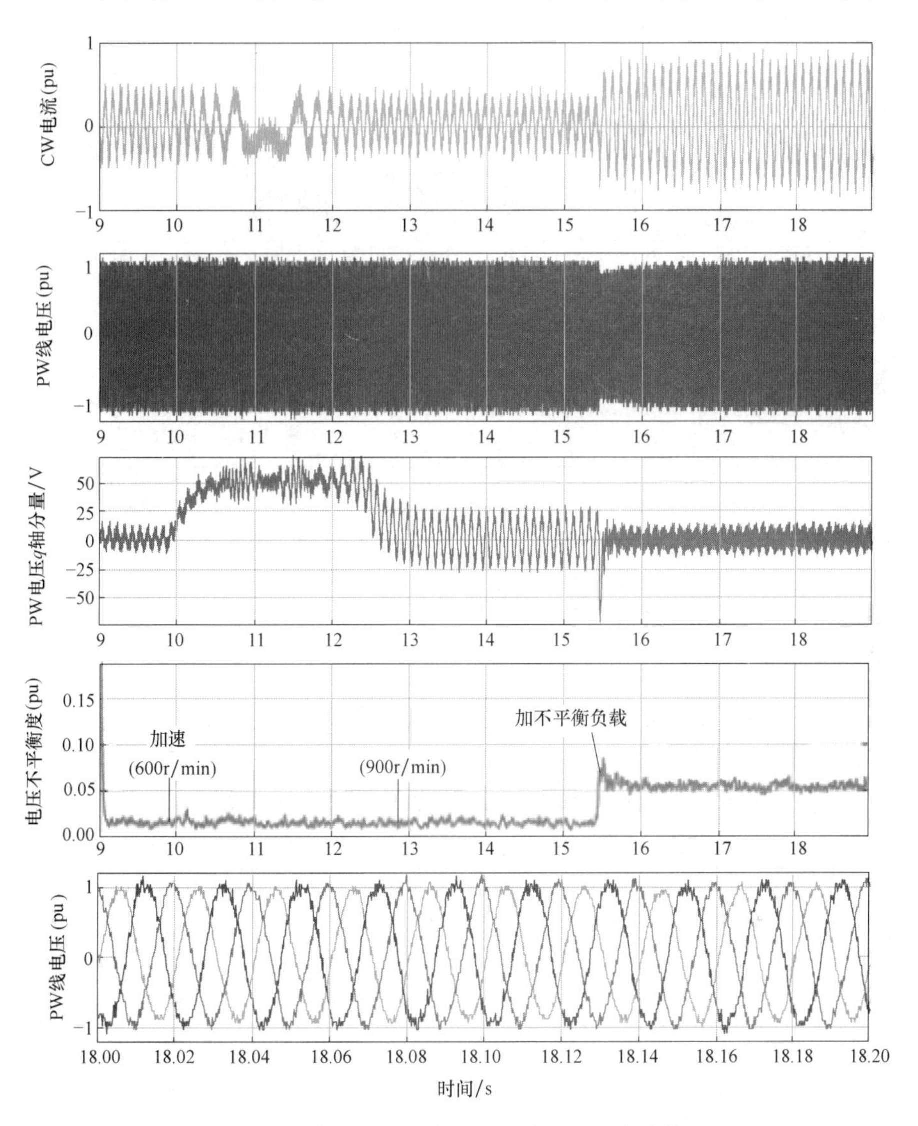

图 6.37　未加入 PW 负序电压补偿策略的实验结果 1

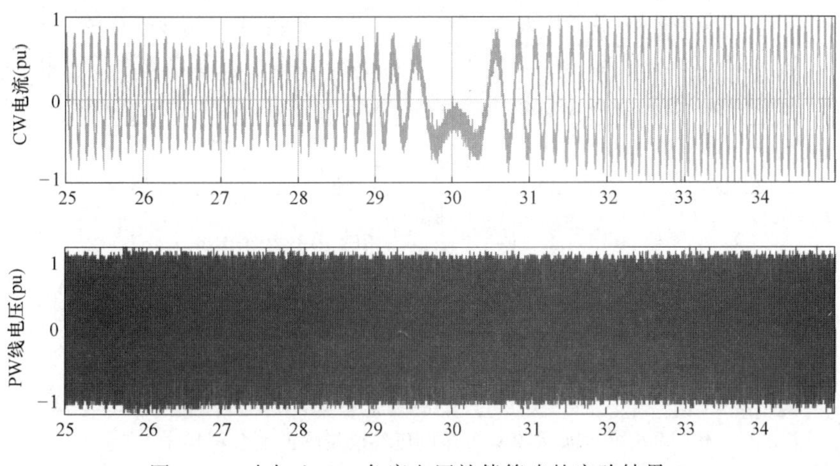

图 6.38　未加入 PW 负序电压补偿策略的实验结果 2

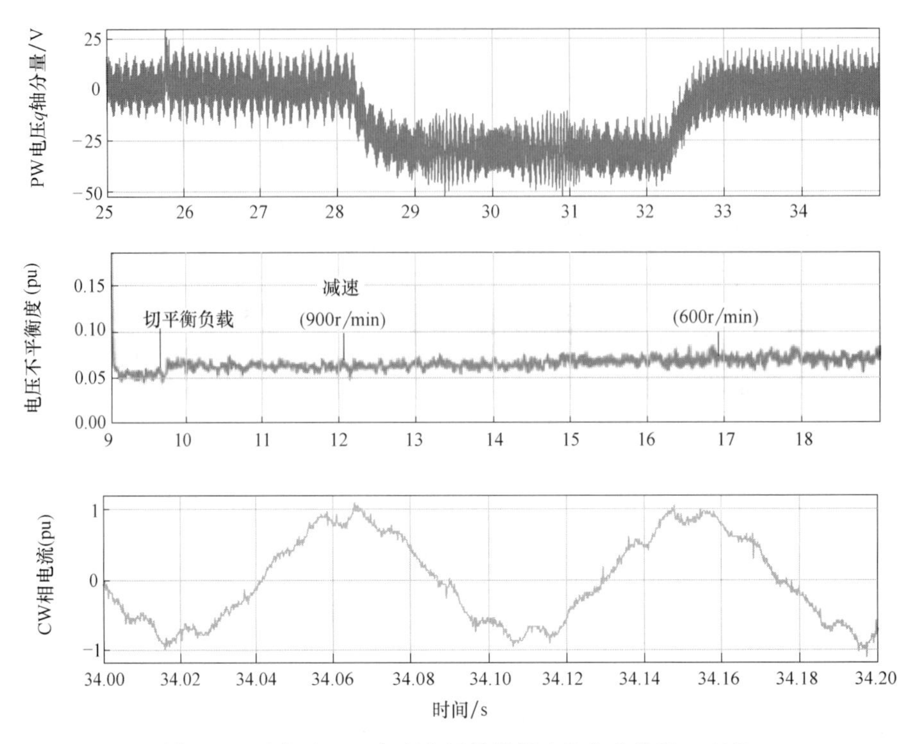

图 6.38 未加入 PW 负序电压补偿策略的实验结果 2（续）

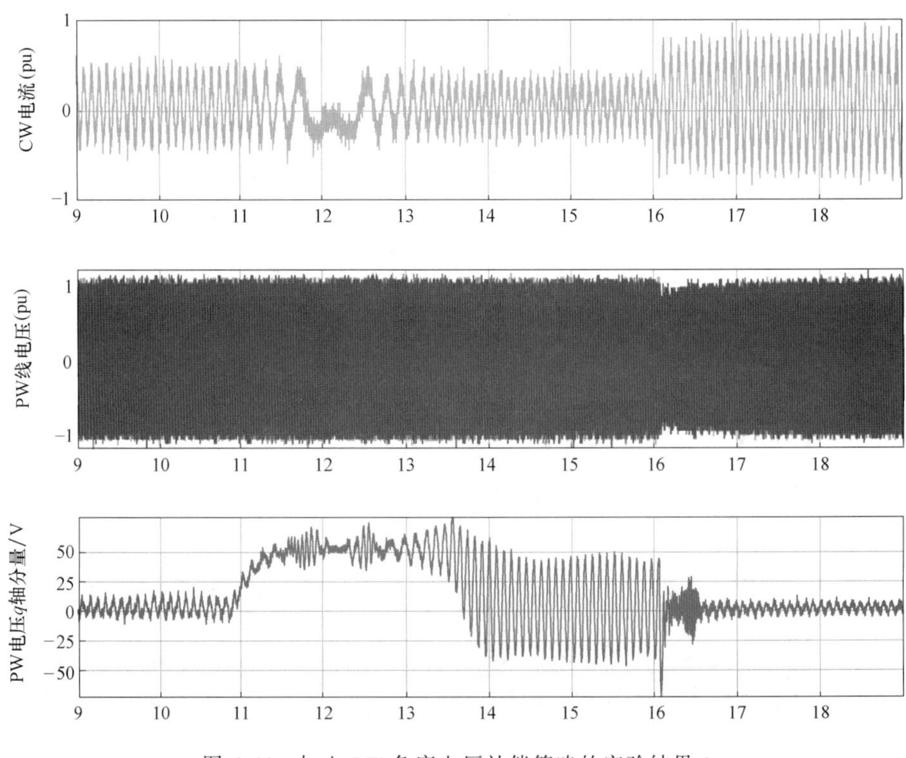

图 6.39 加入 PW 负序电压补偿策略的实验结果 1

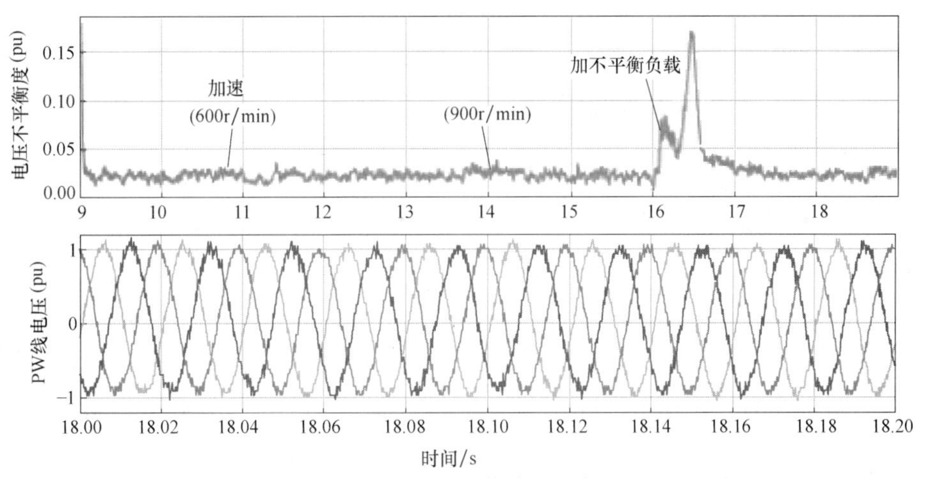

图 6.39　加入 PW 负序电压补偿策略的实验结果 1（续）

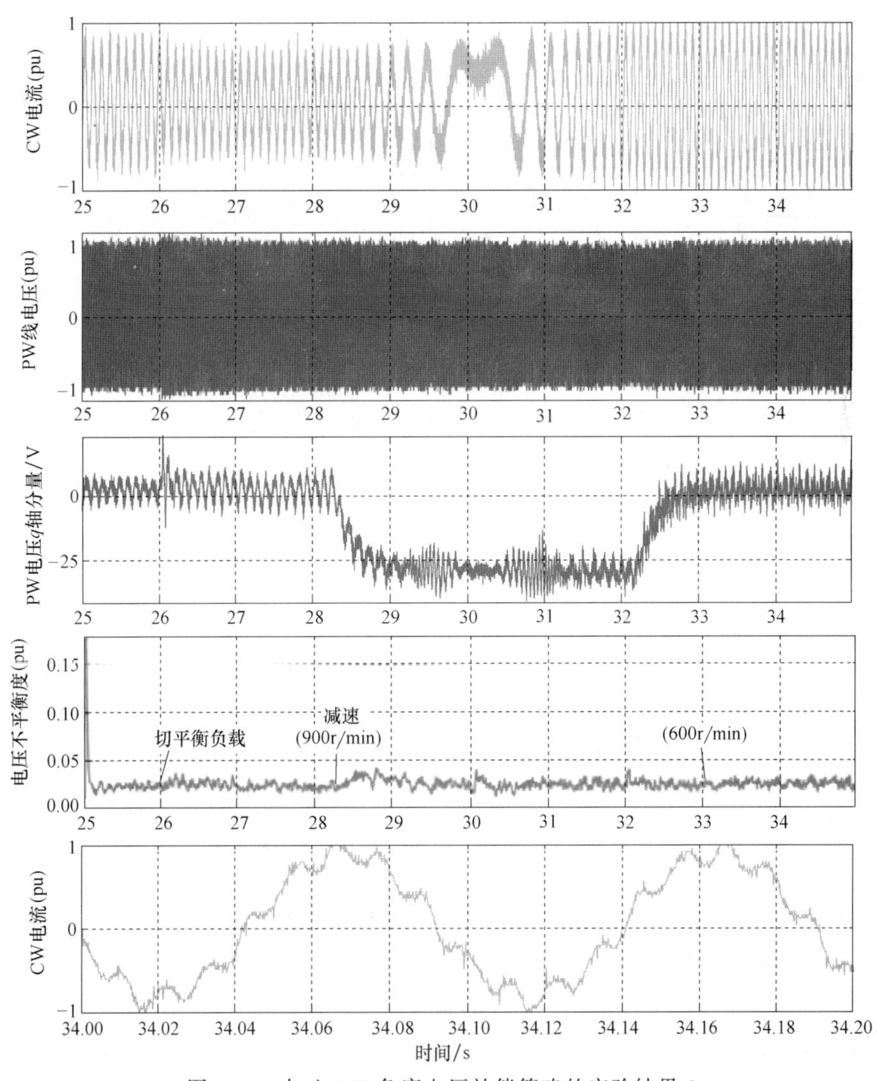

图 6.40　加入 PW 负序电压补偿策略的实验结果 2

然而在图 6.40 中，它是由负序补偿环节产生的，被用于补偿不平衡的 PW 电压。因此，它们的本质是不同的。

6.4.2 基于速度观测器的控制策略

将图 6.7 所示的改进转速观测器引入到 5.3.2 节中图 5.5 所示的基于正、负序双旋转坐标系的负序电压补偿方法中，可以得到图 6.41 所示的不对称负载下无速度传感器控制策略。

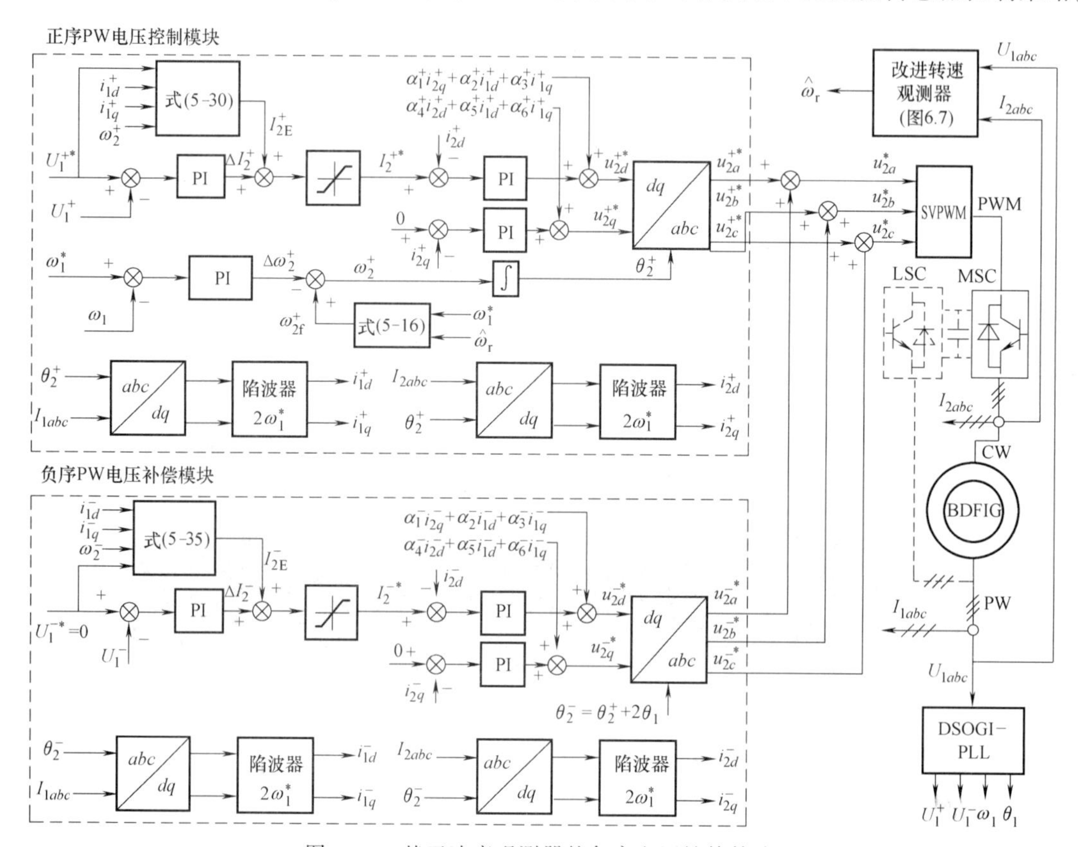

图 6.41 基于速度观测器的负序电压补偿策略

为了清楚地说明所提出的控制的性能，在不补偿负序 PW 电压的情况下，图 6.42 给出了未加入负序电压补偿时不平衡三相负载和单相负载下实验结果。单相负载是特殊的不平衡三相负载的情况，通常会导致更严重的输出电压不平衡。在所有实验中，功率线电压的幅值和频率参考分别设置为 380V 和 50Hz。本节所有实验均是基于附录中的“实验平台 1”进行的。

实验过程中 BDFIG 转速保持在 885r/min，初始负载是平衡的三相电阻负载，每相电阻值为 25Ω。0.78s 时在 a，b 和 c 相中增加了一个不平衡的三相阻性负载，三相电阻分别为 12Ω、12Ω 和 6Ω。如图 6.42a 和图 6.42b 所示，不平衡负载导致 PW 电压不平衡，电压不平衡度（UF）为 12%，并通过转子耦合到 CW 侧使其电流畸变，如图 6.42c 所示。转子速度保持恒定在 555r/min，BDFIG 最初在无负载下工作。0.94s 时，PW 的 a 相和 b 相间连接阻值为 12Ω 的单相负载，这导致 PW 电压的 UF 急剧增加到 32%，并且 CW 电流畸变程度比不平衡负载严重得多，如图 6.42d～图 6.42e 所示。

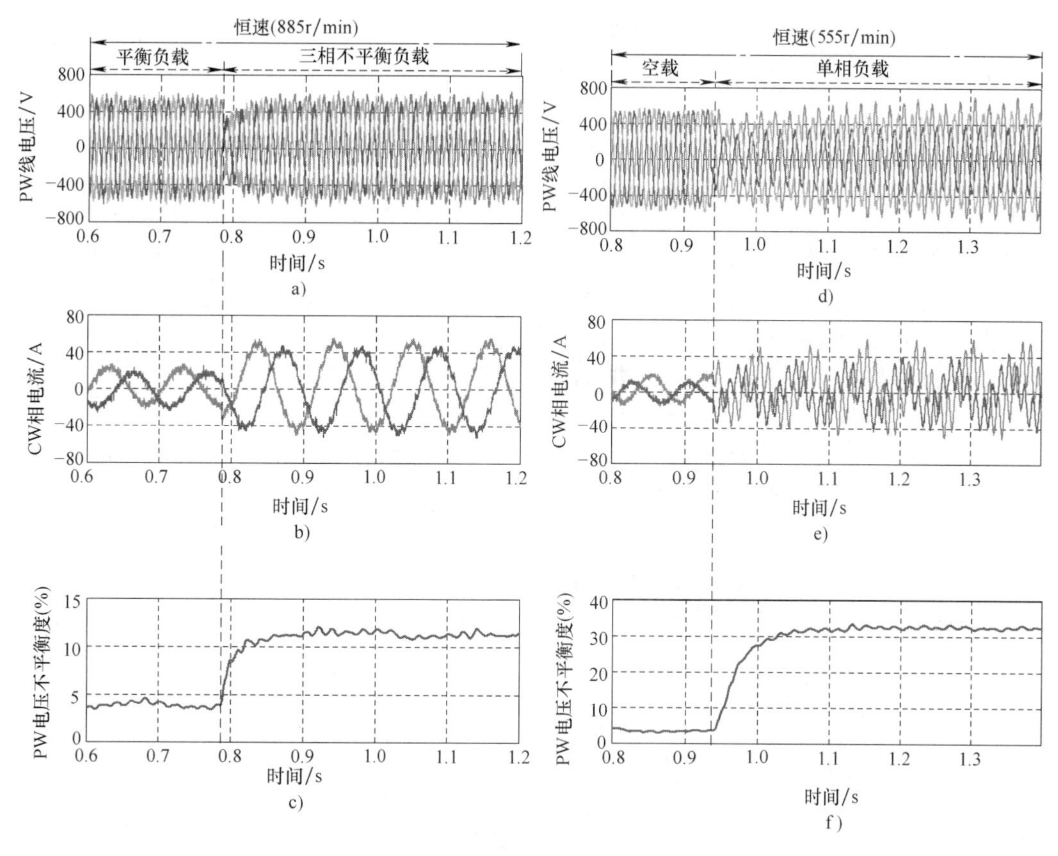

图 6.42　未加入负序电压补偿时不平衡三相负载和单相负载下实验结果

图 6.43 给出了不平衡三相负载下加入负序电压补偿实验结果，转子速度最初为 885r/min，从 3.63~4.50s，它以每秒 225r/min 的速率下降到 690r/min。负载变化发生在 1.65s，本实验中使用的平衡和非平衡三相负载与前述相同。整个 PW 线电压波形如图 6.43a 所示，图 6.43b 示出了整体 CW 相电流波形，其中在大约 4s 处可以看到无刷双馈电机的自然同步速度（750r/min）处的 CW 电流相序的平滑变化。如图 6.42c 所示，不平衡负载下 PW 电压的 *UF* 可以降低到约 5%，远低于没有补偿负序电压的 *UF*，在 3.63~4.5s 内转子速度变化期间，PW 电压的 *UF* 没有显著变化。整个过程中 PW 有功功率如图 6.43d 所示，平衡负载下的初始有功功率为 5.8kW；施加不平衡三相负载后，PW 有功功率迅速上升至 12.3kW；随着 PW 电压收敛到其参考值，PW 有功功率逐渐增加到 17.5kW；在转子速度下降期间，PW 有功功率上升到 24.1kW，这与 PW 有功功率和转子速度之间的关系一致。

图 6.43e~图 6.43g 分别给出了补偿后的 PW 线电压、PW 相电流和 CW 相电流的细节放大图。尽管可以成功地补偿负序 PW 电压，但是由于不平衡三相负载的影响，PW 电流变得不平衡，如图 6.43f 所示。如图 6.43g 所示，为了补偿负序 PW 电压，将谐波分量注入 CW 电流。图 6.43h 显示了 CW 电流的谐波谱和 THD，如图 6.43g 所示，其基波频率为 9Hz，谐波频率为 109Hz，基波频率和谐波频率之差为 100Hz（即 2 倍 PW 频率），THD 达到 48%。

图 6.44 给出了单相负载下加入负序电压补偿实验结果，独立的 BDFIG 最初在空载下

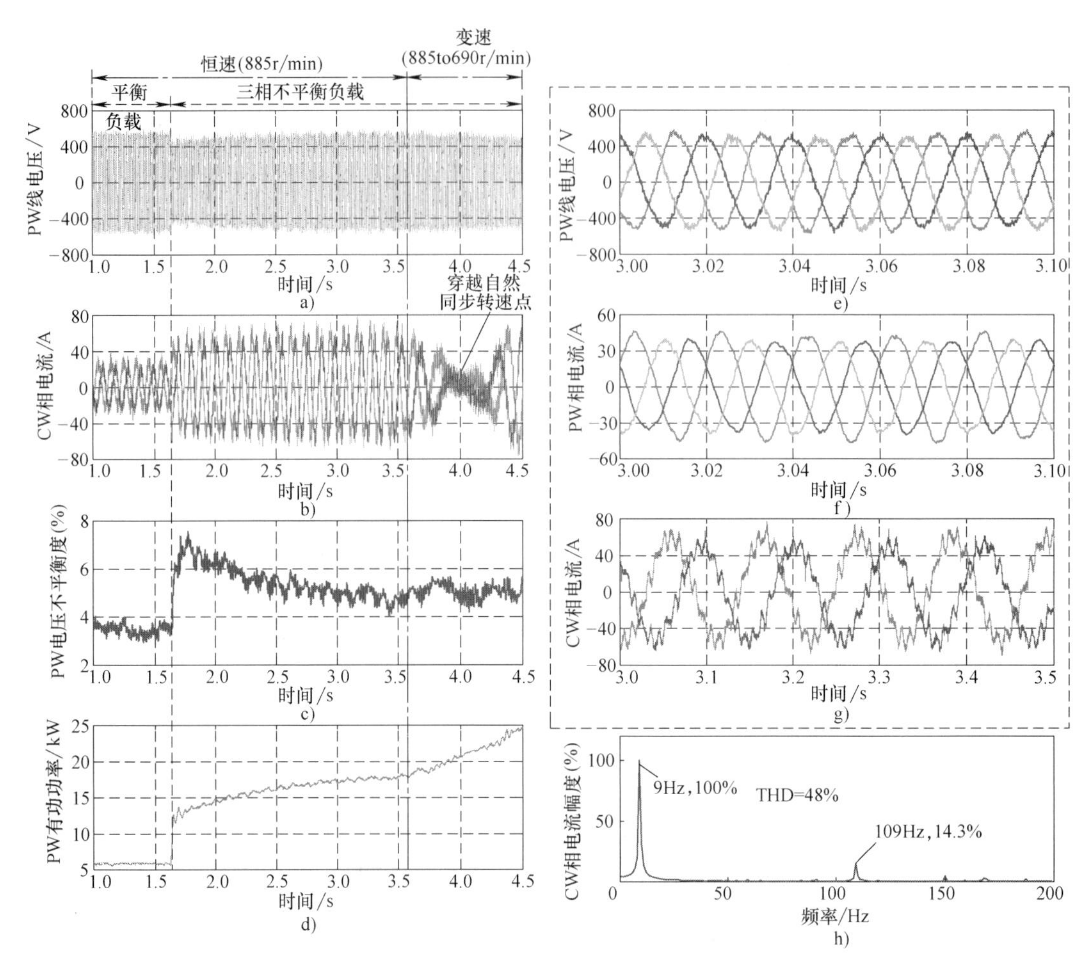

图 6.43　不平衡三相负载下加入负序电压补偿实验结果

运行，在 2.48s 时，与前述相同单相负载连接到系统。在 6.3s 之前，转子速度为 555r/min，然后以每秒 180r/min 的速率升至 680r/min。7s 后，转子速度保持恒定在 680r/min。整个 PW 线电压和 CW 相电流波形如图 6.44a 和图 6.44b 所示。图 6.44c 显示了单相负载下 PW 电压的 *UF*；当单相负载连接到系统时，PW 电压的 *UF* 高达约 24%，然后在 1.2s 内降至 4%；在转子速度变化期间，PW 电压的 *UF* 几乎恒定。在单相负载连接到系统后，当 PW 电压收敛到其参考值时，PW 有功功率逐渐增加到大约 16.2kW。当转子速度增加到 680r/min 时，PW 有功功率降低到 13.2kW，这可以通过 PW 有功功率和转子速度之间的关系来解释。

补偿后 PW 线电压，PW 相电流和 CW 相电流的细节图如图 6.44e~图 6.44g 所示。尽管负序 PW 电压几乎完全得到补偿，但由于单相负载的影响，两相 PW 电流方向相反，第三相电流几乎为零，如图 6.44f 所示。由于单相负载是更严重的不平衡负载，因此需要将更多的谐波注入 CW 电流以补偿负序 PW 电压，如图 6.44g 所示。5~5.5s CW 电流的谐波谱和 THD 如图 6.44h 所示。CW 电流包含频率为 13Hz 的基波分量，以及频率为 87Hz 谐波分量。由于 BDFIG 以 555r/min 的次同步速度运行，因此 CW 电流的基波频率应为-13Hz（负频率表示 CW 电流的相序与超同步速时相反），CW 电流的基波频率和谐波频率之差仍为 2 倍 PW

频率。从图 6.44h 还可以看出，CW 电流谐波分量幅值大于基波分量幅度，这导致 CW 电流的 THD 高达 134%。

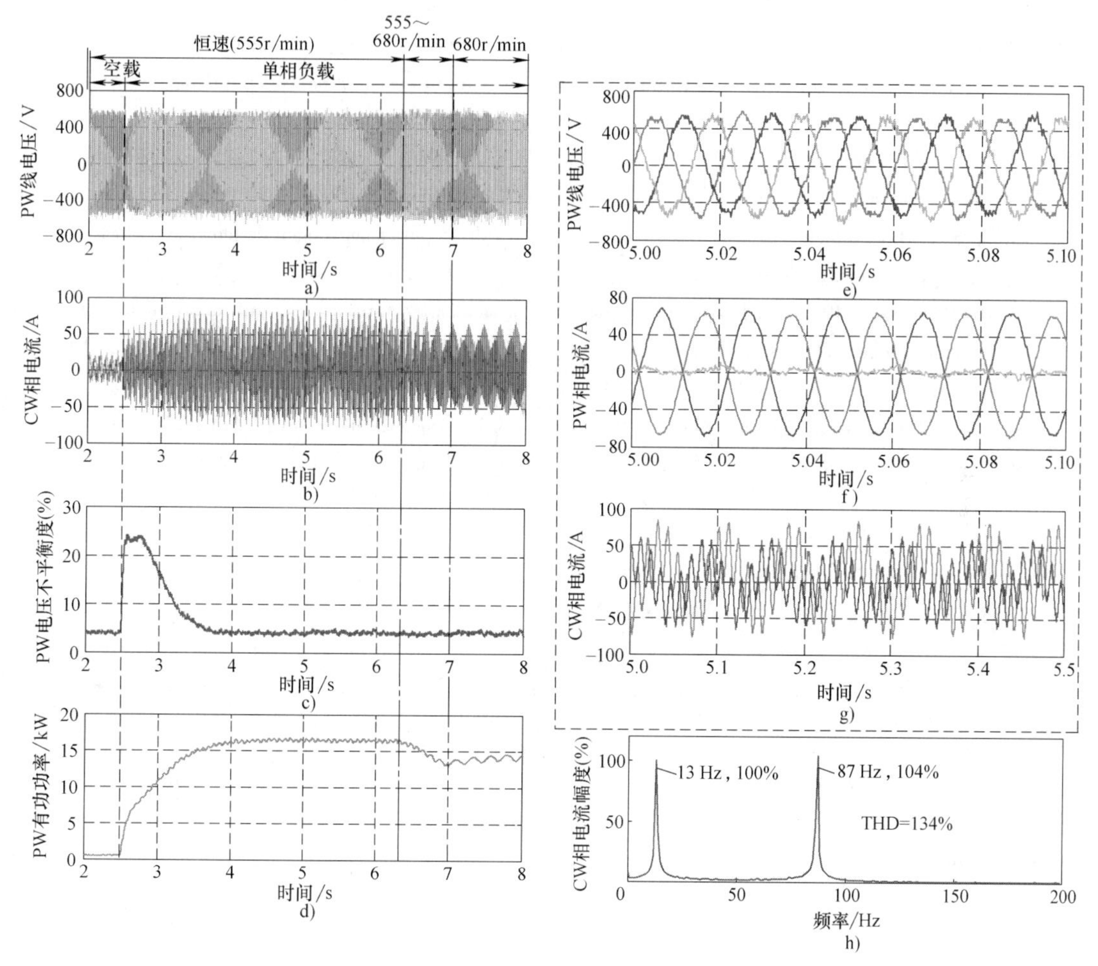

图 6.44　单相负载下加入负序电压补偿实验结果

6.5　小结

本章首先基于 BDFIG 的双电气端口特性，研究了基于功率绕组电压和控制绕组电流的转速观测器，具体介绍了基于转子位置锁相环的转速观测器，分析了该观测器在不对称负载和非线性负载下运行时的缺陷，并有针对性地提出了一种改进转速观测器。然后，研究了独立发电系统的无速度传感器直接电压控制策略，研究表明基本的无速度传感器直接电压控制策略在转速快速变化的情况下存在较明显的 PW 电压相位误差。为了实现精确的相位控制，一种在相位控制环中加入前馈补偿的改进控制策略被提出。最后，基于前述无速度传感器直接电压控制策略和改进的转速观测器，分别提出了不对称负载下的两种无速度观测器控制策略：无速度观测器的控制策略和带速度观测器的控制策略。为了使读者能更好地理解本章所述每种速度观测器和控制策略，相应的仿真和实验结果也在本章进行了介绍。

参 考 文 献

[1] JOVANOVIC M G, DORRELL D G. Sensorless control of brushless doubly-fed reluctance machines using an angular velocity observer [C]. International Conference on Power Electronics and Drive Systems, 2007: 717-724.

[2] ADEMI S, JOVANOVIC M G, CHAAL H, et al. A New sensorless speed control scheme for doubly fed reluctance generators [J]. IEEE Transactions on Energy Conversion, 2016, 31 (3): 993-1001.

[3] Chung S K. Phase-locked loop for grid-connected three-phase power conversion systems [J]. IEE Proceedings-Electric Power Applications, 2000, 147 (3): 213-219.

[4] TEODORESCU R, BLAABJERG F. Flexible control of small wind turbines with grid failure detection operating in stand-alone and grid-connected mode [J]. IEEE Transsctions Power Electronics, 2004, 19 (5): 1323-1332.

[5] ELLIS G. Control System Design Guide, 3rd edition [M]. Amsterdam: Elsevier Academic Press, 2006.

[6] 刘毅. 无刷双馈电机独立发电系统控制方法研究 [D]. 武汉: 华中科技大学, 2015.

第7章 无刷双馈感应电机预测控制

7.1 引言

预测控制是一种先进控制方法，在化工、冶炼、航空航天、产品制造等复杂工业过程控制领域已经得到广泛应用[1]。近些年，预测控制成为了电机控制领域的研究热点，学者们发表了很多预测控制应用于电力电子装置[2]、永磁同步电机[3]、异步电机[4]、双馈电机[5]等领域的高水平文章，然而在BDFIG独立发电控制领域却很少有人研究。本章将介绍预测控制技术应用于BDFIG独立发电系统控制的相关研究工作：首先介绍模型预测控制方法和无差拍控制方法的基本原理；然后分析应用于电传动系统的预测控制方法的实施过程，以及需要注意的问题；接下来，在无刷双馈发电机统一旋转坐标系数学模型的基础上[6]，详细推导了单矢量、双矢量以及无差拍预测控制方程，通过在Simulink中建立相应的仿真模型，对比分析不同预测控制方法的控制效果，找出适用于无刷双馈电机独立发电系统控制的预测控制方法；最后在现有的无刷双馈发电系统实验平台上进行独立发电实验，测试典型工况下预测控制方法的控制效果。实验结果表明，采用无差拍预测控制方法，可以获得良好的控制效果。

7.2 预测控制的基本原理

预测控制可以分为模型预测控制（Model Predicted Control，MPC）、无差拍控制（dead-beat control）、基于滞环（hysteresis based）控制以及基于轨迹（trajector based）控制等。模型预测控制又包括有限集模型预测控制和连续型模型预测控制，本章主要研究有限集模型预测控制和无差拍控制，以下所说的模型预测控制特指有限集模型预测控制。

模型预测控制主要利用控制对象的数学模型，预测不同输入时，被控变量将来的行为；然后通过一个评价函数对预测的控制变量行为进行评价，选择使评价函数值最小，即输出结果最优的控制输入作为被控对象的输入。在电机控制领域，控制输入主要指逆变器输出电压。常用的两电平三相逆变器，在不同开关状态组合下，一共可以输出八种基本的电压矢量，包括六个非零电压矢量和两个零电压矢量。基本的模型预测控制方法，在一个控制周期内，选择这八个电压矢量中的一个作为输出电压。无差拍控制，主要根据被控量在下一时刻的期望值和当前时刻实际值之间的误差，根据数学模型，计算出所需控制电压的平均值，然后采用某种调制策略，控制逆变器输出该给定电压。常用的调制策略有空间矢量调制

(Space Vector Modulation, SVM) 和正弦脉冲宽度调制 (Sinusoidal PWM, SPWM) 等。

模型预测控制的概念简单，容易理解。由于提前预测了系统输出，并根据预测结果，对系统输入做了优化选择，所以具有快速的动态响应。模型预测控制每一个控制周期内，都需要进行一次优化选择，优化的依据是一个评价函数，通过设计评价函数的内容，可以实现对多重约束、多变量的控制。此外，模型预测控制可以考虑到控制对象的非线性，避免了对模型的线性化。但是，模型预测控制，与一些传统的控制器相比，计算量较大，这也是模型预测控制最初主要应用于控制周期较长的场合的原因。随着处理器的发展，目前已经可以实现高速的模型预测控制，但是仍然需要降低算法的复杂度，尽可能简化计算。模型预测控制的基础是根据控制对象模型，对系统的输出进行预测，因此对控制对象模型的准确性有要求。在实际应用中，需要考虑控制对象模型参数的准确性以及参数随时间、温度等的变化情况[7]。

接下来简单总结一下模型预测控制的具体实现过程。

1. 利用控制对象数学模型，推导预测方程

模型预测控制根据当前时刻的输入、输出，预测下一时刻的输出值，是在离散时间上进行预测控制，所以要建立离散的数学模型。在电机控制方面，通常根据电机的数学模型推导包含被控制量一阶微分的微分方程，然后根据前向欧拉法，用差分代替微分将模型离散化，推导出预测方程。这样的离散化方法，在电机控制中也可以保证足够的精度。前向欧拉法如下：

$$\frac{\mathrm{d}x}{\mathrm{d}t}=\frac{x(k+1)-x(k)}{T_{\mathrm{s}}} \tag{7-1}$$

$$x(k+1)=x(k)+\frac{\mathrm{d}x}{\mathrm{d}t}T_{\mathrm{s}} \tag{7-2}$$

将式 (7-1) 或式 (7-2) 代入数学方程，就可以根据当前时刻的状态值 $x(k)$ 以及系统输入，预测出下一时刻的状态值 $x(k+1)$。

2. 根据控制目标设计评价函数

评价函数是模型预测进行优化控制的核心。根据控制目标的不同，可以设计不同的评价函数。反过来，可以通过设计评价函数，实现不同的控制功能。

例如，如果采用模型预测控制方法控制电流，就要求在下一时刻，电流实际值与期望值差值最小。为了达到这一目的，评价函数可以设计为

$$g=(i_{\alpha}^{*}-i_{\alpha}^{\mathrm{p}})^{2}+(i_{\beta}^{*}-i_{\beta}^{\mathrm{p}})^{2} \tag{7-3}$$

式中，g 代表评价函数的值；上标“*”表示给定值；上标“p”表示预测值。

输入不同的电压矢量，选择使得 g 值最小的电压矢量作为实际的输入电压矢量。

再例如，如果在控制电流的同时，希望尽可能降低控制器的开关频率，可以设计如下的评价函数：

$$g=(i_{\alpha}^{*}-i_{\alpha}^{\mathrm{p}})^{2}+(i_{\beta}^{*}-i_{\beta}^{\mathrm{p}})^{2}+\lambda m_{\mathrm{s}} \tag{7-4}$$

式中，λ 为权重系数；m_{s} 为采用相应电压矢量时的开关次数。

由于评价函数右边第一和第二项都是电流量，所以不需要设计权重系数。但是第三项，代表开关次数的项，与前两项属于不同的量，而且数值差别较大，所以需要引入一个权重系数 λ，来平衡他们之间数值量级上的差异，使得他们的结果在最终的评价函数值 g 中均有体

现，从而能够实现对电流和开关频率的同时控制。模型预测控制主要根据评价函数的值做出优化选择，所以，需要控制哪些量，就可以将其加入到评价函数中。理论上评价函数可以同时对多个控制目标进行评价，但是随着控制目标的增加，权重系数个数增加，评价函数设计难度增大；而且也会牺牲主要控制目标的控制性能，所以评价函数中，最好不要超过三个评价内容。

3. 选择最优的电压矢量输出

基本的模型预测控制在一个控制周期中，只需输出一个电压矢量。采用两电平逆变器，电压矢量一共有八个。如图 7.1 所示，两电平逆变器三个桥臂分别称为 a、b 和 c 桥臂。用 S_a、S_b 和 S_c 分别表示三个桥臂的开关状态。规定上桥臂开关管导通，下桥臂开关管断开，对应桥臂的开关状态值为 1；相反的，上桥臂开关管断开，下桥臂开关管导通，对应桥臂的开关状态为 0。三个桥臂共有八种组合，对应输出八个电压矢量见表 7.1。将八个电压矢量绘制在复平面中，如图 7.2 所示。

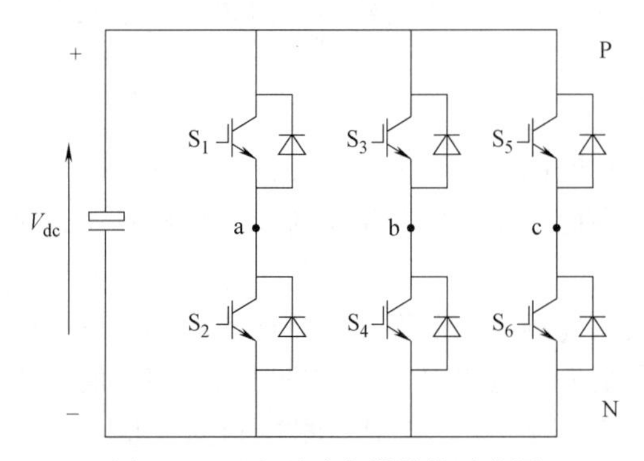

图 7.1　两电平逆变器结构示意图

表 7.1　开关状态和电压矢量表

S_a	S_b	S_c	电压矢量
0	0	0	$V_0=0$
1	0	0	$V_1=2V_{dc}/3$
1	1	0	$V_2=V_{dc}/3+j\sqrt{3}V_{dc}/3$
0	1	0	$V_3=-V_{dc}/3+j\sqrt{3}V_{dc}/3$
0	1	1	$V_4=-2V_{dc}/3$
0	0	1	$V_5=-V_{dc}/3-j\sqrt{3}V_{dc}/3$
1	0	1	$V_6=V_{dc}/3-j\sqrt{3}V_{dc}/3$
1	1	1	$V_7=0$

借助图 7.3 可以更形象地理解上述的模型预测控制过程。

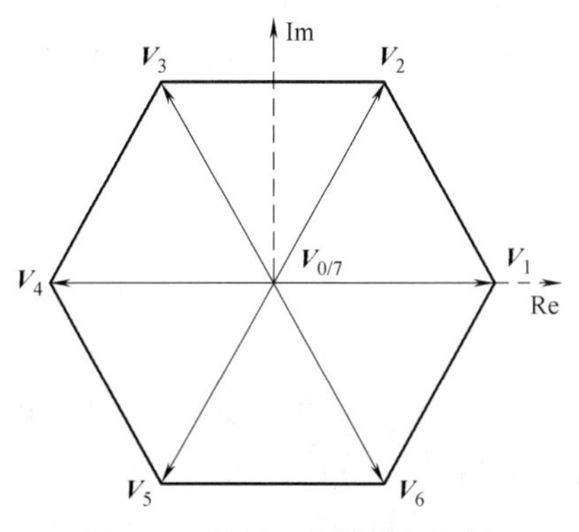

图 7.2　复平面中的电压矢量

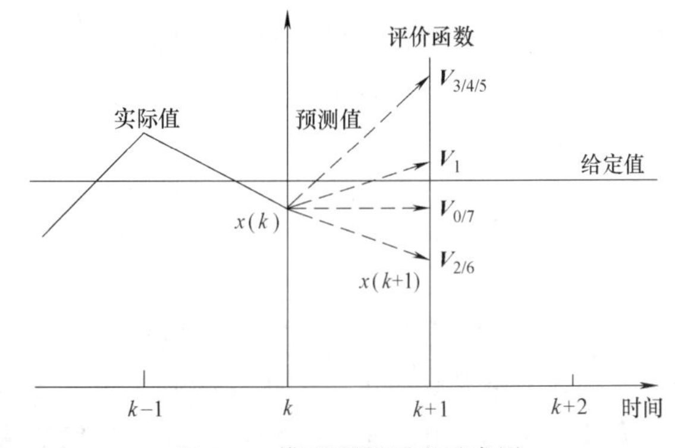

图 7.3　模型预测原理示意图

图 7.3 中，在 k 时刻，通过依次施加 7 个电压矢量（两个零矢量看做一个），预测 $k+1$ 时刻的值，然后通过评价函数选出最优的电压矢量。由图 7.3 可以看出，采用 $\boldsymbol{V}_1$ 矢量时，$k+1$ 时刻的预测值和给定值最接近，所以，应该选择 $\boldsymbol{V}_1$ 电压矢量作为输出电压矢量。

无差拍控制与模型预测控制相比，在保留了概念简单、动态响应好的特性同时，可以采用包括 SPWM、SVPWM 等任意的调制策略，对输出电压进行调制。

7.3 应用于电气传动的模型预测分析

7.2 节介绍了模型预测控制和无差拍控制的原理、特点以及实施步骤。在此基础上，本节将具体针对电机控制领域，分析预测控制的应用。

模型预测控制提出于 20 世纪 70 年代，这种控制方法相比于传统方法复杂很多，计算量较大。因此最开始只被应用于控制周期很长的化工等工业生产领域。随着处理器性能的提升，处理器运算速度越来越快，在短周期内也可以完成较复杂的计算，使得模型预测控制应用于电机控制等领域成为可能。到了 20 世纪 80 年代，模型预测控制开始出现在高压大功率电力电子装置和电机驱动器控制中，高压大功率电力电子装置和电机驱动器的采样频率相比小功率场合小得多，通常在 1000Hz 以下，低采样频率使得在一个控制周期内有足够的时间进行运算。随着时间的推移，处理器的性能更加优良，目前模型预测控制已经被广泛应用到电机电子和电机传动领域，成为热门的研究方向。此时，电机驱动器的控制频率可达几千赫兹到几十千赫兹。

在电机控制领域，如果做电动运行，控制目标主要是电机的转速或输出转矩；如果做发电运行，控制目标为输出电压幅值、频率或者系统传输的有功、无功。无论是电动还是发电运行，都是通过在电机控制端口施加合适的电压，在电机绕组中产生电流，形成磁场，通过磁场相互作用完成能量转化。

预测控制的一个典型应用就是控制电流，利用模型预测控制方法控制电流内环，以提高电流内环的动态性能，有益于整个控制系统性能的提升。有很多文献，将磁场定向控制与模型预测控制结合，同时对电机的转矩和磁链进行预测控制[8]。模型预测控制的评价函数可以同时对转矩和磁链控制指标进行优化，这种方式需要设计合适的权重系数，也可以将预测控制与直接转矩控制相结合。在电传动系统中，可以将预测控制应用于控制电机转矩。通过预测转矩波动，对转矩波动进行优化，可以实现减小直接转矩控制中转矩波动的目的，同时也可以克服直接转矩控制开关频率变化的缺陷，获得恒定的开关频率[9]。在并网发电控制中，也有模型预测功率控制，相关文献的研究表明，采用模型预测功率控制，可以提高系统的动态性能，也可以降低功率波动；此外，类似于与直接转矩控制结合的方式，也可以将模型预测控制与直接功率控制相结合，以克服直接功率控制波动大、开关频率变化的缺点[10]。在独网发电系统中，控制目标为系统输出电压的幅值和频率，该领域很少有预测控制的应用。

很多应用模型预测控制方法控制电机的研究结果表明，使用基本的模型预测控制方式，被控量的波动通常比较大。传统控制通常采用 SVM 对输出电压进行调制，在一个控制周期中，开关会多次动作，输出三种电压矢量，包括两个非零电压矢量和一个零电压矢量，而且非零电压矢量和零电压矢量平均对称分布在整个控制周期中。对于基本的模型预测控制，在一个控制周期中，只选择一个电压矢量输出。所以，在一个控制周期中，被控量以恒定的速率变化，即使被控量已经达到参考值，但是只要控制周期还没有结束，被控量仍然按照之前的变化率继续变化，如图 7.4a 所示。这会导致被控量的波动较大，如果系统的控制周期可以变短，即频率增加可以减小这种原因导致的波动，但是一个实际系统的采样频率不可能大幅提高。另一种效果很好的方法是采用多矢量输出，如图 7.4b、图 7.4c 所示。

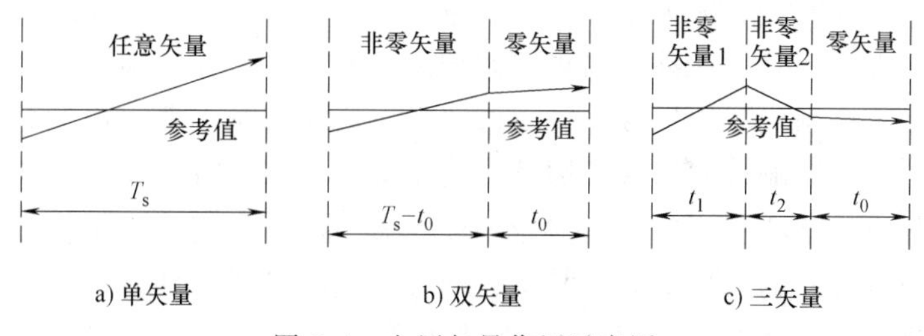

图 7.4　电压矢量作用示意图

图 7.4b 展示的是一种改进的两矢量模型预测控制[11]。它在一个控制周期中首先输出一个非零电压矢量，然后再输出一个零矢量。被控量的预测方程将由两部分组成：非零电压矢量作用时长内被控量的变化加上零电压矢量作用时长内被控量的变化，设非零电压矢量作用时被控量变化率为 S_a，零电压矢量作用时长内被控量变化率为 S_0，且零矢量作用时长为 t_0 则被控量预测方程为

$$x(k+1)=x(k)+S_a(T_s-t_0)+S_0t_0 \tag{7-5}$$

式中，T_s 是系统采样周期。

然后将被控量预测值代入评价函数，此时评价函数是关于零电压矢量作用时长的函数。对评价函数求导，并计算驻点，可以得到零电压矢量的作用时长，用控制周期值减去零电压矢量作用时长就得到了非零电压矢量作用时长。采用两矢量模型预测控制，可以通过零矢量调节被控制的变化率，避免被控量过多远离给定值，从而减小波动。但是可以发现，该控制方法增加了计算非零电压矢量作用时间的部分，算法的计算量增加了。

图 7.4c 展示了另一种改进的三矢量模型预测控制[12]。该控制方式将输出矢量增加到了三个，第一个和第二个通常为非零电压矢量；第三个为零电压矢量。设第一个非零电压矢量作用时长为 t_1，作用时长内被控量变化率为 S_{a1}；第二个非零电压矢量作用时长为 t_2，作用时长内被控量变化率为 S_{a2}；零电压矢量作用时长为 t_0，作用时长内被控量变化率为 S_0，则被控量预测方程为

$$x(k+1)=x(k)+S_{a1}t_1+S_{a2}t_2+S_0t_0 \tag{7-6}$$

$$t_1+t_2+t_0=T_s \tag{7-7}$$

三矢量模型预测控制与 SVM 调制输出的矢量的个数相同。相关实验表明，三矢量的模型预测控制与采用 SVM 调制方式在减小被控量波动方面可以取得几乎相同的效果。但是，可以看到，三矢量模型预测控制方法需要计算两个独立的时间变量，使得算法的复杂度和计算时间大大增加。

在控制目标单一的情况下，可以考虑采用无差拍控制。无差拍控制通过预测使被控变量成为在下一时刻误差为零的平均电压矢量，然后采用调制方式，对输出电压进行调制。与模型预测方法分别代入已知电压矢量，通过穷举的方式得到最优矢量的方式不同，无差拍控制直接计算出了使被控变量最优的电压。这种方式省去了不断重复穷举的计算过程，而且使用调制策略对输出电压进行调制，不仅动态性能好，而且控制波动小。但是，通过无差拍控制可能存在计算出的最优电压逆变器无法输出的问题；同时这种方法对控制模型参数的敏感度增加了；除此之外，无差拍控制不能实现多目标的优化。

相比与传统的 PI 等控制方法，模型预测控制计算量大；如果考虑采用改进的多矢量模

型预测控制方法，则计算量会大大增加。计算量增加，则对处理器的性能要求会更高，因此可能造成控制器成本的上升；此外，如果限制控制频率，在低控制频率下，控制效果也会下降。为了能够在一个控制周期中完成计算，可能需要增大控制周期，也就是采样频率必须降低；采样频率低，也会影响控制效果。因此，对于电机控制，有必要采用简化的预测控制方法，当前有一部分模型预测控制的文章对这一问题做了深入研究。简化的方式主要是从几何角度，利用空间矢量之间的几何关系，将解析计算的过程简化为几何求解的问题，从而省略了很多复杂的计算程序，简化了算法[13]。相关的研究很多，感兴趣的可以查阅相关文献，这里不详细叙述。

在电机控制中，应用模型预测控制方法时，还需要考虑延时补偿的问题。如图 7.5 所示，在 k 时刻，开始采集当前时刻状态量及一些所需变量的值，然后运用模型预测的原理，进行运算，预测下一时刻的状态值。实际中，从 k 时刻开始到运算完成需要花费时间，当计算完成得到最优电压矢量时，实际的状态量已经变化了；再输出该电压矢量，状态量已经不是从 k 时刻的值开始变化，而是从计算完成时的实际状态量的值开始变化。这就导致预测控制策略预测不准，控制效果大打折扣。在数字控制系统中，出现一拍延时。在图 7.5 中，k 时刻预测的电压矢量，其实是在 $k+1$ 时刻才输出。为了补偿这种延时，可以采用两步预测的方法。具体原理如下：

$$x(k+1)=f_p(x(k),\boldsymbol{V}(k)) \tag{7-8}$$

$$x(k+2)=f_p(x(k+1),\boldsymbol{V}(k+1)) \tag{7-9}$$

式中，函数 f_p 表示预测方程，代入当前时刻状态变量和系统输入就可以预测出下一时刻状态变量。

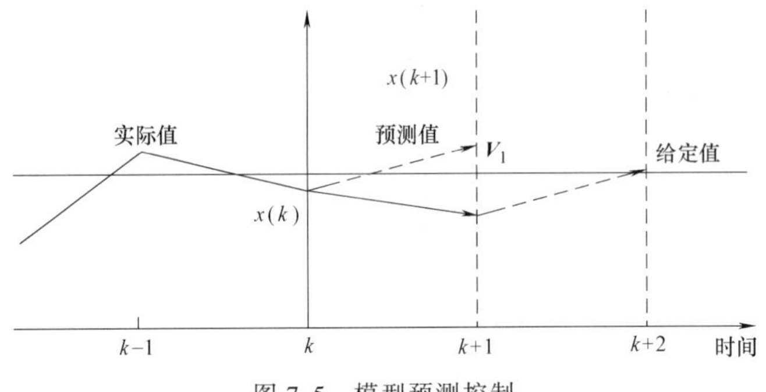

图 7.5 模型预测控制

首先，根据式（7-8），计算出 $k+1$ 时刻的状态值 $x(k+1)$；然后，在 $k+1$ 时刻点，应用模型预测控制，根据式（7-9），选择出最优电压矢量 $V(k+1)$。采用这种方式，可以提前计算好最优电压矢量，式（7-8）中的 k 时刻电压矢量在 $k-1$ 时刻已经计算完成。所以，通过两步预测，使得在当前时刻，输出的电压矢量正好对应当前时刻，不会出现由于计算时间导致的输出延时。

7.4 无刷双馈感应电机的预测电流控制

7.3 节中简单介绍了预测控制在电机控制领域的应用情况，同时也分析了预测控制需要注意的问题，包括波动大、有延时以及计算量大等，也提出了相应的解决思路。本节中将具体地针对 BDFIG 独立发电系统，讲解适用于该系统的预测控制策略。

7.4.1　无刷双馈感应电机数学模型

第 2 章详细介绍了 BDFIG 的数学模型，本章将采用 PW 同步旋转 dq 坐标系下的数学模型，具体如下所示：

$$\begin{cases} U_{1d}=R_1 i_{1d}+s\psi_{1d}-\omega_1\psi_{1q} \\ U_{1q}=R_1 i_{1q}+s\psi_{1q}+\omega_1\psi_{1d} \end{cases} \tag{7-10}$$

$$\begin{cases} \psi_{1d}=L_1 i_{1d}+L_{1r} i_{rd} \\ \psi_{1q}=L_1 i_{1q}+L_{1r} i_{rq} \end{cases} \tag{7-11}$$

$$\begin{cases} U_{2d}=R_2 i_{2d}+s\psi_{2d}-[\omega_1-(p_1+p_2)\omega_r]\psi_{2q} \\ U_{2q}=R_2 i_{2q}+s\psi_{2q}+[\omega_1-(p_1+p_2)\omega_r]\psi_{2d} \end{cases} \tag{7-12}$$

$$\begin{cases} \psi_{2d}=L_2 i_{2d}+L_{2r} i_{rd} \\ \psi_{2q}=L_2 i_{2q}+L_{2r} i_{rq} \end{cases} \tag{7-13}$$

$$\begin{cases} U_{rd}=R_r i_{rd}+s\psi_{rd}-(\omega_1-p_1\omega_r)\psi_{rq} \\ U_{rq}=R_r i_{rq}+s\psi_{rq}+(\omega_1-p_1\omega_r)\psi_{rd} \end{cases} \tag{7-14}$$

$$\begin{cases} \psi_{rd}=L_r i_{rd}+L_{1r} i_{1d}+L_{2r} i_{2d} \\ \psi_{rq}=L_r i_{rq}+L_{1r} i_{1q}+L_{2r} i_{2q} \end{cases} \tag{7-15}$$

7.4.2　总体控制策略

独立发电系统的控制目标为控制系统的输出所需幅值和频率的电压，这与并网发电系统的控制目标有很大的差别。第 6 章图 6.15 描述了 BDFIG 独立发电系统的基本直接电压控制策略[14]，本章所介绍的控制策略正式在此基础上进行改进的，如图 7.6 所示。具体的改进是将 CW 电流控制环用模型预测电流控制（MPCC）方法实现[15]。模型预测控制方法推导将在下一小节详细叙述。此处 MPCC 策略是在 MSC 中实现的，LSC 控制主要采用 PW 电压定向控制方法，具体见 3.4.2 节内容，这里不再赘述。

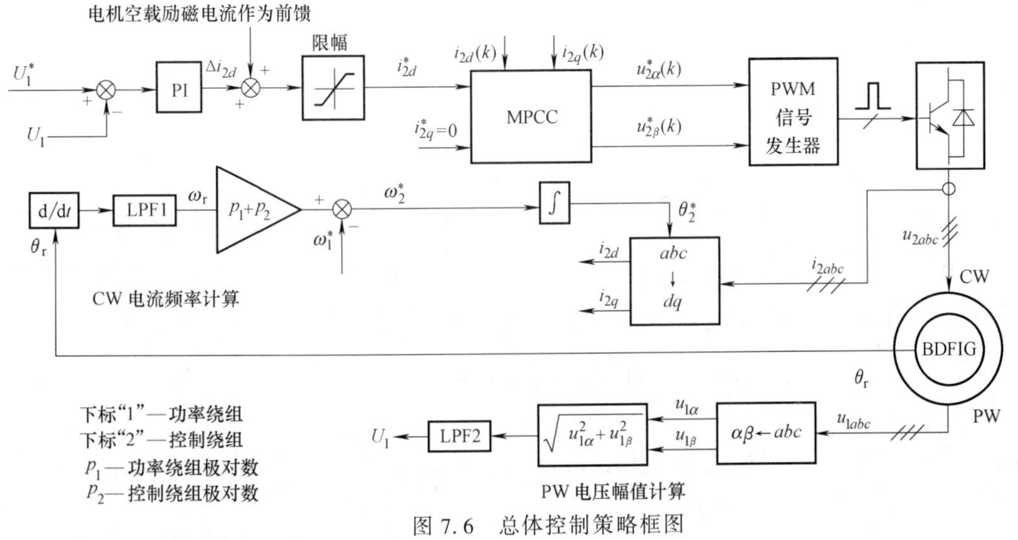

图 7.6　总体控制策略框图

7.4.3 单矢量模型预测控制

上文已经给出了 PW 同步旋转坐标系下的 BDFIG 数学模型。接下来，将依据该数学模型，首先推导基本的模型预测控制，即单矢量模型预测控制方程。

BDFIG 基本控制过程为：控制 MSC 输出电压；施加到 CW 端部然后产生 CW 电流；进而控制 PW 侧变量。所以需要推导 CW 电压和 CW 电流之间的关系，由式（7-13）可知，与 CW 交链的磁链包括 CW 自身产生的磁链以及转子磁链耦合到 CW 的部分。因为实际电机运行过程中，转子绕组中的电流无法直接测量，是个未知量，所以首先考虑消除式（7-13）中的转子电流量。

绕线转子 BDFIG 的转子绕组端部短接在一起，因此其端电压为零。则式（7-14）等于零，如式（7-16）所示。

$$\begin{cases}U_{rd}=R_r i_{rd}+s\psi_{rd}-(\omega_1-p_1\omega_r)\psi_{rq}=0\\U_{rq}=R_r i_{rq}+s\psi_{rq}+(\omega_1-p_1\omega_r)\psi_{rd}=0\end{cases}\tag{7-16}$$

将式（7-15）代入式（7-16），可以发现，此时表达式中包含的变量为转子电流、PW 电流和 CW 电流，而 PW 电流和 CW 电流都可以方便地检测到，所以，可以将转子电流用包含 CW 和 PW 电流变量的表达式表示出来，具体表达式为

$$\begin{cases}i_{rd}=-\dfrac{[L_r s^2+R_r s+L_r(\omega_2-p_2\omega_r)^2](L_{1r}i_{1d}+L_{2r}i_{2d})}{(R_r+L_r s)^2+L_r^2(\omega_2-p_2\omega_r)^2}-\dfrac{R_r(\omega_2-p_2\omega_r)(L_{1r}i_{1q}+L_{2r}i_{2q})}{(R_r+L_r s)^2+L_r^2(\omega_2-p_2\omega_r)^2}\\i_{rq}=\dfrac{\omega_2-p_2\omega_r}{R_r+L_r s}\left[1-\dfrac{L_r^2 s^2+L_r R_r s+L_r^2(\omega_2-p_2\omega_r)^2}{(R_r+L_r s)^2+L_r^2(\omega_2-p_2\omega_r)^2}\right](L_{1r}i_{1d}+L_{2r}i_{2d})-\\\qquad\dfrac{1}{R_r+L_r s}(L_{1r}i_{1q}+L_{2r}i_{2q})\left[s+\dfrac{R_r L_r(\omega_2-p_2\omega_r)^2}{(R_r+L_r s)^2+L_r^2(\omega_2-p_2\omega_r)^2}\right]\end{cases}\tag{7-17}$$

式（7-17）为转子绕组 dq 轴电流表达式，式子右侧的变量只包含 CW 和 PW 电流的 dq 轴分量。然而式（7-17）过于复杂，不利于后续控制方法的实现，需要做必要的简化。观察式（7-17）可知，式中某些项的零极点非常接近，通过零极点对消可以简化表达式；在此基础上，忽略一些占比重较小的项，进一步简化表达式。简化之后的表达式为

$$\begin{cases}i_{rd}=-\dfrac{L_{1r}i_{1d}+L_{2r}i_{2d}}{L_r}-\dfrac{R_r(L_{1r}i_{1q}+L_{2r}i_{2q})}{L_r^2(\omega_2-p_2\omega_r)}\\i_{rq}=-\dfrac{L_{1r}i_{1q}+L_{2r}i_{2q}}{L_r}\end{cases}\tag{7-18}$$

式（7-18）与式（7-17）相比，简化了很多。后续的仿真结果表明，这种简化方式比较合理。接下来，将式（7-18）代入式（7-13），然后将式（7-13）代入式（7-12），计算可得

$$\begin{cases}U_{2d}=\left[R_2 i_{2d}+\left(L_2-\dfrac{L_{2r}^2}{L_r}\right)s i_{2d}\right]+\alpha_1+\alpha_2\\U_{2q}=\left(R_2-\dfrac{R_r L_{2r}^2(\omega_1-(p_1+p_2)\omega_r)}{L_r^2(\omega_2-p_2\omega_r)}\right)i_{2q}+\left(L_2-\dfrac{L_{2r}^2}{L_r}\right)s i_{2q}+\beta_1+\beta_2\end{cases}\tag{7-19}$$

式中，α_1、α_2、β_1、β_2 分别为 CW q 轴电流影响的 CW d 轴电压分量、PW 电流影响的 CW d 轴电压分量、CW d 轴电流影响的 CW q 轴电压分量，PW 电流影响的 CW q 轴电压分量，具体的表达式为

$$\alpha_1=(\omega_1-(p_1+p_2)\omega_r)\left(\frac{L_{2r}^2}{L_r}-L_2\right)i_{2q}-\frac{R_rL_{2r}^2}{L_r^2(\omega_2-p_2\omega_r)}si_{2q}$$

$$\alpha_2=-\frac{L_{1r}L_{2r}}{L_r}si_{1d}+(\omega_1-(p_1+p_2)\omega_r)\frac{L_{1r}L_{2r}}{L_r}i_{1q}-\frac{R_rL_{1r}L_{2r}}{L_r^2(\omega_2-p_2\omega_r)}si_{1q}$$

$$\beta_1=(\omega_1-(p_1+p_2)\omega_r)\left(L_2-\frac{L_{2r}^2}{L_r}\right)i_{2d}$$

$$\beta_2=\left[-(\omega_1-(p_1+p_2)\omega_r)\frac{L_{1r}L_{2r}}{L_r}i_{1d}\right]-\frac{L_{1r}L_{2r}}{L_r}si_{1q}-\frac{R_rL_{1r}L_{2r}(\omega_1-(p_1+p_2)\omega_r)}{L_r^2(\omega_2-p_2\omega_r)}i_{1q}$$

同样地，式（7-19）中由于 α_1、α_2、β_1 和 β_2 的存在，导致方程特别复杂。为了控制方法的实施，必须采取必要的简化措施。首选，对于 CW 的 d 轴电压 U_{2d}，与 CW 的 q 轴电流相关的项可以直接省略。主要原因是，本章中采用的 BDFIG 独立发电系统控制方法中，CW 的 q 轴电流的给定值设置为零，即在发电系统运行过程中，控制 CW q 轴电流式中为零，所以与 CW 的 q 轴电流相关的项可以省略。除此之外，当系统处于稳态时，在 dq 旋转坐标系下的电流将为恒定值保持不变，因此，所有包含电流微分的项都可以省略。通过采取上述的简化方法，可以合理地对式（7-19）进行简化，简化结果为

$$\begin{cases}U_{2d}=\left[R_2i_{2d}+\left(L_2-\dfrac{L_{2r}^2}{L_r}\right)si_{2d}\right]+D_{2d}\\U_{2q}=\left(R_2-\dfrac{R_rL_{2r}^2(\omega_1-(p_1+p_2)\omega_r)}{L_r^2(\omega_2-p_2\omega_r)}\right)i_{2q}+\left(L_2-\dfrac{L_{2r}^2}{L_r}\right)si_{2q}+D_{2q}\end{cases}\tag{7-20}$$

式中，$D_{2d}=(\omega_1-(p_1+p_2)\omega_r)\dfrac{L_{1r}L_{2r}}{L_r}i_{1q}$；

$$D_{2q}=\left[(\omega_1-(p_1+p_2)\omega_r)\left(L_2-\frac{L_{2r}^2}{L_r}\right)i_{2d}\right]-\left[(\omega_1-(p_1+p_2)\omega_r)\frac{L_{1r}L_{2r}}{L_r}i_{1d}\right]。$$

观察式（7-20），结合 7.1 节介绍的模型预测控制方法基本原理，采用欧拉前向差分法，将 CW 电流的微分转换成差分的形式，然后代入式（7-20），将该式改写成离散形式。

$$\begin{cases}U_{2d}(k)=\left[R_2i_{2d}(k)+\left(L_2-\dfrac{L_{2r}^2}{L_r}\right)\dfrac{i_{2d}(k+1)-i_{2d}(k)}{T_s}\right]+D_{2d}(k)\\U_{2q}(k)=\left(R_2-\dfrac{R_rL_{2r}^2(\omega_1-(p_1+p_2)\omega_r)}{L_r^2(\omega_2-p_2\omega_r)}\right)i_{2q}(k)+\left(L_2-\dfrac{L_{2r}^2}{L_r}\right)\dfrac{i_{2q}(k+1)-i_{2q}(k)}{T_s}+D_{2q}(k)\end{cases}\tag{7-21}$$

式中，T_s 为采样频率。

根据式（7-21）可以推导出 CW 电流的预测方程为

$$\begin{cases} i_{2d}(k+1)=\left(1-\dfrac{R_2}{\sigma}T_s\right)i_{2d}(k)+\dfrac{T_s}{\sigma}U_{2d}(k)-\dfrac{T_s}{\sigma}D_{2d}(k) \\ i_{2q}(k+1)=\left[1-\dfrac{R_2-\dfrac{R_r L_{2r}^2(\omega_1-(p_1+p_2)\omega_r)}{L_r^2(\omega_2-p_2\omega_r)}}{\sigma}T_s\right]i_{2q}(k)+\dfrac{T_s}{\sigma}U_{2q}(k)-\dfrac{T_s}{\sigma}D_{2q}(k) \end{cases} \tag{7-22}$$

式中，$\sigma=L_2-\dfrac{L_{2r}^2}{L_r}$。

由式（7-22）可知，知道当前 k 时刻的 CW 电流 $i_{2d}(k)$、$i_{2q}(k)$ 以及 $D_{2d}(k)$、$D_{2q}(k)$，然后，将两电平三相逆变器的八个电压矢量分别代入该式，就可以预测出，$k+1$ 时刻对应的输出电流。

选择最优的电压矢量，需要设置一个合适的评价函数。因为在该控制系统中，采用模型预测控制主要是控制 CW 的电流使其跟踪电流给定值；同时考虑到模型预测控制方法实施过程中没有电流环，则需要增加限流的环节。综合考虑之后，设计如下的评价函数：

$$g=(i_{2d\text{ref}}-i_{2d}(k+1))^2+(i_{2q\text{ref}}-i_{2q}(k+1))^2+f(i_{2d}(k+1),i_{2q}(k+1)) \tag{7-23}$$

式中，$i_{2d\text{ref}}$ 和 $i_{2q\text{ref}}$ 分别为 CW dq 轴的电流给定值，具体的数值由 BDFIG 发电系统电压环控制器输出值决定；$f(i_{2d}(k+1), i_{2q}(k+1))$ 为一个非线性函数，用于限制电流在一定范围内，防止过流，具体的表达式为

$$f(i_{2d}(k+1),i_{2q}(k+1))=\begin{cases} \infty & \sqrt{i_{2d}^2(k+1)+i_{2q}^2(k+1)}>i_{\max} \\ 0 & \sqrt{i_{2d}^2(k+1)+i_{2q}^2(k+1)}\leqslant i_{\min} \end{cases} \tag{7-24}$$

至此，BDFIG 独立发电系统模型预测电流控制方程已经推导完毕，根据式（7-23）和式（7-24）可以很容易实现该方法。

考虑到预测控制在数字控制系统中存在一拍延迟，接下来将采用两步预测的方式，进行延时补偿：首先根据当前时刻电流采样结果和当前时刻所需施加的电压矢量，预测下一时刻的电流值，如式（7-23）所示；接下来，在前一步预测的基础上，利用下一时刻电流的预测值进行预测控制，选择出最优电压矢量，该矢量将在下一控制周期开始时刻直接输出，因此没有延迟。式（7-25）表示的是进行延迟补偿的电流预测方程

$$\begin{cases} i_{2d}(k+2)=\left(1-\dfrac{R_2}{\sigma}T_s\right)\hat{i}_{2d}(k+1)+\dfrac{T_s}{\sigma}U_{2d}(k+1)-\dfrac{T_s}{\sigma}D_{2d} \\ i_{2q}(k+2)=\left[1-\dfrac{R_2-\dfrac{R_r L_{2r}^2(\omega_1-(p_1+p_2)\omega_r)}{L_r^2(\omega_2-p_2\omega_r)}}{\sigma}T_s\right]\hat{i}_{2q}(k+1)+\dfrac{T_s}{\sigma}U_{2q}(k+1)-\dfrac{T_s}{\sigma}D_{2q} \end{cases} \tag{7-25}$$

式中，$\hat{i}_{2d}(k+1)$ 和 $\hat{i}_{2q}(k+1)$ 表示根据 k 时刻 CW 电流采样值及 k 时刻 CW 最优电压矢量预

测的 $k+1$ 时刻 CW 电流值。

而 k 时刻 CW 最优电压矢量是在 $k-1$ 时刻确定的，这里只需增加一步预测，相应的评价函数表达式为

$$g=[i_{2dref}-i_{2d}(k+2)]^2+[i_{2q\,ref}-i_{2q}(k+2)]^2+f[i_{2d}(k+2),i_{2q}(k+2)] \tag{7-26}$$

图 7.7 展示了完整的模型预测电流控制程序流程图。

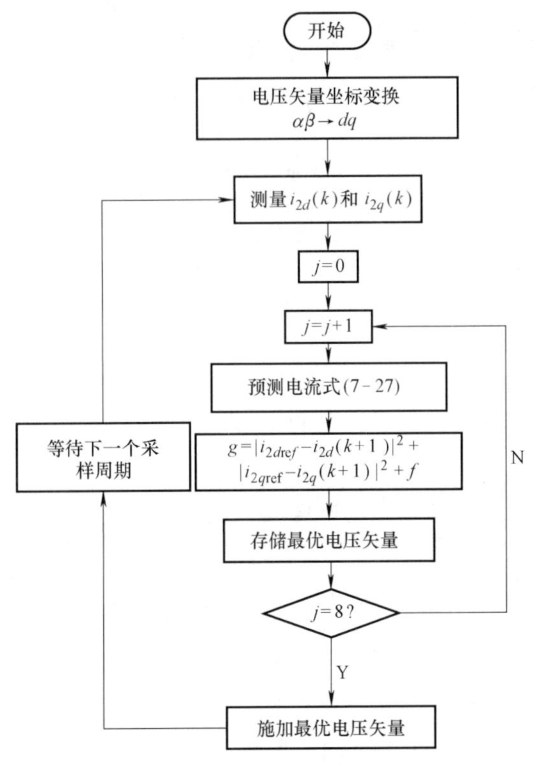

图 7.7　单矢量模型预测控制程序流程图

为了验证算法的可行性，在 Matlab/Simulink 中搭建了 BDFIG 独立发电控制系统仿真模型。仿真模型中使用的电机参数来源于一台 30kVA 的 BDFIG 原型样机，具体见附录中的附表 1。

首先仿真次同步速工况下的系统性能（见图 7.8~图 7.12）。次同步转速选择 600r/min；负载为额定负载的 40%；PW 输出电压的幅值为 311V，频率为 50Hz；系统的采样频率为 5kHz。测试稳态情况下的 PW 输出电压和 CW 电流。

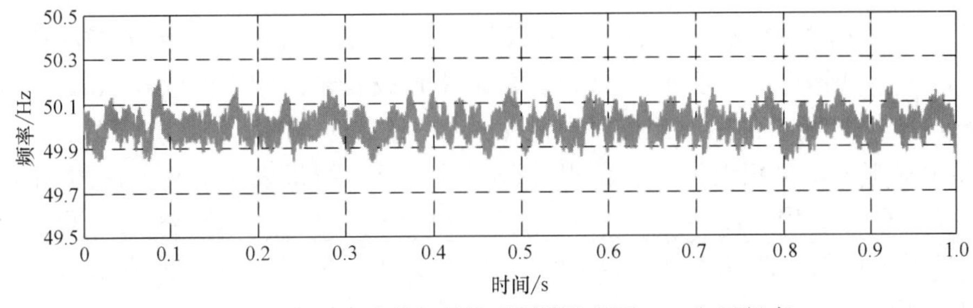

图 7.8　次同步速单矢量模型预测控制下 PW 电压频率

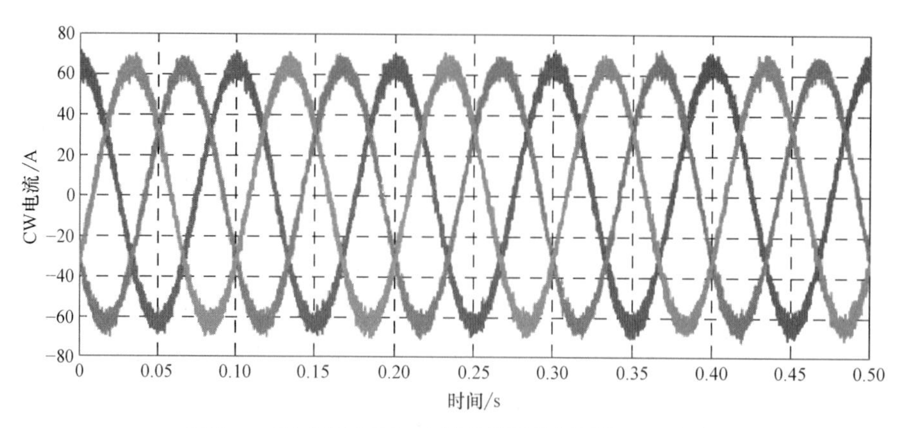

图 7.9　次同步速单矢量模型预测控制下的 CW 电流

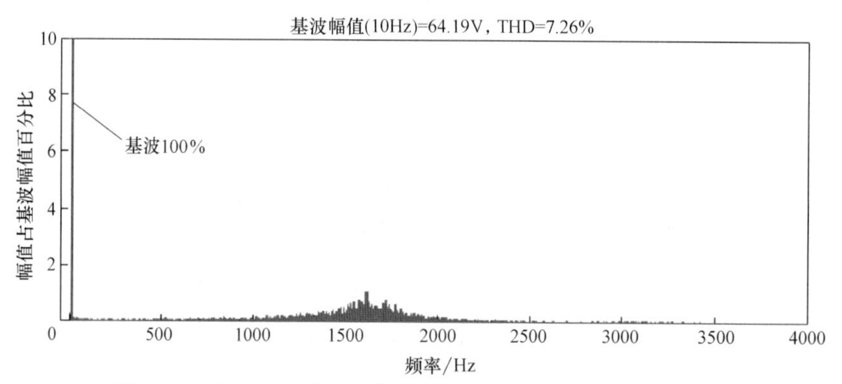

图 7.10　次同步速单矢量模型预测控制下 CW 电流谐波分析

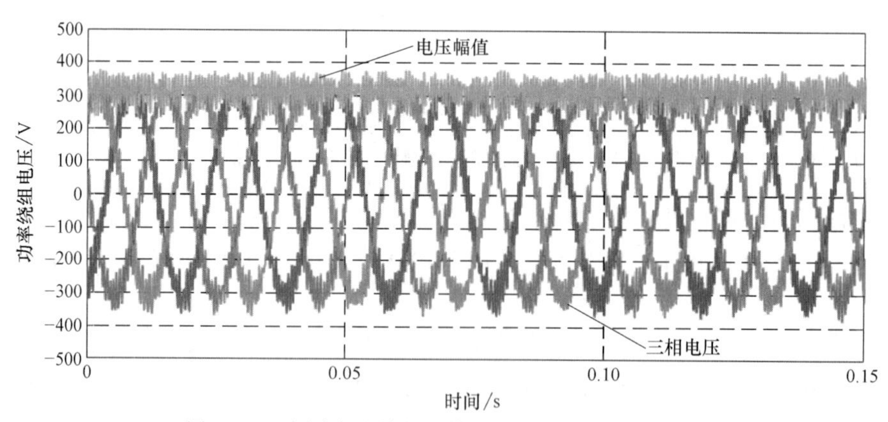

图 7.11　次同步速单矢量模型预测控制下 PW 电压

根据图 7.8～图 7.12 可知，采用模型预测电流控制的 BDFIG 独立发电系统可以在次同步速下正常运行。由图 7.8 可知，PW 电压的频率比较稳定，频率波动在±0.2Hz 以内。图 7.9 所示为 CW 三相电流的瞬时波形，图中波形频率保持在 10Hz、正弦度较好，但是毛刺很多。图 7.10 是对 CW 单相电流进行傅里叶分析的结果，结果表明 CW 电流的 THD 达到了 7.26%。图 7.11 中，PW 电压幅值为 311V，频率为 50Hz，达到了控制目标，但是，电压波形同样包含很多谐波。图 7.12 中为单相 PW 电压谐波分析的结果，分析结果表明，此时 THD 达到了 15.69%。

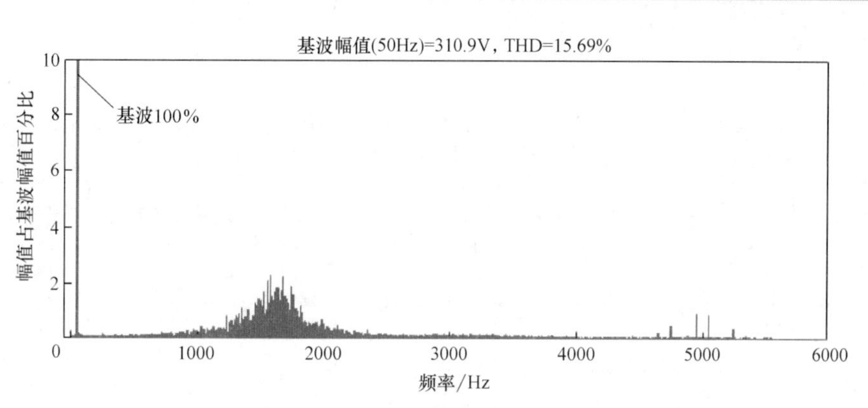

图 7.12　次同步速单矢量模型预测控制下 PW 电压谐波分析

观察图 7.10 和图 7.12 可知，PW 输出电压的主要谐波和 CW 电流主要谐波非常接近。由式（2-6）可知，CW 电流频率和 PW 电压频率之间存在一定的关系。PW 极对数为 1，CW 极对数为 3，当电机转速为 600r/min 时，存在关系 $\omega_1=62.8-\omega_2$。由此可知，PW 电压中的谐波主要由 CW 中的电流谐波成分产生，所以为了降低 PW 输出电压的谐波，首先应该采取方法降低 CW 电流的谐波。

接下来，将 BDFIG 转速提高到超同步速，仿真中设置转速为 900r/min；PW 输出电压的幅值和频率仍然控制为 311V 和 50Hz；发电系统负载为 40%额定负载；仿真结果如图 7.13~图 7.16 所示。

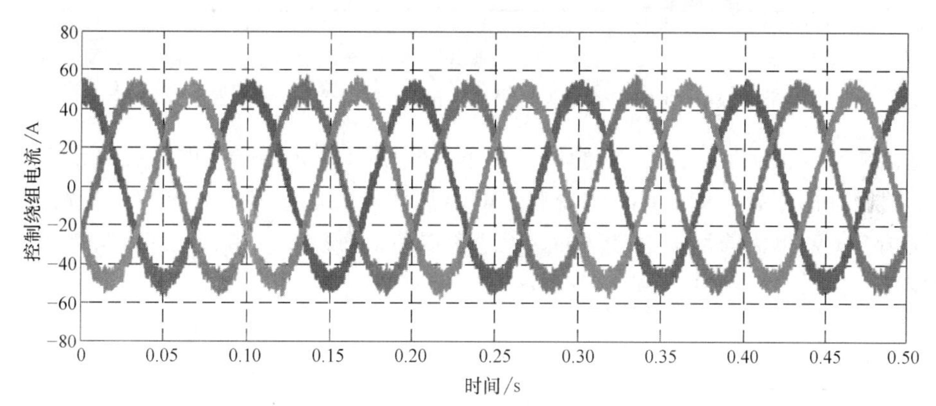

图 7.13　超同步速单矢量模型预测控制下的 CW 电流

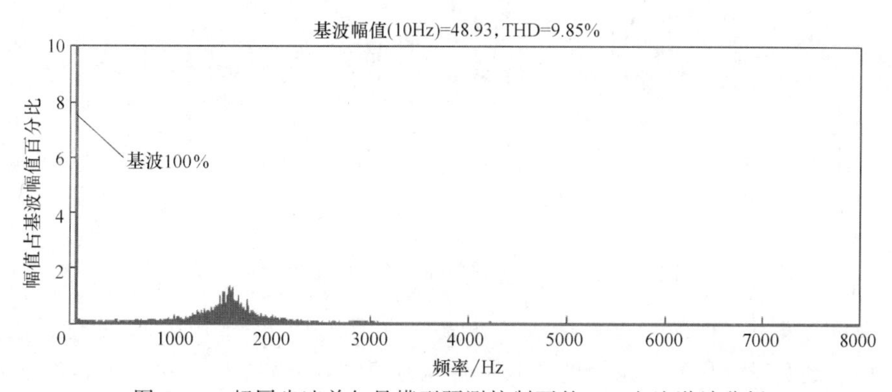

图 7.14　超同步速单矢量模型预测控制下的 CW 电流谐波分析

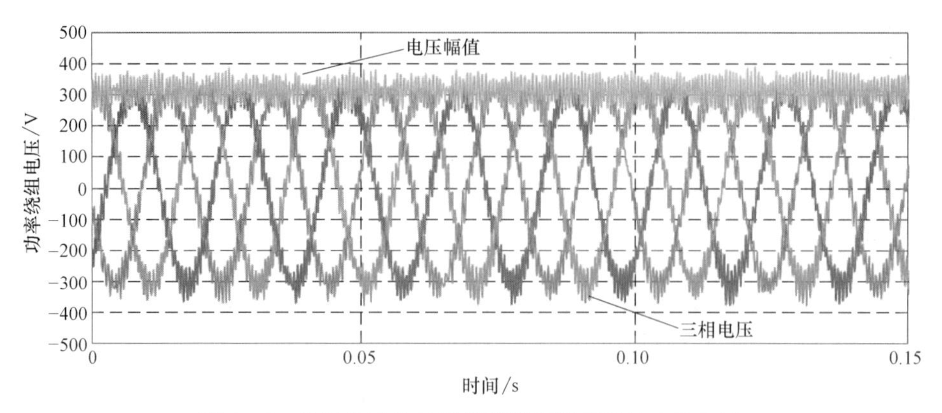

图 7.15　超同步速单矢量模型预测控制下的 PW 电压

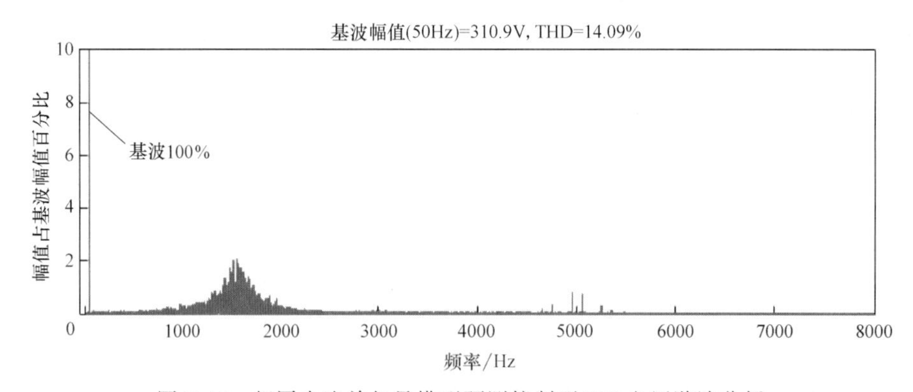

图 7.16　超同步速单矢量模型预测控制下 PW 电压谐波分析

根据图 7.13~图 7.16 可知，在超同步速下，模型预测电流控制仍然可以正常工作。与次同步速时存在的问题相同，CW 电流和 PW 电压的谐波含量很高。图 7.17 显示的是 CW 电流给定值与 CW 电流的反馈值之间的误差，该误差值在±4A 以内，表明 CW 电流可以跟踪电流给定值；但是跟踪精度不高，存在较大误差。

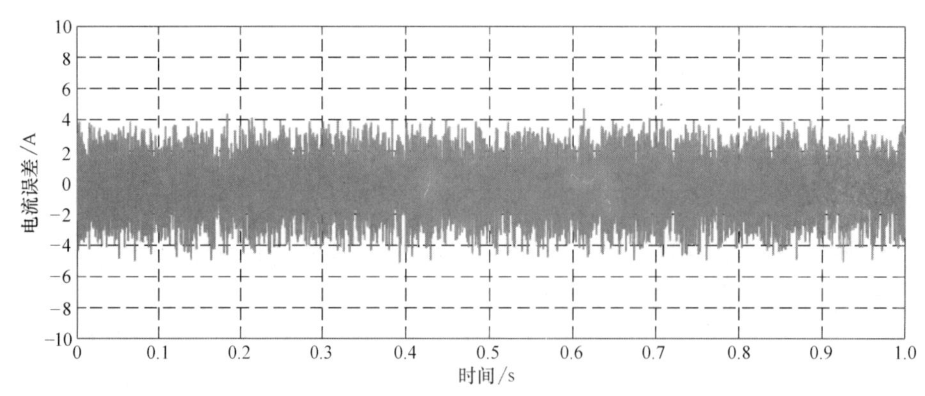

图 7.17　超同步速单矢量模型预测控制下 CW 电流给定与反馈误差值

接下来再对发电系统的动态性能进行仿真（见图 7.18 和图 7.19）。实际的发电系统，原动机的转速是实时变化的，系统的负载也会因为用电需求突加、突减，所以有必要针对上述情况进行仿真。首先测试系统在变速工况下的发电性能。发电系统负载为额定负载的

40%，转速从 600r/min 匀速上升至 900r/min。

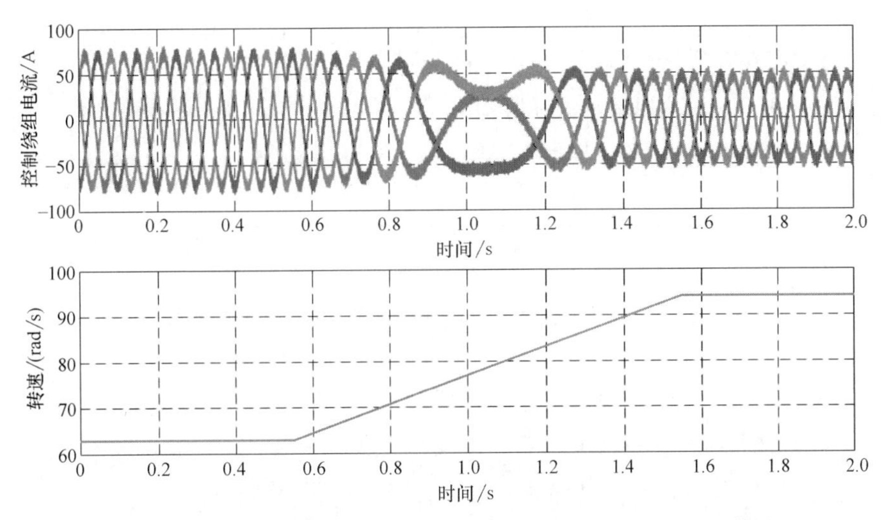

图 7.18 单矢量模型预测控制下变转速时的 CW 电流和电机转速

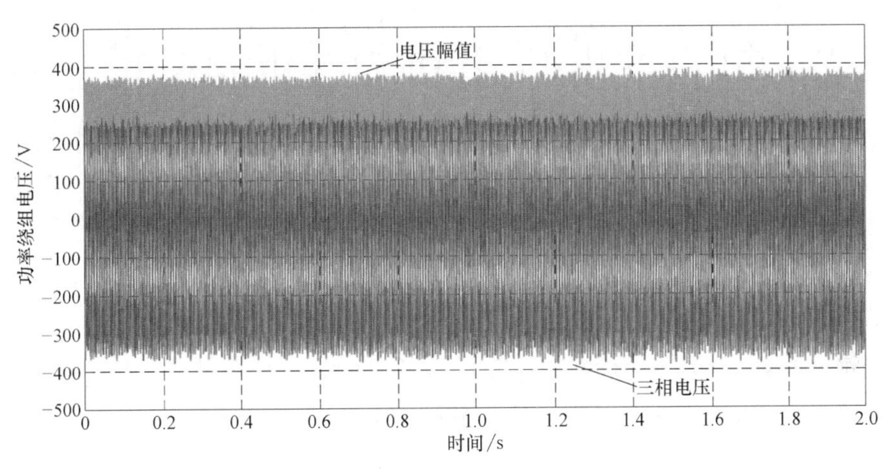

图 7.19 单矢量模型预测控制下变转速时的 PW 电压

观察图 7.18 和图 7.19 可知，在电机转速变化过程中，BDFIG 发电系统可以维持 PW 输出电压幅值的频率稳定。

图 7.20~图 7.22 表示的是突加负载时的 CW 电流、PW 电压以及 PW 频率的波形。具体的工况为：电机转速保持 900r/min；原来带 40%额定负载，之后在此基础上再突加 40%额定负载。根据仿真结果可知，采用模型预测控制，在突加负载瞬间，PW 输出电压出现瞬时下降，但是很快又恢复到原来的电压值。同时，CW 电流也快速上升，并维持在新的电流值。PW 电压的频率在突加负载时也出现较大范围的振荡，但是能够很快恢复到稳态状况。

上述仿真结果表明，采用模型预测电流控制的 BDFIG 独立发电系统在不同工况下都可以正常工作。PW 电压幅值可以维持在 311V，频率 50Hz。但是观察可以发现 PW 输出电压的谐波含量大，谐波分析的结果显示：在次同步速工况下，稳态时 PW 输出电压 THD 达到了 15.69%，CW 电流的 THD 达到了 7.26%；在超同步速工况下，稳态时 PW 输出电压 THD

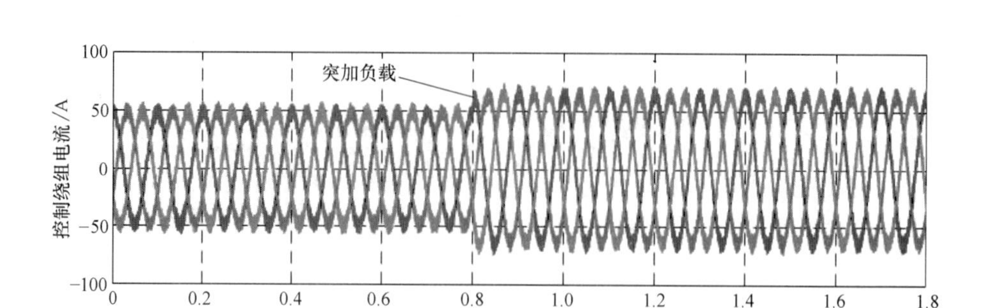

图 7.20 单矢量模型预测控制下突加负载时的 CW 电流

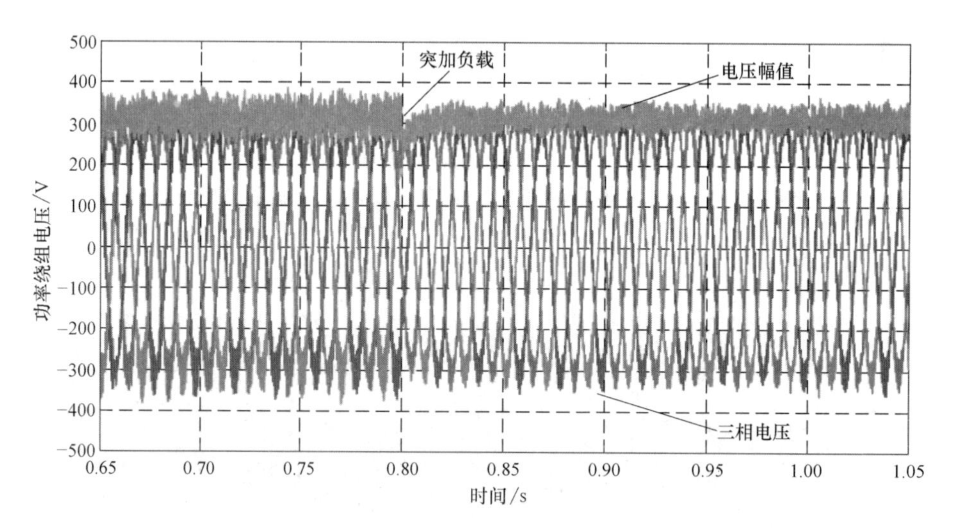

图 7.21 单矢量模型预测控制下突加负载时的 PW 电压

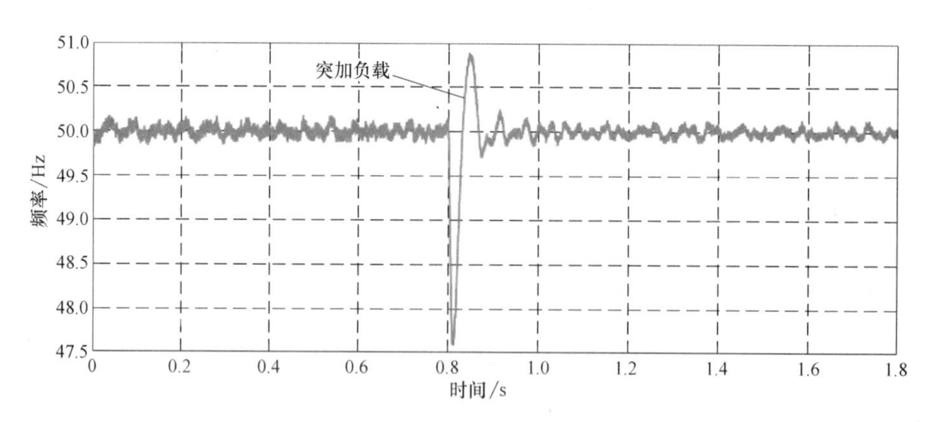

图 7.22 单矢量模型预测控制下突加负载时的 PW 频率

达到了 14.09%，CW 电流的 THD 达到了 9.85%。BDFIG 主要通过控制 CW 电流来控制 PW 输出电压，如果 CW 电流波动大、谐波严重，必然导致 PW 输出电压谐波严重。仿真结果，显示该方法的发电压谐波严重超标，所以不可能在实际中应用。

除此之外，在仿真过程中，也观察了 PW 电压频率的变化：图 7.23 表明，在稳态情况下，PW 电压的频率可以维持在 50Hz 左右，上下波动在 0.2Hz 以内；图 7.24 表明，在负载突变的情况下，PW 的频率会出现振荡，但是也可以很快恢复。因此采用模型预测电流控制的 BDFIG 独立发电系统可以控制 PW 电压频率，但是与传统的控制方式相比，采用模型预测控制时 PW 电压的频率波动范围更大。其原因在于：采用传统控制方法时，经过电流控制器输出的是 CW 的 dq 轴电压给定值，然后经过坐标变换到静止坐标系下。传统的控制方法中，坐标变换的角度是根据 CW 频率、PW 频率以及转子转速之间关系，计算出一个明确的 CW 频率后，通过积分得到的 CW 电角度。利用该角度，完成坐标变换后，施加的 CW 电压的频率是确定的，完全受 CW 电角度决定。但是，当采用模型预测控制方法时，CW 电压没有进行坐标变换，是一系列固定的电压矢量。模型预测电流控制中，控制绕组反馈电流的 dq 轴分量是通过采用一个明确的 CW 电角度做坐标变换得到的。接下来，通过评价函数的值来选取最优的电压矢量，在这个过程中，最优的电压矢量应该是一系列以 CW 给定角频率旋转的电压矢量；但是评价函数不能保证所选的一系列电压矢量是严格按照 CW 给定角频率旋转的。可以说，采用模型预测电流控制时频率控制是被动适应，而传统的方法是主动控制。因此，采用模型预测电流控制方法后，BDFIG 独立发电系统的电压频率波动会变大。如果改进模型预测控制，使得电流跟踪效果非常好、电流波动更小，那么 PW 电压频率的波动也会更小。

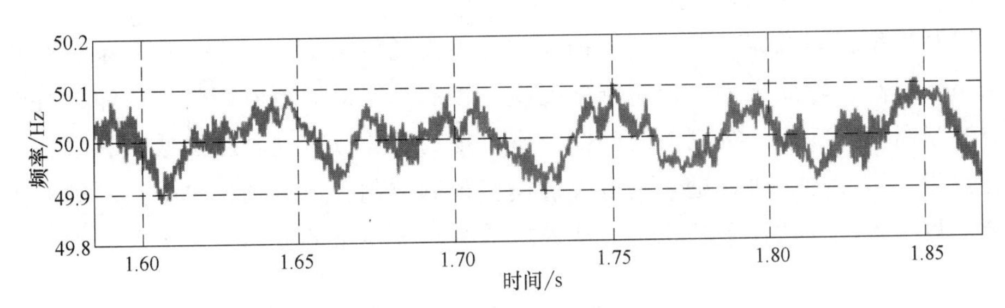

图 7.23　稳态时 PW 电压频率

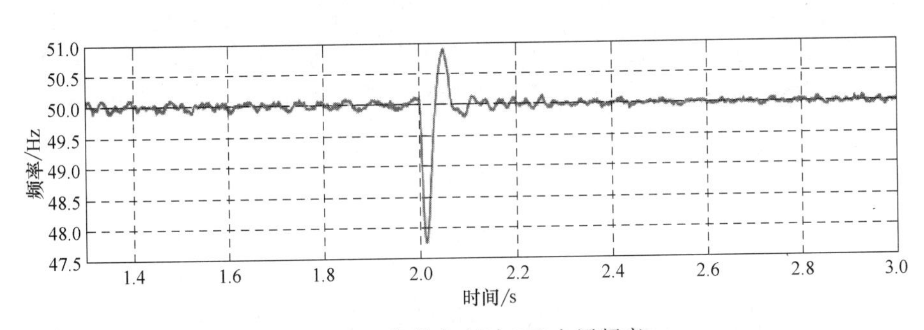

图 7.24　负载突变时 PW 电压频率

上述内容详细介绍了 BDFIG 独立发电系统采用模型预测电流控制方法，在不同工况下的电压、电流等性能。仿真结果表明，采用模型预测电流控制时，BDFIG 独立发电系统可以实现基本的功能，维持发电压幅值和频率的稳定。但是，存在两个很重要的问题：

（1）采用单矢量模型预测控制，CW 电流波动大，导致 PW 电压谐波含量超标。

（2）采用模型预测电流控制，PW 电压频率波动增大。

对于发电系统而言，电压谐波和频率是非常重要的指标，有严格的要求。因此必须对上述的方法进行改进，否则不能用于 BDFIG 独立发电系统。

经前文介绍，采用单矢量模型预测控制，存在被控量波动大的问题，这个问题在发电系统中特别突出。因为，采用模型预测电流控制，使得 CW 电流波动大、谐波严重，CW 电流的谐波成分相应地将在 PW 中产生谐波电压，而谐波电压对电压品质的影响非常严重。通常在电动系统中，电流的波动会反映到电磁转矩中，而高频的转矩毛刺会被系统惯量吸收，所以对负载的影响较小。但是在发电系统中就完全不一样，而且在无刷双馈独立发电系统中，CW 电流中的谐波经过耦合作用，会被放大显示在 PW 电压中：随着转速的提高，BDFIG 的发电能力将提高，单位电流产生的电压更高，谐波影响将更大。所以，单矢量模型预测电流控制不适合运用于 BDFIG 独立发电系统中。

7.4.4 双矢量模型预测控制

对于模型预测控制，简单的方法是通过提高控制频率来降低被控量波动。图 7.25～图 7.28 表示的是将控制频率提高一倍时的仿真结果，之前的控制频率为 5kHz，现在变为 10kHz；电机的转速为 900r/min，负载为 40%额定负载。与图 7.13～图 7.16 对比可以发现，在相同工况下，提高控制频率后，CW 电流的 THD 由 9.85%降低到 7.44%；PW 电压的 THD 由 14.09%降低到 10.49%。

但是控制频率提高意味着开关频率提高、开关损耗将增加，对于大功率系统，开关频率不可能大幅度提高；除此之外，控制频率提高，控制算法的计算时间将被压缩，可能面临算法在单个控制周期内无法计算完成的问题。所以提高开关频率这种方法效果有限，不能从根本上解决问题。另一种方法就是采用多矢量模型预测控制，通过增加单个控制周期内施加的电压矢量个数，来改变被控量的轨迹，从根本上减小被控量的波动。

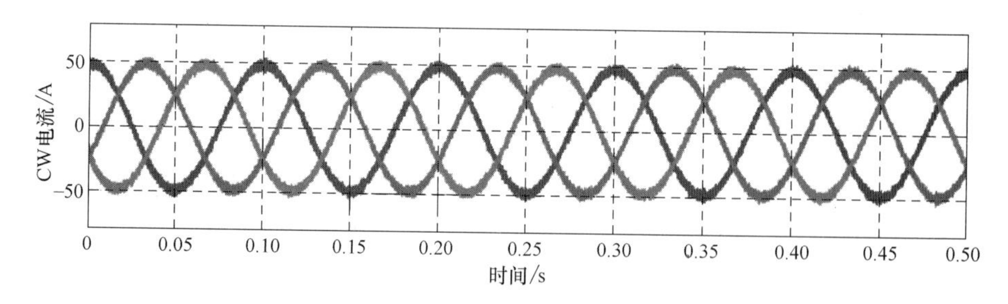

图 7.25　控制频率提高一倍时的 CW 电流

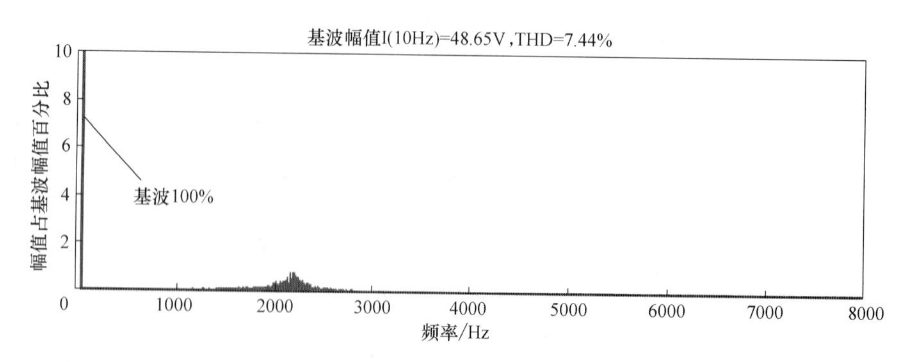

图 7.26　控制频率提高一倍时的 CW 电流谐波分析

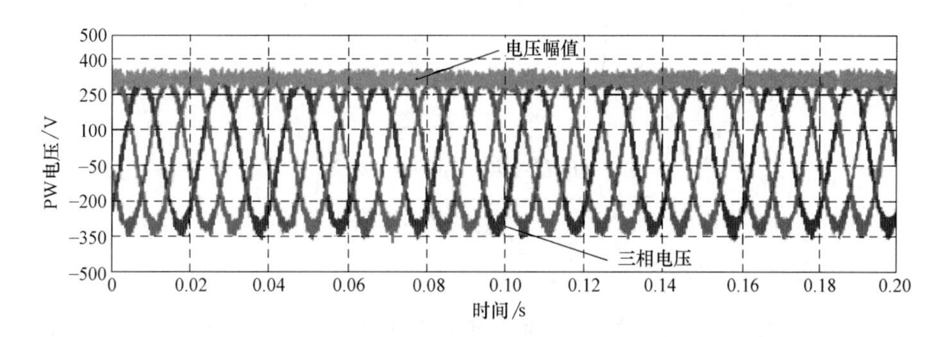

图 7.27 控制频率提高一倍时的 PW 电压

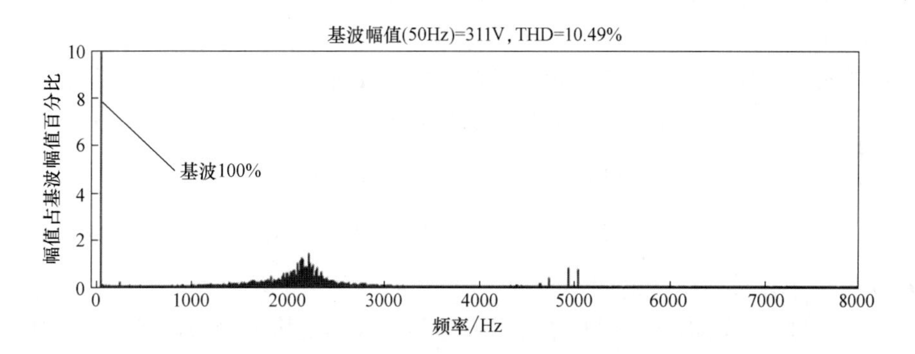

图 7.28 控制频率提高一倍时的 PW 电压谐波分析

BDFIG 数学模型复杂、电气变量多、计算公式复杂，考虑采用计算相对容易的双矢量模型预测控制方法。

首先，将式（7-20）变形，可得

$$si_{2d}=\frac{(U_{2d}-R_2i_{2d}-D_{2d})}{\sigma} \tag{7-27}$$

$$si_{2q}=\frac{U_{2q}-\left(R_2-\dfrac{R_\mathrm{r}L_{2\mathrm{r}}^2(\omega_1-(p_1+p_2)\omega_\mathrm{r})}{L_\mathrm{r}^2(\omega_2-p_2\omega_\mathrm{r})}\right)i_{2q}-D_{2q}}{\sigma} \tag{7-28}$$

式（7-27）和式（7-28）等式左边为 CW 的 dq 轴电流的微分，等式右边为包含 CW 电压的表达式。依次选择不同的 CW 电压矢量代入式（7-27）和式（7-28），可计算出该电压矢量作用下 CW 的 dq 轴电流的变化率如下：

$$s_{2d-\mathrm{a}}=\frac{(U_{2d-\mathrm{a}}-R_2i_{2d}-D_{2d})}{\sigma} \tag{7-29}$$

$$s_{2d-\mathrm{z}}=\frac{(-R_2i_{2d}-D_{2d})}{\sigma} \tag{7-30}$$

$$s_{2q\text{-a}}=\frac{U_{2q\text{-a}}-\left(R_2-\dfrac{R_\mathrm{r}L_{2\mathrm{r}}^2(\omega_1-(p_1+p_2)\omega_\mathrm{r})}{L_\mathrm{r}^2(\omega_2-p_2\omega_\mathrm{r})}\right)i_{2q}-D_{2q}}{\sigma} \tag{7-31}$$

$$s_{2q\text{-z}}=\frac{-\left(R_2-\dfrac{R_\mathrm{r}L_{2\mathrm{r}}^2(\omega_1-(p_1+p_2)\omega_\mathrm{r})}{L_\mathrm{r}^2(\omega_2-p_2\omega_\mathrm{r})}\right)i_{2q}-D_{2q}}{\sigma} \tag{7-32}$$

式中，$s_{2d\text{-a}}$、$s_{2q\text{-a}}$、$s_{2d\text{-z}}$、$s_{2q\text{-z}}$ 分别表示非零电压矢量作用下 CW 电流 d 轴分量的变化率、非零电压矢量作用下 CW 电流 q 轴分量的变化率、零电压矢量作用下 CW 电流 d 轴分量的变化率以及零电压矢量作用下 CW 电流 q 轴分量的变化率；$U_{2d\text{-a}}$ 和 $U_{2q\text{-a}}$ 分别表示任一非零电压矢量的 dq 轴分量。

所采用的两矢量控制方式，在一个控制周期内，先施加一个非零电压矢量，然后再施加一个零电压矢量，则 CW 电流的预测方程可以描述为

$$i_{2d}(k+1)=i_{2d}(k)+T_\mathrm{a}s_{2d\text{-a}}+(T_\mathrm{s}-T_\mathrm{a})s_{2d\text{-z}} \tag{7-33}$$

$$i_{2q}(k+1)=i_{2q}(k)+T_\mathrm{a}s_{2q\text{-a}}+(T_\mathrm{s}-T_\mathrm{a})s_{2q\text{-z}} \tag{7-34}$$

式中，T_a 为非零电压矢量作用时间。

非零电压矢量的选取仍然采用与单矢量模型预测控制电压矢量选取相同的方法。依次将 6 个非零电压矢量代入式（7-25），计算出预测电流值；之后再将预测电流值代入评价函数式（7-26），通过比较评价函数的数值大小，选择出非零电压矢量。之后在此基础上，将该非零电压矢量代入式（7-29）和式（7-31），可以求解出对应的电流变化率。再加入零电压矢量，通过式（7-33）和式（7-34）计算 CW 电流预测值。式（7-33）和式（7-34）包含未知量—非零电压矢量作用时间 T_a。为了求取非零电压矢量作用时间 T_a，将采用数学求导的方法。

将式（7-33）和式（7-34）代入评价函数中，可得

$$\begin{aligned}g=&(i_{2d\mathrm{ref}}-(i_{2d}(k)+T_\mathrm{a}s_{2d\text{-a}}+(T_\mathrm{s}-T_\mathrm{a})s_{2d\text{-z}}))^2+\\&(i_{2q\,\mathrm{ref}}-(i_{2q}(k)+T_\mathrm{a}s_{2q\text{-a}}+(T_\mathrm{s}-T_\mathrm{a})s_{2q\text{-z}}))^2\end{aligned} \tag{7-35}$$

非零电压矢量和零电压矢量共同作用，使得评价函数取得最小值。因此，对式（7-35）求导，令导数为零，如下式所示：

$$\frac{\partial g}{\partial T_\mathrm{a}}=0 \tag{7-36}$$

求解式（7-36），可以计算出非零电压矢量作用时间 T_a。

双矢量模型预测控制程序流程图如图 7.29 和图 7.30 所示。

根据图 7.29 和图 7.30，在 Simulink 中搭建仿真模型。采用双矢量模型预测控制，主要目的是通过增加矢量个数，减小被控量波动。

图 7.31 表示非零电压矢量作用时间与控制周期的比值，该图表明，所采用的方法已经成功地加入了零电压矢量。双矢量模型预测控制下的 CW 电流、电流频谱分析和 PW 电压及

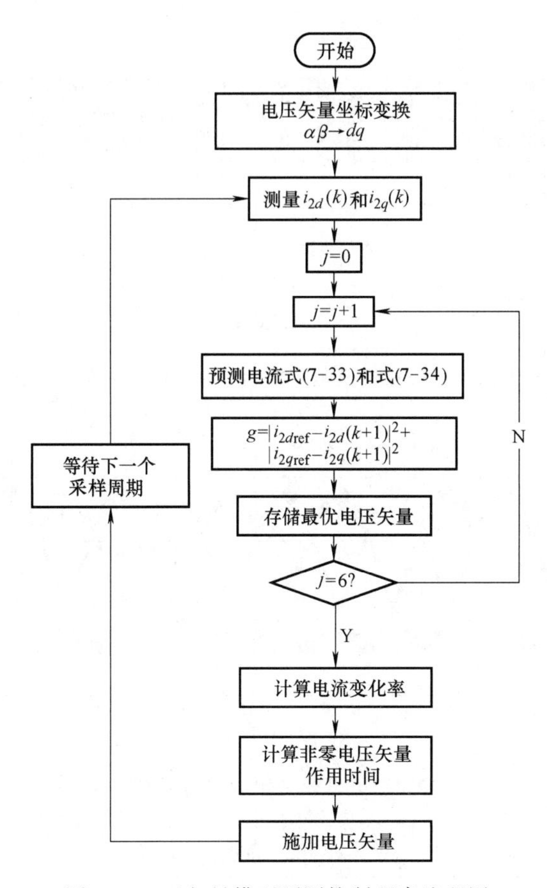

图 7.29　双矢量模型预测控制程序流程图

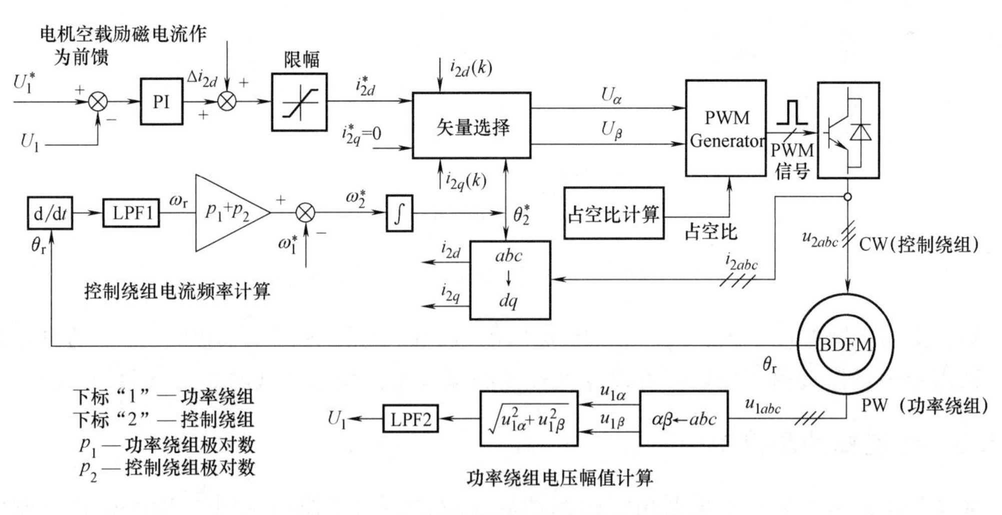

图 7.30　双矢量模型预测控制系统框图

其频谱如图 7.32~图 7.35 所示。

电机的转速为 900r/min，控制频率 5kHz，负载为 40%额定负载。与图 7.11~图 7.16 对比可以发现，采用双矢量模型预测控制方式，相同工况下，CW 电流和 PW 电压谐波含量有

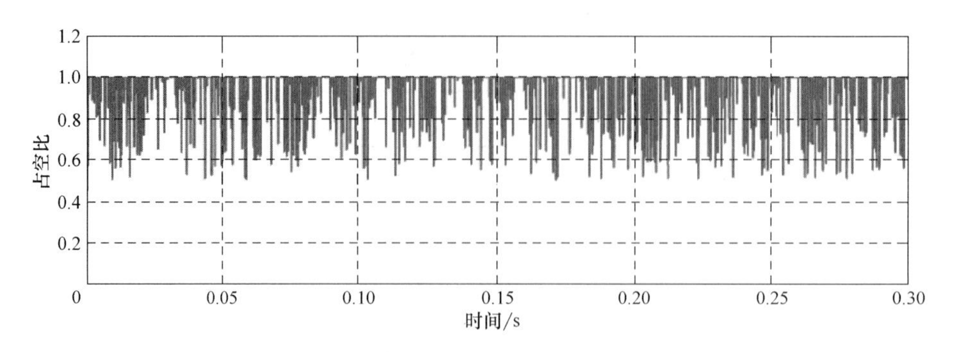

图 7.31　双矢量模型预测控制下非零电压矢量占空比

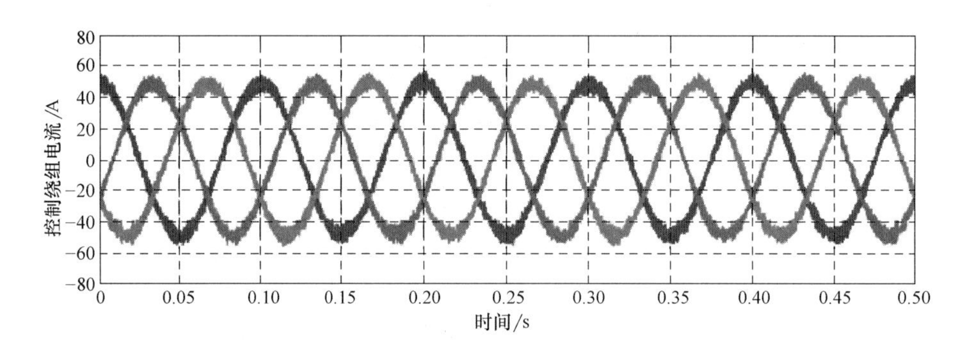

图 7.32　双矢量模型预测控制下 CW 电流

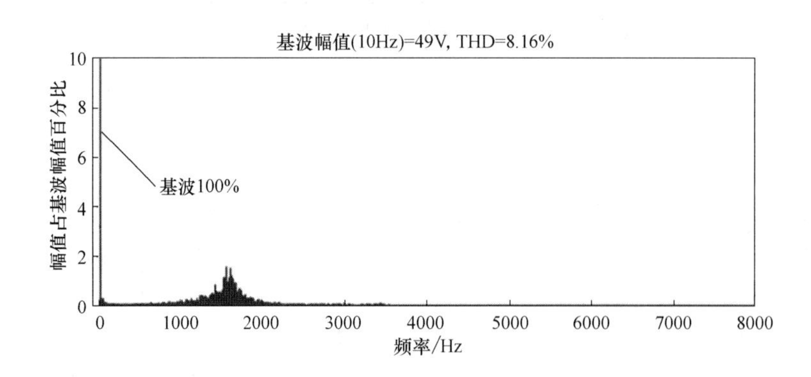

图 7.33　双矢量模型预测控制下 CW 电流谐波分析

所下降，但是下降幅度不大，此时，PW 输出电压谐波含量仍然大于 10%。以上仿真结果表明，采用双矢量模型预测控制，可以降低被控制量波动，但是降低的效果有限。

7.4.5　无差拍预测控制

前文详细推导了单矢量模型预测控制和双矢量模型预测控制应用于 BDFIG 独立发电系统时的控制方程。之后在 Simulink 中建立了相应的仿真模型，针对不同转速、负载变化等工况，进行了详细的仿真。仿真结果表明：采用单矢量模型预测控制，CW 电流和 PW 输出电压谐波严重，超出了电能质量要求；采用双矢量模型预测电流控制，BDFIG 独立发电系统在不同工况下仍然能实现基本功能，但是 PW 电压的谐波仍然较大，减小的幅度不大。

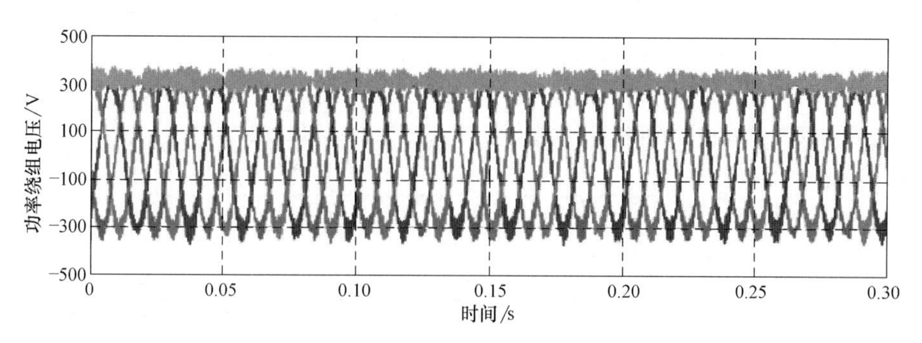

图 7.34　双矢量模型预测控制下的 PW 电压

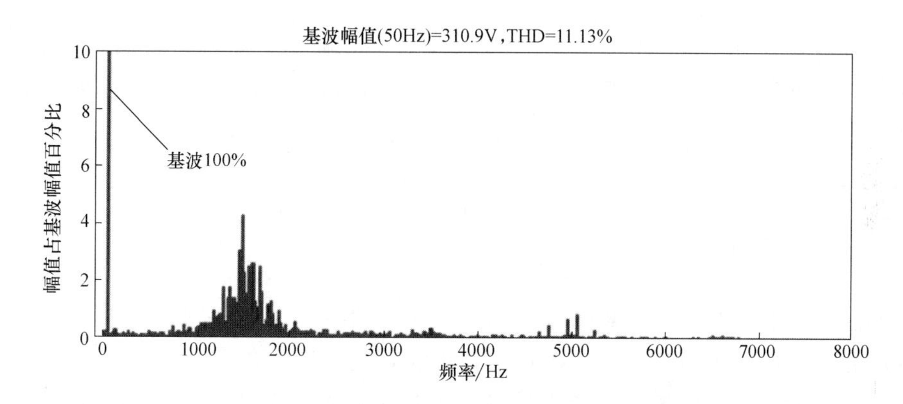

图 7.35　双矢量模型预测控制下的 PW 电压谐波分析

为了进一步减小 PW 电压谐波，需要采用新的方法。一个选择是采用三矢量模型预测控制。在一个控制周期中，依次施加非零电压矢量、非零电压矢量和零电压矢量。控制的关键是，根据控制目标，选择两个合适的非零电压矢量，并计算出三个矢量分别作用的时间。所以，采用三矢量控制，控制算法复杂度将大大增加，计算量也大大增加。除此之外，对于 BDFIG，它的数学模型复杂，电机参数众多，包括三个电机绕组电阻、三个绕组自感、以及两个定、转子绕组之间的互感等，导致计算的难度更大。而且电机参数测量困难，难以获得准确的电机参数，电机参数的误差随着计算量的增加可能被放大，导致计算结果误差较大，计算的矢量作用时间不够准确，这些会影响最终的控制效果。因此，暂不考虑使用三矢量模型预测控制方法。

另一种方法是采用无差拍控制策略。无差拍控制是根据被控量的误差，直接计算出所需施加的 CW 电压，该电压是任意的电压矢量。之后，通过一定的调制方式，输出 PWM 信号，控制逆变器产生相应的输出电压。无差拍控制在保持了预测控制快速响应特点的同时，加入了调制环节，可以有效减小被控量的波动。无差拍控制不能实现对多个约束条件或控制量的优化控制，但是，完全可以用于电流控制，因为此时没必要增加其他控制目标。

无差拍控制的推导过程如下：

首先，根据式（7-27）和式（7-28），采用欧拉前向差分法，将微分换成差分形式，对公式进行离散化可得

$$\frac{\Delta i_{2d}(k)}{T_s}=\frac{(U_{2d}(k)-R_2 i_{2d}(k)-D_{2d}(k))}{\sigma} \tag{7-37}$$

$$\frac{\Delta i_{2q}(k)}{T_s}=\frac{U_{2q}(k)-D_{2q}(k)-\left(R_2-\dfrac{R_r L_{2r}^2(\omega_1-(p_1+p_2)\omega_r)}{L_r^2(\omega_2-p_2\omega_r)}\right)i_{2q}(k)}{\sigma} \tag{7-38}$$

式中，$D_{2d}(k)=(\omega_1-(p_1+p_2)\omega_r)\dfrac{L_{1r}L_{2r}}{L_r}i_{1q}(k)$，$D_{2q}(k)=\left[(\omega_1-(p_1+p_2)\omega_r)\left(L_2-\dfrac{L_{2r}^2}{L_r}\right)i_{2d}(k)\right]-\left[(\omega_1-(p_1+p_2)\omega_r)\dfrac{L_{1r}L_{2r}}{L_r}i_{1d}(k)\right]$；$T_s$ 为采样周期。

式（7-37）和式（7-38）中，等式左边包含下一时刻期望电流与当前时刻电流的误差值；等式右边为包含 CW 电压的表达式。对式（7-37）和式（7-38）进行移项变换可得

$$U_{2d}(k)=[R_2 i_{2d}(k)+\sigma\Delta i_{2d}(k)/T_s]+D_{2d}(k) \tag{7-39}$$

$$U_{2q}(k)=\left[\left(R_2-\frac{R_r L_{2r}^2(\omega_1-(p_1+p_2)\omega_r)}{L_r^2(\omega_2-p_2\omega_r)}\right)i_{2q}(k)+\sigma\Delta i_{2q}(k)/T_s\right]+D_{2q}(k) \tag{7-40}$$

式（7-39）和式（7-40）即为无差拍控制方程，将 CW 电流误差以及 k 时刻采样得到的相关电流和电压值代入方程，即可以求出相应的 CW 平均电压。

电流误差为下一时刻电流的期望值与当前时刻电流实际值之差，表达式为

$$\Delta i_{2d}(k)=i_{2d}(k+1)-i_{2d}(k) \tag{7-41}$$

$$\Delta i_{2q}(k)=i_{2q}(k+1)-i_{2q}(k) \tag{7-42}$$

式中，$i_{2d}(k+1)$ 和 $i_{2q}(k+1)$ 是下一时刻的期望值，在实际系统中应该是电流在下一时刻的给定值。

在 BDFIG 独立发电系统中，CW 电流的给定值为电压外环的控制器输出值。在 dq 坐标系统中，dq 轴分量都为直流量，稳态情况下或者在一个控制周期的时间内，可以假设电流的给定值不变，因此可以使用当前时刻电流的给定值代替下一时刻电流的给定值，从而计算出电流误差。

$$\Delta i_{2\mathrm{d}}(k)=i_{2d-\mathrm{ref}}(k+1)-i_{2d}(k)\approx i_{2d-\mathrm{ref}}(k)-i_{2d}(k) \tag{7-43}$$

$$\Delta i_{2q}(k)=i_{2q-\mathrm{ref}}(k+1)-i_{2q}(k)\approx i_{2q-\mathrm{ref}}(k)-i_{2q}(k) \tag{7-44}$$

式中，下标“$2d$-ref”和“$2q$-ref”分别表示 CW dq 轴电流给定值。

预测控制的关键除了准确的预测出控制电压外，还有一个根本的前提就是，预测的目标值需要足够准确。式（7-43）和式（7-44）中，假设给定值在一个控制周期内保持不变，这种假设在正常工作模式下具有足够的精确度；但是也存在一些场合，在这些场合下这种假设不成立。首先，在动态调节过程中，例如发电系统的负载突变或者电机的转速发生变化时，CW 电流的给定值也会快速地变化，当前时刻和下一时刻的电流给定值有明显差别。此外，在 BDFIG 发电系统实际应用过程中，可能出现负载不平衡或者负载非线性的情况。负

载不平衡和非线性会产生电压电流谐波，对发电系统的性能造成不良影响，为了消除谐波，需要采用一些谐波消除控制策略，这些谐波消除的控制方法，最终实现时，都是在 CW 中注入特定频率的谐波。为了实现这个目的，必须在 CW 电流给定值中叠加一个相应频率的交流分量，导致 CW 电流的给定值不再是恒定直流，其幅值在快速变化，则当前时刻和下一时刻电流的给定值应该有明显的差别。所以，给定值在一个控制周期内保持不变的这种假设在有些场合精度较低，将会影响控制方法的控制效果。

为此，将采用另一种简单而有效的方式来计算电流误差值，表达式如下：

$$\Delta i_{2d}(k)=2i_{2d\text{-ref}}(k)-i_{2d\text{-ref}}(k-1)-i_{2d}(k) \tag{7-45}$$

$$\Delta i_{2q}(k)=2i_{2q\text{-ref}}(k)-i_{2q\text{-ref}}(k-1)-i_{2q}(k) \tag{7-46}$$

式（7-45）和式（7-46）中，假设电流参考值是线性变化的，利用当前时刻和前一时刻的已知的电流参考数值，可以计算出电流参考值变化的斜率。之后，假设在接下来的一个控制周期内，参考值的变化率不变，则根据已经计算出的斜率和当前时刻的电流参考值，可以直接计算出下一时刻的电流参考值。采用这种方式，考虑了参考电流的变化情况，当给定电流为恒定值时，其与式（7-43）和式（7-44）完全相同。所以这种方式更加全面，而且也非常简单。

采用电压源型逆变器，通过 SVPWM 调制输出的电压最大值被限制在 6 个特定电压矢量端点所连成的正六边形内。为了得到一个圆形的旋转电压空间矢量，这个圆形的最大值为上述六边形的内切圆。由此可知，此时最大电压矢量的长度为 $(\sqrt{3}/3)U_{dc}$，U_{dc} 为直流母线电压值。无差拍控制中，根据式（7-39）和式（7-40）计算的电压矢量，幅值可能超出逆变器所能输出的最大电压值范围，此时，采取将该电压矢量沿半径方向压缩，直至矢量端点到达内切圆的边沿，如图 7.36 所示。

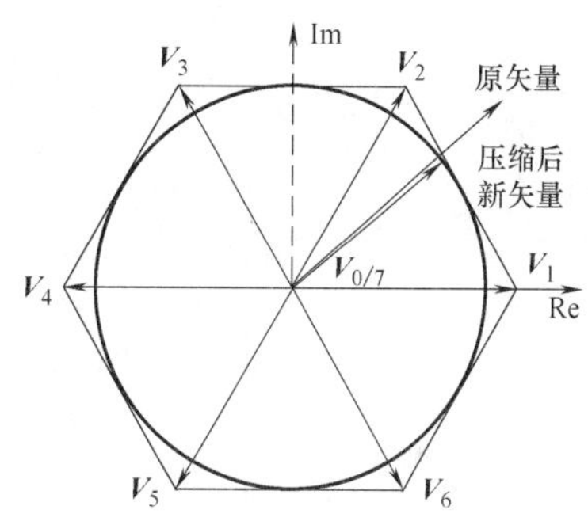

图 7.36　无差拍控制下矢量压缩示意图

图 7.37～图 7.40 表示应用无差拍控制时的仿真结果，电机的转速设置为 900r/min，带 40%额定负载，控制周期为 5kHz。仿真结果显示，采用无差拍控制方式，CW 电流的谐波大大减小，THD 降低到 1.08%；同时 PW 电压的谐波也大大减小，THD 降低到 2.02%。与相同仿真工况下采用单矢量模型预测控制以及双矢量模型预测控制的结果比较，此时电流的控制效果极大地改善了。

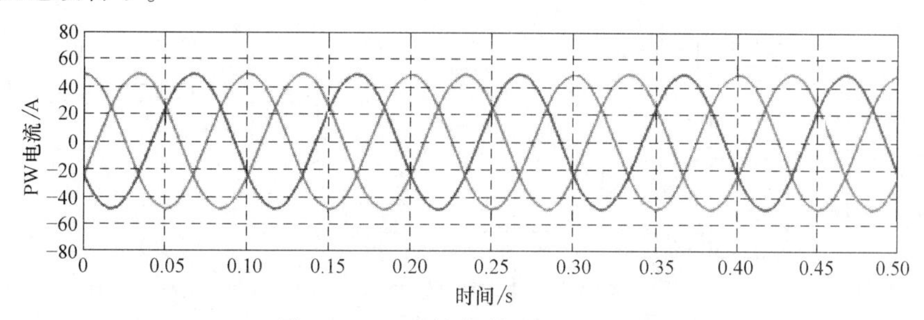

图 7.37　无差拍控制下的 PW 电流

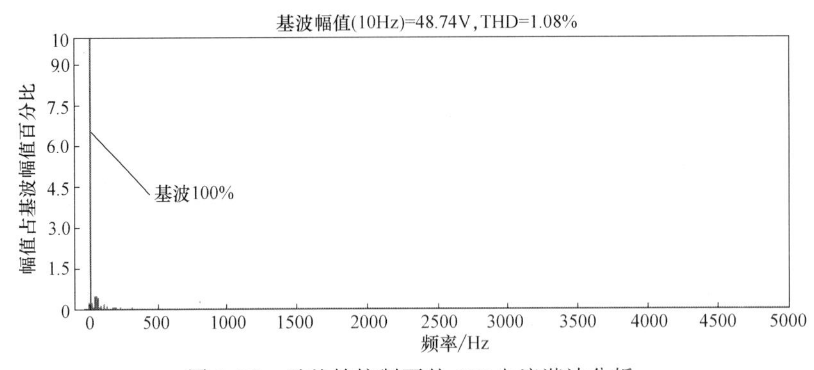

图 7.38 无差拍控制下的 CW 电流谐波分析

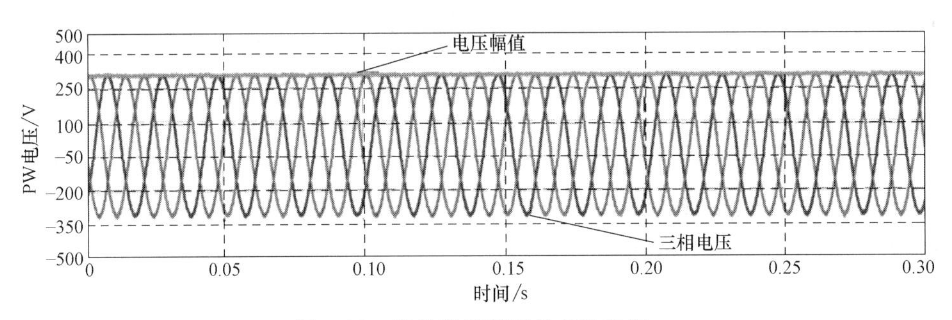

图 7.39 无差拍控制下的 PW 电压

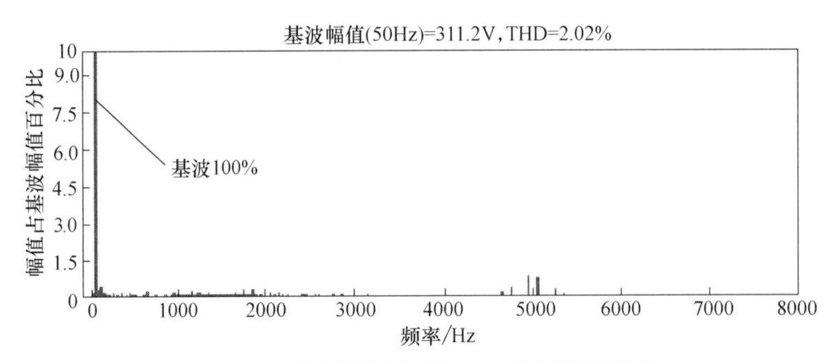

图 7.40 无差拍控制下的 PW 电压谐波分析

采用预测电流控制的一个好处是无论被控量是直流量还是交流量，都可以控制。进一步验证无差拍控制的特点，特意将其运用到不平衡电压抑制控制策略中[17]。前面章节详细叙述了针对不平衡电压抑制的 BDFIG 独立发电系统控制策略，其中使用了比例积分谐振控制器实现对交流量的跟踪。在本章，将采用无差拍控制来控制电流。

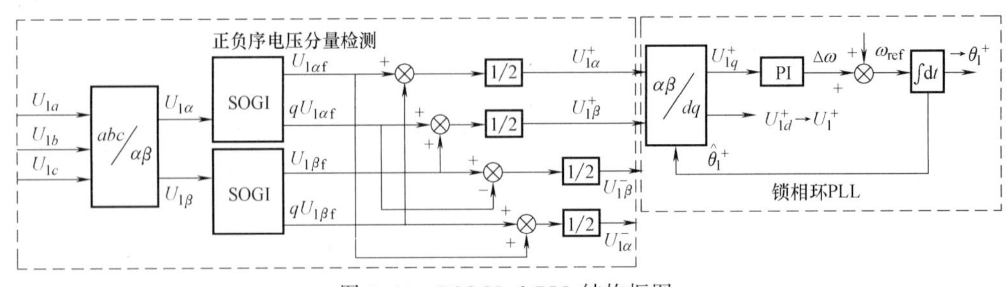

图 7.41 DSOGI-dqPLL 结构框图

DSOGI-dqPLL 模块结构框图如图 7.41 所示。图 7.42 为 BDFIG 独立发电系统不平衡电压抑制控制策略框图，根据该控制框图编写程序，利用实验平台进行实验。

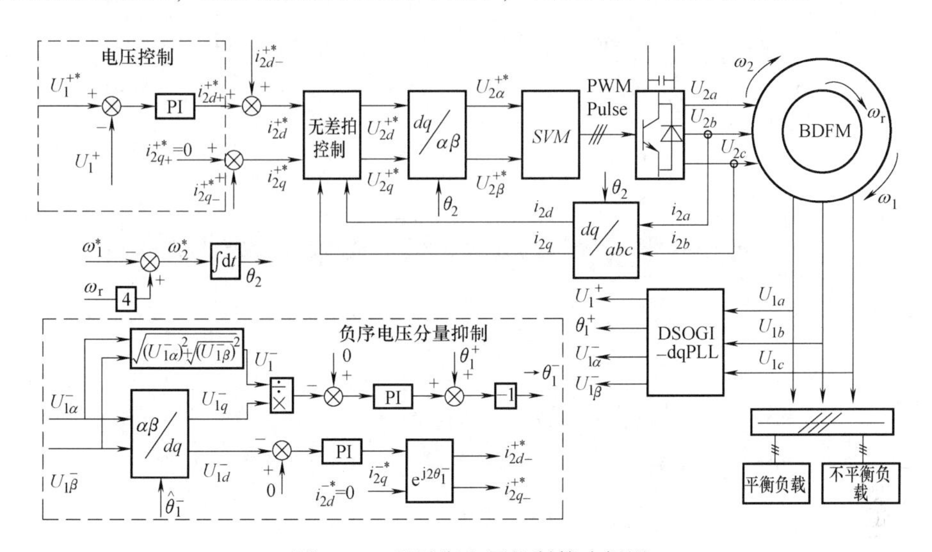

图 7.42 不平衡电压抑制策略框图

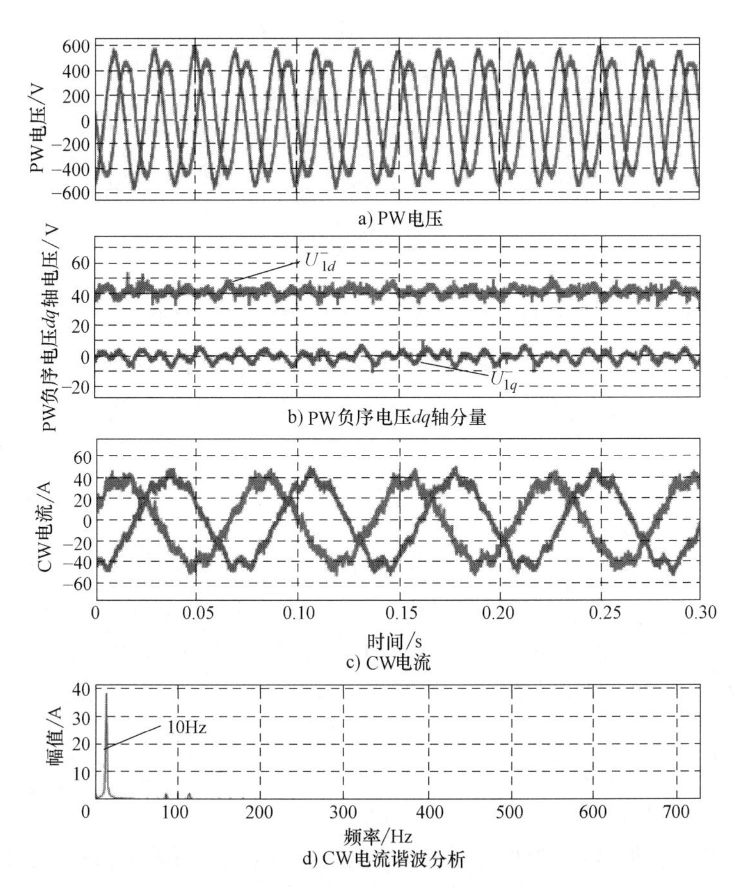

图 7.43 带不平衡负载，未进行负序电压抑制

图 7.43 和图 7.44 分别为施加不平衡电压抑制控制策略之前和之后的主要波形。由两图

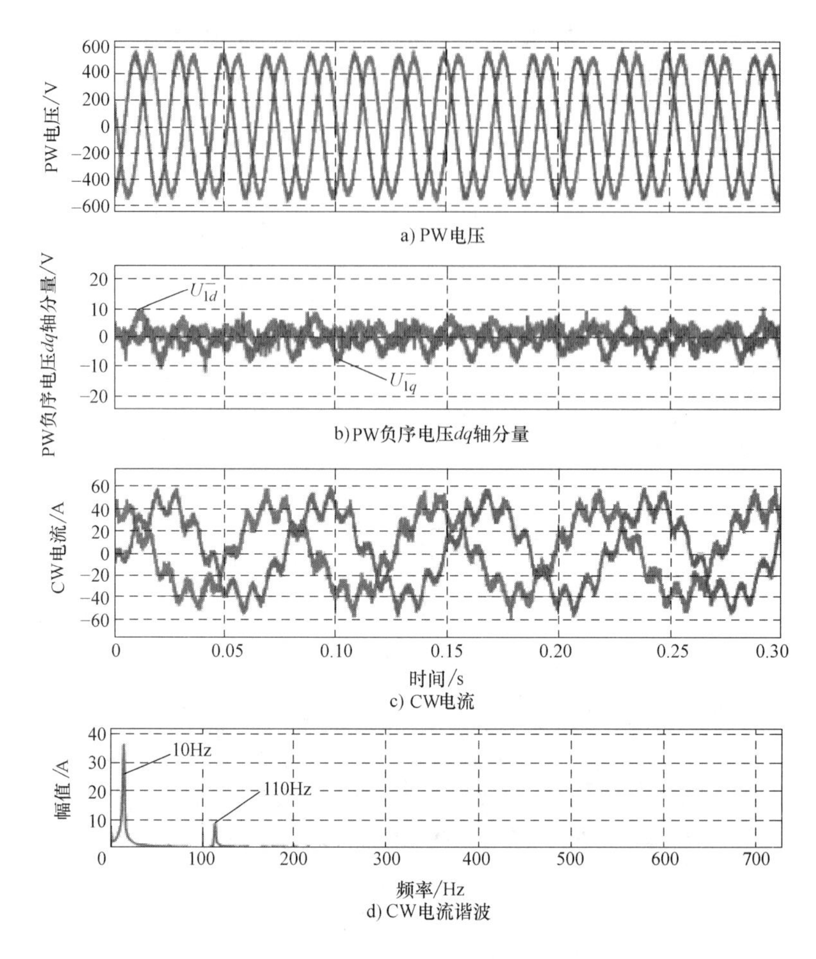

图 7.44 带不平衡负载，进行负序电压抑制

形对比可知：施加负序电压抑制控制策略后不平衡电压得到有效抑制；施加负序电压抑制控制策略后，负序电压 dq 轴分量都为零，即负序分量被成功消除；施加负序电压抑制控制策略后，CW 电流中注入了高次谐波电流。这也证明，采用无差拍控制方法，可以实现对交流量的有效控制；同时，对比施加负序电压抑制控制策略之前的实验波形可知，采用无差拍控制，可以获得很好的控制效果。

图 7.45 中，先让 BDFIG 独立发电系统带不平衡负载运行，在稳定工作后，突然加入不平衡电压抑制控制。实验结果表明，当加入不平衡电压抑制控制时，CW 电流中迅速注入了高次谐波，负序电压快速减小到零。这也证明了采用无差拍控制方法，具有快速的动态响应，可以适应 BDFIG 独立发电系统的运行要求。

7.5 小结

本章主要介绍了预测控制方法应用于 BDFIG 独立发电系统的相关研究工作，主要涉及单矢量模型预测控制、双矢量模型预测控制以及无差拍控制。本章详细推导了这几种方法的数学方程，同时给出了详细的仿真结果和实验结果。仿真结果表明，采用单矢量和双矢量模

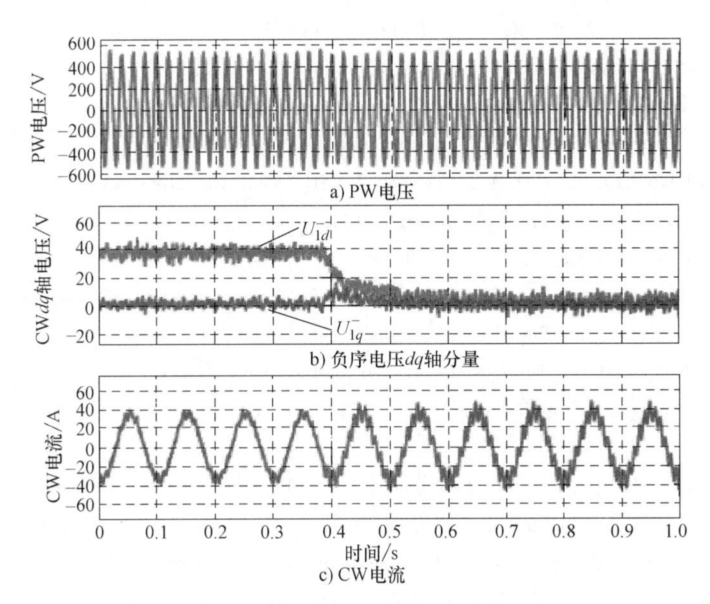

图 7.45　施加负序电压抑制的动态过程

型预测控制方法时，BDFIG 独立发电系统可以实现基本的控制目标，在变速变载等工况下，维持发电压幅值和频率稳定。但是这两种方法都存在 CW 电流和 PW 输出电压谐波含量大的问题。谐波在电压质量指标中有严格限制，所以，发电系统对谐波非常敏感。除此之外，采用模型预测控制，也会造成发电压频率波动增大的问题。所以，需要采用其他的预测控制方法，而无差拍控制，方法简单，而且增加了调制环节，可以有效解决上述问题。之后的仿真和实验结果表明，采用无差拍控制，BDFIG 独立发电系统的发电压谐波大大降低，而且，在不同工况下，发电系统都能正常工作。

参 考 文 献

[1] 席裕庚，李德伟，林姝. 模型预测控制—现状与挑战 [J]. 自动化学报，2013 ，39 (3)：222-236.

[2] HANG Y，LIU S，YAN G，et al. An improved deadbeat scheme with fuzzy controller for the grid-side three-phase PWM boost rectifier [J]. IEEE Transsctions Power Electronics，2011，26 (4)：1184-1191.

[3] NGUYEN H T，JUNG J W. Finite control set model predictive control to guarantee stability and robustness for surface-mounted PM synchronous motors [J]. IEEE Transactions on Industrial Electronics，2018，65 (11)：8510-8519.

[4] MIRANDA H，CORTES P，YUZ J，et al. Predictive torque control of induction machines based on state-space models [J]. IEEE Transactions on Industrial Electronics，2009，59 (6)：1916-1924.

[5] ZHANG Y，HU J，ZHU J. Three-vectors-based predictive direct power control of the doubly fed induction generator for wind energy applications [J]. IEEE Transsctions Power Electronics，2014，29 (7)：3485-3500.

[6] POZA J，OVARBIDE E，ROYE D，et al. Unified reference frame dq model of the brushless doubly fed machine [J]. IEE Proceedings-Electric Power Applications，2006，153 (5)：726-734.

[7] RODRIGUEZ J，CORTES P. Preditive control of power converters and electrical drives [M]. New Jersey：John Wiley & Sons，2012：31-38.

[8] ZHANG Y, YANG H, XIA B. Model-predictive control of induction motor drives: torque control versus flux control [J]. IEEE Transactions on Industry Applications, 2016, 52 (5): 4050-4060.

[9] ZHANG Y, ZHU J. Direct torque control of permanent magnet synchronous motor with reduced torque ripple and commutation frequency [J]. IEEE Transsctions Power Electronics, 2010, 26 (1): 235-248.

[10] ABAD G, RODRIGUEZ M, POZA J. Two-level VSC-based predictive direct power control of the doubly fed induction machine with reduced power ripple at low constant switching frequency [J]. IEEE Transactions on Energy Conversion, 2008, 23 (2): 570-580.

[11] ZHANG Y, YANG H. Model predictive torque control of induction motor drives with optimal duty cycle control [J]. IEEE Transsctions Power Electronics, 2014, 29 (12): 6593-6630.

[12] ZHANG Y, HU J, ZHU J. Three-vectors-based predictive direct power control of the doubly fed induction generator for wind energy applications [J]. IEEE Transsctions Power Electronics, 2014, 29 (7): 3485-3500.

[13] ZHANG Y, XIE W, LI Z, et al. Low-complexity model predictive power control: double-vector-based approach [J]. IEEE Transactions on Industrial Electronics, 2014, 61 (11): 5871-5880.

[14] LIU Y, AI W, CHEN K, et al. Control design of the brushless doubly-fed machine for stand-alone VSCF ship shaft generator systems [J]. Journal of Power Electronics, 2016, 16 (1): 259-267.

[15] GAO J, XU W, LIU Y, Improved control scheme for unbalanced stand-alone BDFG using dead beat control method [C]. 2018 IEEE Energy Conversion and Exposition (ECCE), 2018: 4505-4510.

附　录

附录 A　实验平台 1

实验平台 1 的配置如图 A.1 所示。平台中使用了一台容量为 30kVA 的原型 BDFIG 作为发电机，其具体参数列于表 A.1 中。一台 37kW 的三相异步电动机作为原动机与 BDFIG 同轴相连，原动机的驱动通过一台西门子 MM430 变频器来实现。实验系统的核心部分是两台 PWM 变流器：MSC 和 LSC，这两台 PWM 变流器都是采用 IGBT 作为开关器件，对它们的控制是通过两个相对独立的控制板（MSC 和 LSC 控制板）来实现的。使用 LEM LT 208-S7/

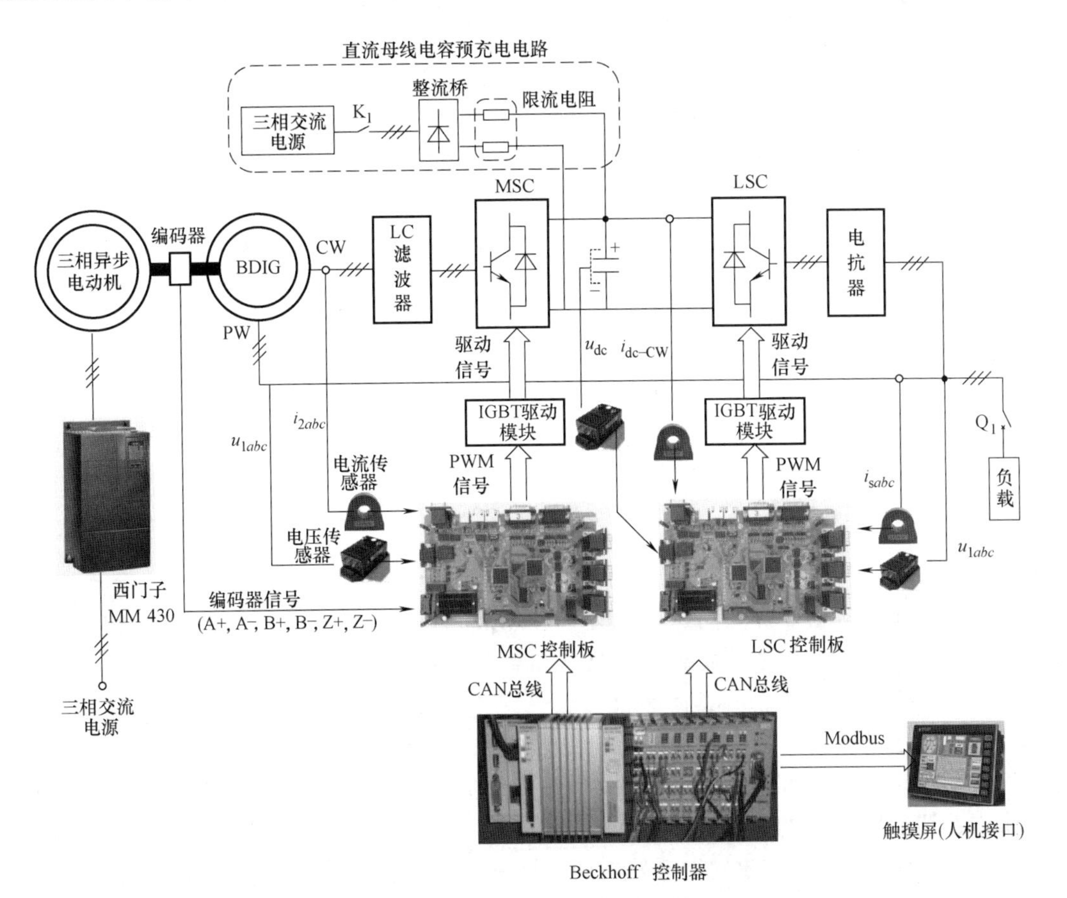

图 A.1　实验平台 1 硬件配置框图

SP1 电流传感器测量 CW 三相电流和 PW 三相电流，使用 LEM LV100 电压传感器测量 PW 三相电压，测量结果转换为-10~10V 的模拟量信号，送至 MSC 控制板。电机转子位置信号由一个增量式编码器采集，编码器型号为 RHI90，由 P+F 公司制造，其精度为 1024 线。另外，分别使用电流传感器 LEM LT 208-S7/SP1、电压传感器 LEM LV100 测量 LSC 交流侧电流、PW 三相电压和直流母线电压，测量结果也转换为-10~10V 的模拟量信号，送至 LSC 控制板。MSC 和 LSC 通过直流母线相连，直流母线上并联了 4 个薄膜电容，每个电容的容值和额定电压均为 4000μF、700V，因此直流母线电容的总容值为 16000μF。预充电路用来在发电系统启动之前对直流母线电容进行充电，使得系统启动时 MSC 能正常工作以实现对 CW 的励磁控制，当启动完成后，可通过开关将其从控制回路中切除。此外，实验系统中还配置了一台 Beckhoff 控制器对两台 PWM 变流器进行协调控制，Beckhoff 控制器与 MSC 控制板和 LSC 控制板之间是通过 CAN 总线进行通讯的，它还通过 Modbus 总线与一台触摸屏相连以实现人机交互。一个 LC 滤波器安装在 MSC 的交流侧滤除由 IGBT 的高频开关动作引入的谐波，使得输入到 CW 端的电压具有良好的正弦性，LC 滤波器的每相电感值和电容值分别为 1.46mH 和 70μF。一个电抗器安装在 LSC 的交流侧，其作用是滤除 PWM 谐波电流并增加系统的阻尼特性，使系统更加稳定，电抗器的每相电感值为 5mH。

表 A.1　实验平台 1 中原型无刷双馈电机参数

参　数	数　值	参　数	数　值
机座	Y250	R_1	0.4034Ω
PW 极对数	1	R_2	0.2680Ω
CW 极对数	3	R_r	0.3339Ω
自然同步转速	750r/min	L_1	0.4749H
转速范围	600~1200r/min	L_2	0.03216H
PW 额定电压	400V	L_r	0.2252H
PW 额定频率	50Hz	L_{1r}	0.3069H
PW 额定电流	45A	L_{2r}	0.02584H
PW 额定功率因数	0.8（滞后）	转子类型	绕线转子
CW 电压范围	0~350V	效率	75%~85%
CW 频率范围	-10~30Hz	体积	0.28m^3
CW 电流范围	0~80A	质量	395kg
容量	30kVA		

实验平台 1 的实物照片如图 A.2 所示。图 A.2a 中显示了原动机、BDFIG 及其控制柜。图 A.2b 为独立发电系统的负载电动机及其加载系统；其中负载电动机为一台额定功率为 5.5kW 的三相感应电动机，其具体参数列于表 A.2 中，负载电动机必须采用Y-△起动器进行起动，否则起动电流将会超过发电系统所能提供的最大输出电流，从而造成发电系统的过载；一台额定转矩为 50N·m 的磁粉制动器用来给负载电动机加载，该磁粉制动器通过直流电源供电，调节供电压的大小即可调节负载转矩；一台转矩转速传感器（型号为 ZH07-50B）安装在负载电动机和磁粉制动器之间，用来测量电动机的负载转矩和转速，由于转矩转速传感器输出的是脉冲信号，所以还需要通过转矩转速仪（型号为 ZHK-T）转换为模拟

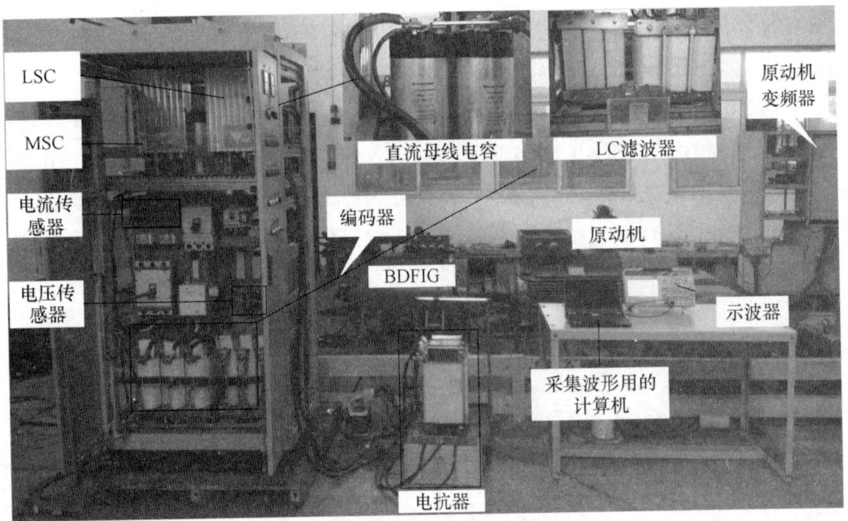

a) 原动机、BDFIG及其控制柜

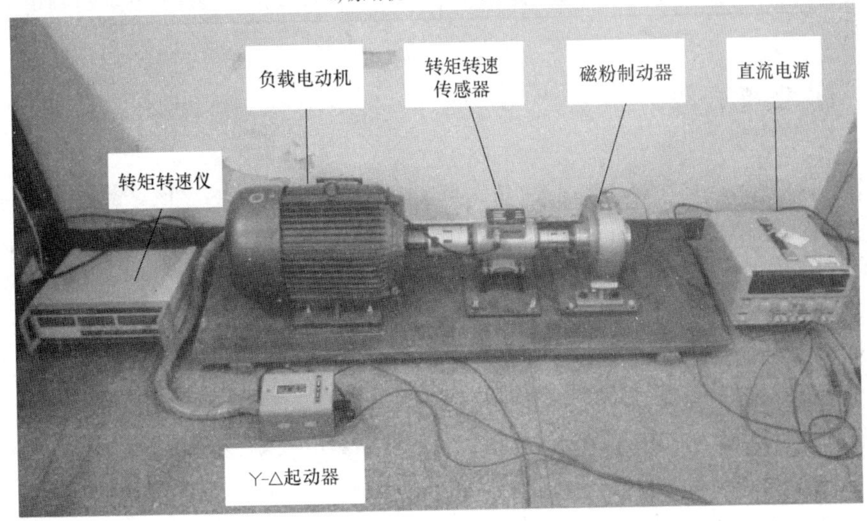

b) 负载电动机及其加载系统

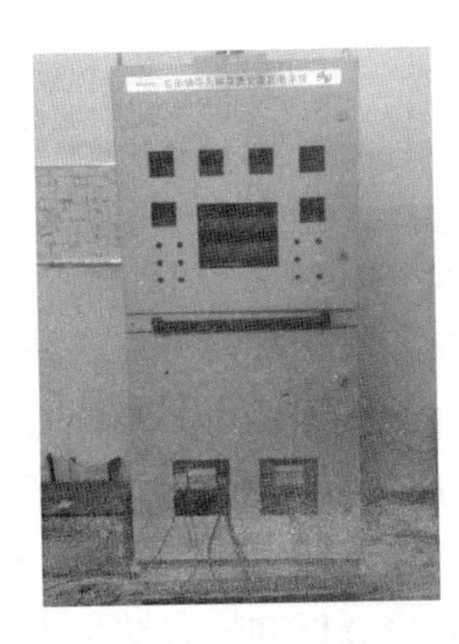
c) 阻性和阻感负载柜

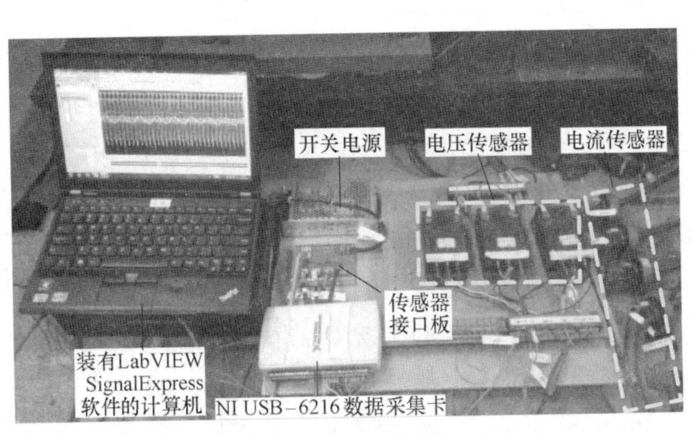

d) 波形数据采集系统

图 A.2 实验平台 1 实物照片

量信号传送给数据采集卡。图 A.2c 为阻性和阻感负载柜，通过调整负载柜内的接线，可以分别作为三相对称阻性负载、三相对称阻感负载和不对称三相阻性负载来使用。由于在进行独立发电系统的动态性能实验过程中需要记录多达十多个波形，而且波形持续的时间较长，所以采用了美国国家仪器公司生产的 NI USB-6216 数据采集卡、LabVIEW SignalExpress 数据采集软件以及与传感器相结合的波形数据采集系统，如图 A.2d 所示。NI USB-6216 数据采集卡有多达 16 个模拟量采集通道，其采样率为 250kS/s，采集卡与计算机之间通过 USB 接口相连，所采集到的波形数据可以实时存储在计算机硬盘上，所以几乎没有存储深度的限制。

表 A.2　实验平台 1 中负载电动机参数

参　数	数　值	参　数	数　值
型号	Y132S-4	额定功率	5.5kW
极对数	2	额定转速	1440r/min
额定电流	11.6 A	额定转矩	36.5N · m
额定功率因数	0.8	效率	85.5%

附录 B　实验平台 2

实验平台 2 的配置如图 B.1 所示，其实物照片如图 B.2 所示。该平台主要可以分为四大部分：电机模块、背靠背变流器模块、测量与通信模块、负载模块。电机模块由同轴相连的原动机和 BDFIG 组成，BDFIG 的参数与表 A.1 中的参数完全相同，原动机为一台 4 对极的 37kW 异步电机。一台西门子 MM430 变频器被用来驱动原动机，控制模式为转速模式。背靠背变流器模块为控制系统的核心部分，由 MSC 和 LSC 两部分组成，它们都采用了嘉兴斯达半导体股份有限公司（STARPOWER）的 IGBT 模块，型号为 GD150FFL120C6S。IGBT 模块的集电极额定电流为 150A（额定温度为 80℃），集电极与发射极额定电压为 1200V。

IGBT 模块的控制是通过一片德州仪器（Texas Instruments，TI）公司的 TMS320F28335 32 位浮点型数字信号处理器（Digital Signal Processor，DSP）芯片来实现的。为了滤除由 IGBT 的高频开关动作引入的谐波，单相电感值为 1.5mH 且三相星形联结电抗器安装在 LSC 的交流侧。电机转子位置信号由一个增量式编码器采集并送至控制板，编码器型号为 RHI90，由 P+F 公司制造，其精度为 1024 线。两侧变换器通过直流母线相连，直流母线上并联了额定电压为 700V 的电容，其总容值为 13.62mF。通过选择高容量值的电容可以增加系统在负载突变时直流母线的缓冲能量，降低直流母线电压的变化量。在实验过程中将直流母线电压设定为 600V，以防止直流母线电容被过电压击穿。直流母线预充电电路的功能为系统次同步转速启动时建立临时直流电压值，通过调节调压器缓慢给电容充电。测量与通信模块主功能为测量和采集实验数据，修改和检测 DSP 控制器的控制数据。测量模块一方面器利用示波器测量系统的电压和电流信号，另一方面利用控制器的数字模拟转换器（Digital to Analog Converter，DAC）输出控制程序的相关变量，以方便程序调试和实验结果观测。通信模块则通过控制器局域网络（Controller Area Network，CAN）连接基于 LabView 的上位机和 DSP 控制器。非线性负载为直流侧连接电阻的二极管不控整流桥，通过改变直流侧电阻调节非线性负载功率。

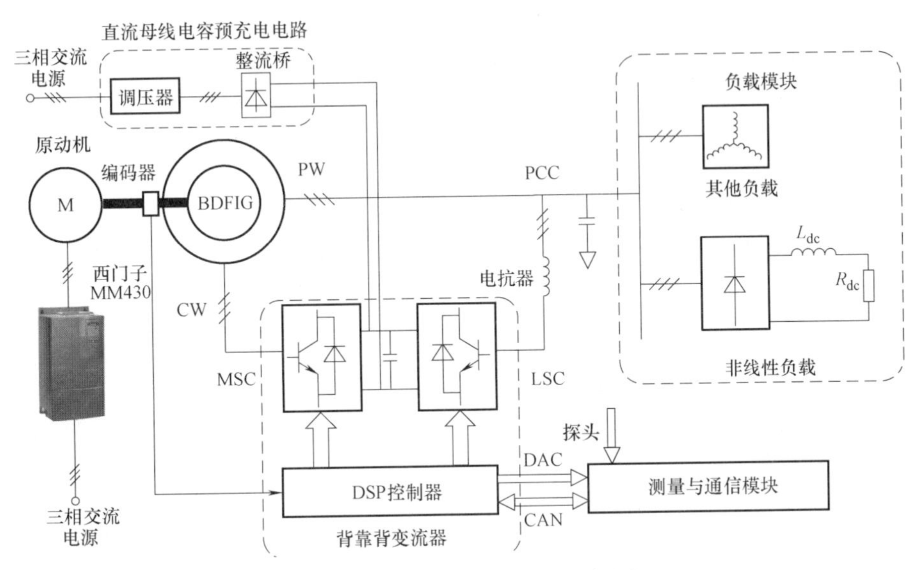

图 B.1　实验平台 2 硬件配置框图

图 B.2　实验平台 2 实物照片

读者需求调查表

亲爱的读者朋友：

您好！为了提升我们图书出版工作的有效性，为您提供更好的图书产品和服务，我们进行此次关于读者需求的调研活动，恳请您在百忙之中予以协助，留下您宝贵的意见与建议！

个人信息

姓名：		出生年月：		学历：	
联系电话：		手机：		E-mail：	
工作单位：				职务：	
通讯地址：				邮编：	

1. 您感兴趣的科技类图书有哪些？

□自动化技术 □电工技术 □电力技术 □电子技术 □仪器仪表 □建筑电气

□其他（ ）以上各大类中您最关心的细分技术（如 PLC）是：（ ）

2. 您关注的图书类型有：

□技术手册 □产品手册 □基础入门 □产品应用 □产品设计 □维修维护

□技能培训 □技能技巧 □识图读图 □技术原理 □实操 □应用软件

□其他（ ）

3. 您最喜欢的图书叙述形式：

□问答型 □论述型 □实例型 □图文对照 □图表 □其他（ ）

4. 您最喜欢的图书开本：

□口袋本 □32 开 □B5 □16 开 □图册 □其他（ ）

5. 图书信息获得渠道：

□图书征订单 □图书目录 □书店查询 □书店广告 □网络书店 □专业网站

□专业杂专 □专业报纸 □专业会议 □朋友介绍 □其他（ ）

6. 购书途径：

□书店 □网络 □出版社 □单位集中采购 □其他（ ）

7. 您认为图书的合理价位是（元/册）：

手册（ ） 图册（ ） 技术应用（ ） 技能培训（ ） 基础入门（ ） 其他（ ）

8. 每年购书费用：

□100 元以下 □101~200 元 □201~300 元 □300 元以上

9. 您是否有本专业的写作计划？

□否 □是（具体情况： ）

非常感谢您对我们的支持，如果您还有什么问题欢迎和我们联系沟通！

地址：北京市西城区百万庄大街 22 号 机械工业出版社电工电子分社 邮编：100037

联系人：张俊红 联系电话：13520543780 传真：010-68326336

电子邮箱：buptzjh@ 163. com（可来信索取本表电子版）

编著图书推荐表

姓名：		出生年月：		职称/职务：		专业：	
单位：				E-mail：			
通讯地址：						邮政编码：	
联系电话：		研究方向及教学科目：					
个人简历（毕业院校、专业、从事过的以及正在从事的项目、发表过的论文）：							
您近期的写作计划有：							
您推荐的国外原版图书有：							
您认为目前市场上最缺乏的图书及类型有：							

地址：北京市西城区百万庄大街22号　机械工业出版社电工电子分社

邮编：100037　网址：www.cmpbook.com

联系人：张俊红　电话：13520543780　010-68326336（传真）

E-mail：buptzjh@163.com（可来信索取本表电子版）